数学72技

管理类综合能力

MBA MPA MPACC MEM

韩超 —————— 主编

 中国政法大学出版社

2024·北京

声　明　　1. 版权所有，侵权必究。

　　　　　2. 如有缺页、倒装问题，由出版社负责退换。

图书在版编目（CIP）数据

MBA MPA MPAcc MEM 管理类综合能力数学 72 技/韩超主编. —北京：中国政法大学出版社，2024.1
ISBN 978-7-5764-1189-8

Ⅰ.①M… Ⅱ.①韩… Ⅲ.①高等数学－研究生－入学考试－自学参考资料 Ⅳ.①O13

中国国家版本馆 CIP 数据核字(2023)第 213461 号

出 版 者	中国政法大学出版社	
地　　址	北京市海淀区西土城路 25 号	
邮寄地址	北京 100088 信箱 8034 分箱　邮编 100088	
网　　址	http://www.cuplpress.com（网络实名：中国政法大学出版社）	
电　　话	010-58908285(总编室) 58908433（编辑部）58908334(邮购部)	
承　　印	天津市蓟县宏图印务有限公司	
开　　本	787mm×1092mm　1/16	
印　　张	21	
字　　数	524 千字	
版　　次	2024 年 1 月第 1 版	
印　　次	2024 年 1 月第 1 次印刷	
定　　价	79.80 元	

前言

2025版《MBA MPA MPAcc MEM管理类综合能力数学72技》是一本集考点归纳、技巧汇总于一体的管综数学辅导教材.为最大限度地让考生在有限的备考时间内取得高分,本书紧扣最新考试大纲,精准把握考试方向,强势总结72大类技巧模型,覆盖管综数学所有技巧方法和解题套路.全书采取"两主两翼"框架,以考点梳理和技巧梳理为主,配套经典例题和习题,培养考生的独立解题能力,训练考生的数学解题思维.

一、本书特色

1. 紧扣大纲、体系完善

本书紧扣最新考试大纲,按照大纲要求分为算术、代数、几何和数据分析四大部分,根据内容,每个部分又细分为两章,共计八章.每章分五小节,第一节:考情解读,宏观梳理考试大纲及出题思路;第二节:考点梳理,先对每个考点的基本概念、基本公式做深度讲解,接着对本考点对应的例题进行解读,考点和题目一一对应,更方便考生吃透考点;第三节:技巧梳理,先对每个技巧模型做技巧解读,再配合经典例题深入学习每个技巧的使用场景和方法;第四节:本章测评,针对本章内容给出25道习题进行测评,查漏补缺;第五节:本章小结,对本章内容做升华总结,提取精华.

2. 内容详实、题型全面

本书共包含55大基本考点,72大技巧模型,涵盖150多种考试题型,全方位覆盖考纲内容,全面梳理数学基本考点和技巧方法,适合考生作为第一轮复习用书.编者不提倡题海战术,虽然数学题目无穷无尽,但数学方法和命题套路是有限的,所以本书旨在培养考生数学思维,举一反三,以不变应万变的解题能力.因此考生需要做的是利用好本书,反复学习基本考点和技巧方法,只有多维度重复,多角度深入,多路径思考,多方向总结,才能成为数学达人.

3. 技巧突出、方法独到

数学强,则管综强,管综数学重在速度,提速必用技巧.本书针对考试重难点题目总结了秒杀公式及套路方法,并且每个技巧均给出了适用题型、技巧说明和代表例题.题目和技巧有机结合能够让考生更加深入地了解每个技巧的使用方法,实现思维定势,极大缩短做题时间,达到轻松学习、高效学习的备考状态.

二、本书致谢

在本书的编写及出版过程中,得到了很多老师的支持与帮助,特别感谢陈剑老师、李焕老师、张伟男老师等,他们为本书的顺利出版做出了巨大贡献.此外,在编写本书时,编者也参阅了相关资料,引用了一些题目,恕不一一指明出处,在此一并向各位作者表达感谢.由于编者水平有限,本书难免有疏漏之处,敬请读者谅解.关于本书的任何问题及建议,欢迎读者通过微博(韩超数学)、微信公众号(韩超数学)进行交流探讨.

研途漫漫,贵在坚持,披星戴月走过的路终将会繁星满地!

韩超

本书学习指南

大纲解读及备考指导

管理类专业学位硕士研究生招生考试,包括管理类综合能力和英语二两门考试科目,满分为300分,题型借鉴了美国经企管理研究生入学考试.截至目前,管理类专业学位硕士研究生招生包含七个专业学位,分别是会计硕士(MPAcc)、审计硕士(MAud)、图书情报硕士(MLIS)、工程管理硕士(MEM)、工商管理硕士(MBA)、公共管理硕士(MPA)和旅游管理硕士(MTA).

一、卷面内容及分值分布

1. 管理类综合能力

管理类综合能力的卷面由数学基础(问题求解15道题、条件充分性判断10道题)、逻辑推理、写作(论证有效性分析1道题、论说文1道题)共三个部分组成,满分为200分.详情如下:

卷面内容	数学基础	逻辑推理	写作	合计
分值	$25\times 3=75$	$30\times 2=60$	$30+35=65$	200
题型	单选题	单选题	主观题	—
建议考试用时	60分钟	60分钟	60分钟	180分钟
题目难度	大	中	中	—
备考周期	长	中	短	—

2. 英语二

英语二的卷面由英语知识运用、阅读理解、翻译、写作共四个部分组成,满分为100分.详情如下:

卷面内容	英语知识运用	阅读理解A	阅读理解B	翻译	写作A	写作B	合计
分值	$20\times 0.5=10$	$20\times 2=40$	$5\times 2=10$	15	10	15	100
题型	单选题	单选题	单选题	英译汉	应用文写作	短文写作	—

二、数学大纲

管理类综合能力考试中的数学基础部分主要考查考生的运算能力、逻辑推理能力、空间想象能力和数据处理能力,通过问题求解和条件充分性判断两种形式来测试.

试题涉及的数学知识范围有:

(一) 算术

1. 整数

(1) 整数及其运算.

(2) 整除、公倍数、公约数.

(3) 奇数、偶数.

(4) 质数、合数.

2. 分数、小数、百分数

3. 比与比例

4. 数轴与绝对值

(二) 代数

1. 整式

(1) 整式及其运算.

(2) 整式的因式与因式分解.

2. 分式及其运算

3. 函数

(1) 集合.

(2) 一元二次函数及其图像.

(3) 指数函数、对数函数.

4. 代数方程

(1) 一元一次方程.

(2) 一元二次方程.

(3) 二元一次方程组.

5. 不等式

(1) 不等式的性质.

(2) 均值不等式.

(3) 不等式求解:一元一次不等式(组),一元二次不等式,简单绝对值不等式,简单分式不等式.

6. 数列、等差数列、等比数列

（三）几何

1. 平面图形

（1）三角形.

（2）四边形：矩形，平行四边形，梯形.

（3）圆与扇形.

2. 空间几何体

（1）长方体.

（2）柱体.

（3）球体.

3. 平面解析几何

（1）平面直角坐标系.

（2）直线方程与圆的方程.

（3）两点间距离公式与点到直线的距离公式.

（四）数据分析

1. 计数原理

（1）加法原理、乘法原理.

（2）排列与排列数.

（3）组合与组合数.

2. 数据描述

（1）平均值.

（2）方差与标准差.

（3）数据的图表表示：直方图，饼图，数表.

3. 概率

（1）事件及其简单运算.

（2）加法公式.

（3）乘法公式.

（4）古典概型.

（5）伯努利概型.

三、备考建议

管理类综合能力考试中数学的考查范围主要是初等数学，很多考生在备考的时候认为都是小学、初中、高中的数学内容便掉以轻心，觉得不用下功夫也能考高分，这种认识是非常错误的，管理类综合能力考试中的数学和我们之前接触的初等数学最大的区别在于前者重思维，后者重内容. 管理类综合能力考试中的数学出题最大的特点是一题多考点，解题技巧强，所以要想取得

高分,考生必须培养良好的解题思维,这也就要求考生:

（1）重视基础.每一道题都是由基本的考点、定义、公式构成,不同的组合方式形成不同难度的题目,所以只有打牢基础才能为我们培养良好的解题思维提供强有力的支持.当看到一道题时,考生要立刻了解该题对应的考点,该考点对应的考试方向,每个考试方向对应的出题重点、陷阱及解题方法,这样才有助于考生形成良好的"题感".所以数学解题能力的提高,是一个不断积累、循序渐进的过程,只有深入理解基本概念,牢牢记住基本定理和公式,才能找到解题的突破口和切入点.通过分析近几年考生的数学答卷可以发现,考生失分的一个重要原因就是对基本概念、基本定理理解不准确,数学中最基本的方法掌握不好,进而给解题带来思维上的困难.数学的概念和定理是组成数学试题的基本要素,数学思维过程离不开数学概念和定理,因此正确理解和掌握数学概念、定理以及基本方法是取得好成绩的基础和前提.

（2）学会对各版块的题目进行分类与总结.很多考生到后期会觉得自己的学习没有条理,学会了一道题就只会这一道题,缺乏举一反三的能力,究其本质,还是缺乏自我总结的能力.建议考生每学完一个版块,就按照自己的学习方式将老师讲的内容和自己理解的内容进行总结归纳,列举出每类题目的基本方法、解题技巧、出题陷阱等,这样就会使得后期的学习更加条理化、清晰化.很多考生在复习过程中一味地听课或者刷题,其实是不可取的,俗话说:"学而不思则罔,思而不学则殆."学习和思考一定要有机地结合起来,只有不断地对所学知识进行总结归纳,才能更加牢固掌握出题规律和解题方法.

（3）加强综合性题目的训练.综合性题目大多呈现运算量大、技巧性强、覆盖知识点广的特点,因此,本部分题目是拉开差距的关键.这也要求考生在学习时能融会贯通,把各个知识点有机地联系在一起,形成完整的知识体系网.在近几年考试中,题目综合性越来越强,难题数量逐渐增多,在考场极度紧张的状态下,很多考生在面对难题时都无计可施,所以只有平时多练习此类题目,熟练掌握分析难题的方法,才能在正式考试中甩开对手,夺取高分.

（4）定期重复,合理安排学习计划.任何一门科目的学习都需要定期重复,很多内容在我们第一次上课时都能记住,但由于平时用得较少,随着时间的推移就会被遗忘掉,所以对于不常用的公式、定理、方法等一定要勤看多记.此外,由于考研备考周期较长,如果缺乏科学合理的规划,必然达不到理想的学习效果.因此制定计划时要分阶段、动态化进行,根据自己的学习状态及进度进行适当调整,时刻监督自己完成学习任务,将学习和做题有机地结合起来,不断摸索管理类综合能力考试中数学命题的特点和规律,熟悉特定题型的对应方法,进而提高做题速度,达到快、准、狠的效果.

（5）要有信心,相信自己.很多考生面对数学有着天生的恐惧感,觉得数学是一门学不好的科目,其实只要方法得当加之自身努力,一定可以突破数学瓶颈,创造高分奇迹.你要相信有你才有一切,而不是有了一切才有你,强大之人之所以强大,并不是依靠外在的事物,而是在于他们的内心足够强大.

四、本书学习方法

第一节:考情解读	了解本章内容考查范围及学习框架
第二节:考点梳理	先学习每个考点的考点精析,理解各个考点的基本定义和性质,尤其要记住部分考点下的"注意",然后搭配例题解读去搭建考点和题目的桥梁,明确什么样的题目考什么样的考点,对应什么样的解题方法
第三节:技巧梳理	先学习每个技巧对应的适用题型和技巧说明,需要考生记住总结的相关方法和技巧,尤其要明确每个技巧的使用条件,再配合例题熟练应用技巧即可
第四节:本章测评	通过本小节达到自测目的,查漏补缺
第五节:本章小结	通过小结厘清考点、技巧的使用场景以及注意事项

五、全年备考策略

阶段	时间	图书资料	学习目标	注意事项
一轮复习	3—6月	《MBA MPA MPAcc MEM 管理类综合能力数学72技》	搭建整体知识体系,全面梳理基本考点和技巧方法	①基础一般:建议考生完成二刷. ②基础较好:建议考生完成一刷
二轮复习	7—8月	《重难点特训:MBA MPA MPAcc MEM 管理类综合能力二轮复习用书》	攻克重难点,全面提升解题效率和解题能力	①基础一般:建议考生完成一刷,对薄弱版块完成二刷. ②基础较好:建议考生完成二刷
三轮复习	9—10月	《MBA MPA MPAcc MEM 管理类综合能力数学真题大全解》	实战演练解题方法,全面梳理真题考向,明确命题趋势	①基础一般:建议考生完成二刷,对薄弱版块完成三刷. ②基础较好:建议考生完成一刷,错题二刷
模考阶段	11月	模拟卷	查漏补缺,还原真实考试场景,寻找最佳答题顺序	①基础一般:建议考生至少完成四次高质量模考并整理错题. ②基础较好:建议考生至少完成八次高质量模考并整理错题
冲刺阶段	12月	串讲资料	考前再次突飞猛进,总结考试必考点,归纳解题方法和命题陷阱,补齐短板	①基础一般:建议考生着重掌握必考点. ②基础较好:建议考生着重掌握重难点

六、全年备考重要节点

时间	节点内容
7—9月	公布最新考试大纲
9月下旬	开启预报名
10月初	开启正式报名
11月初	网上确认或现场确认
12月中旬	打印准考证
12月下旬	考研笔试(上午8:30—11:30考管综,下午2:00—5:00考英语二)
次年2月中旬	公布初试成绩
次年3月初	公布国家线
次年3—4月	公布院校复试分数线,开启院校复试和调剂
次年5月	结束录取工作
次年6月	邮寄研究生录取通知书,考研结束

条件充分性判断题题型说明

条件充分性判断题是管理类综合能力考试数学独有的考试题型,相比较问题求解题,本部分难度更大,除考查基本的数学知识以外,还重点考查考生的逻辑推理能力和思维判断能力,所以此类题目设置的陷阱较多,对考生要求较高.本部分题目也是考生在考场失分的"重灾区",因此一定要熟练掌握该类题目的题型特点、解题方法及技巧,平时也需要多练习、多思考.

一、题目样板

真题 某人从 A 地出发,先乘时速为 220 千米的动车,后转乘时速为 100 千米的汽车到达 B 地,则 A,B 两地的距离为 960 千米.

(1) 乘动车时间与乘汽车的时间相等.

(2) 乘动车时间与乘汽车的时间之和为 6 小时.

二、充分性的含义

若命题 A 能推出命题 B,则称命题 A 是命题 B 的充分条件.

例如:$x>5$ 能推出 $x>3$,则称 $x>5$ 是 $x>3$ 的充分条件;反过来,$x>3$ 不能推出 $x>5$,则 $x>3$ 不是 $x>5$ 的充分条件.

三、题目特征与选项含义

本类题目的题目特征:

前提条件 ,则 结论 .

(1) 条件1 .

(2) 条件2 .

本类题目的选项:

A.条件(1)充分,但条件(2)不充分.

B.条件(2)充分,但条件(1)不充分.

C.条件(1)和条件(2)单独都不充分,但条件(1)和条件(2)联合起来充分.

D.条件(1)充分,条件(2)也充分.

E.条件(1)和条件(2)单独都不充分,条件(1)和条件(2)联合起来也不充分.

四、解题方法

条件充分性判断题的本质:验证条件的每种情况是否能推出结论,如果条件中的所有情况均能推出结论,则条件充分.若条件中存在一种情况无法推出结论,则条件不充分.

第一步:条件(1)联合题干前提条件推导结论,如果能推出则**条件(1)充分**;如果不能推出则条件(1) **不充分**.

第二步:条件(2)联合题干前提条件推导结论,如果能推出则**条件(2) 充分**;如果不能推出则条件(2) **不充分**.

第三步:若两条件单独均不充分,则把条件(1)、条件(2)和前提条件联合起来推导结论,如果联合能推出,则称**条件(1) 和条件(2) 联合起来充分**;如果联合不能推出,则称**条件(1) 和条件(2) 联合起来也不充分**.

五、注意事项

(1)若条件和结论较为简单且可以较为容易地由条件直接推导结论,则可直接由条件入手推导结论;若条件和结论较为复杂且条件和结论无直接关系,很难直接推出结论,可以先化简题干或结论,再由条件入手推导结论.

(2)题干的前提条件可以当作已知条件用,条件(1)和条件(2)相互独立,推导时一定要严格分开,客观独立地推导结论.

(3)充分的含义是所有的都满足,所以取特值或者举反例只能证明不充分,不能证明充分.

(4)小范围是大范围的充分条件,比如 $x>5$ 一定是 $x>3$ 的充分条件.

(5)联合分析的前提是两条件单独都不充分.

(6)条件充分性判断题中的应用题求解或取值,一定要符合实际应用场景.

(7)推导时务必考虑条件或题干的所有情况,细心审题.

(8)若两个条件无交集或矛盾,则无法联合分析.

六、条件充分性判断题的难点

(1)运算方面,两个条件至少需要运算两次.

(2)准确度要求高,差之毫厘,谬以千里.

(3)不管哪个条件推错了,都会有A,B,C,D,E的某一个答案与之对应,不易检查错误.

(4)逻辑推理能力要求高,需要明确"充分"的定义.

(5)考点综合性强.

七、近十年真题中条件充分性判断题的考点分布

年份 考点	2015	2016	2017	2018	2019	2020	2021	2022	2023	2024
算术	1	0	1	0	1	0	0	0	1	1
应用题	1	3	4	3	2	2	5	2	3	1
代数	6	4	1	3	3	4	3	6	4	6
几何	1	2	3	4	3	3	2	2	1	1
数据分析	1	1	1	0	1	1	0	0	1	1

八、近十年真题中条件充分性判断题的答案分布

答案\年份	2015	2016	2017	2018	2019	2020	2021	2022	2023	2024
A	1	3	3	2	3	3	2	2	2	2
B	3	2	2	1	1	1	0	3	1	1
C	3	3	3	1	3	2	4	3	4	4
D	2	1	1	5	2	1	2	1	1	2
E	1	1	1	1	1	3	2	1	2	1

九、小试牛刀

1. $a, b \in \mathbf{R}$, 则 $ab > 0$.

   (1) $a > 0, b > 0$.

   (2) $a < 0, b < 0$.

2. $a, b \in \mathbf{R}$, 则 $ab < 0$.

   (1) $a > 0, b = 0$.

   (2) $a < 0, b > 0$.

3. $a, b \in \mathbf{R}$, 则 $ab = 0$.

   (1) $a > 0, b = 0$.

   (2) $a = 0$ 或 $b > 0$.

4. $a, b \in \mathbf{R}$, 则 $ab \geq 0$.

   (1) $a > 0, b = 0$.

   (2) $a < 0, b < 0$.

5. $a, b \in \mathbf{R}$, 则 $ab \leq 0$.

   (1) $a > 0, b > 0$.

   (2) $a < 0, b < 0$.

6. $a, b \in \mathbf{R}$, 则 $ab > 0$.

   (1) $a > 1, b > 2$.

   (2) $a < 0, b < -1$.

7. $a, b \in \mathbf{R}$, 则 $ab < 0$.

   (1) $a > 0$.

   (2) $b < 0$.

8. $a, b \in \mathbf{R}$, 则 $|a| > |b|$.

   (1) $a > 0, b > 0$.

(2)$a > b$.

9. $a, b \in \mathbf{R}$,则$|a| < |b|$.

(1)$a < 0, b < 0$.

(2)$a > b$.

10. $a, b \in \mathbf{R}$,则$|a| = |b|$.

(1)$a = b$.

(2)$a + b = 0$.

参考答案　1～5　DBADE　6～10　DCCCD

十、实战演练

1. 一元二次方程$x^2 + bx + 1 = 0$有两个不同实根.

(1)$b < -2$.

(2)$b > 2$.

【答案】D

【解析】$\Delta = b^2 - 4 \times 1 \times 1 > 0 \Rightarrow b^2 > 4$,所以$b < -2$或$b > 2$,两个条件均充分. 故选 D.

2. 直线$y = ax + b$过第二象限.

(1)$a = -1, b = 1$.

(2)$a = 1, b = -1$.

【答案】A

【解析】条件(1),$y = -x + 1$过第一、二、四象限,充分;条件(2),$y = x - 1$过第一、三、四象限,不充分. 故选 A.

3. 已知m, n是正整数,则m是偶数.

(1)$3m + 2n$是偶数.

(2)$3m^2 + 2n^2$是偶数.

【答案】D

【解析】如果两个整数之和为偶数,则这两个整数的奇偶性相同,由两个条件可以看出,因为$2n$和$2n^2$都为偶数,所以$3m$和$3m^2$也为偶数,进而可推出m为偶数. 故选 D.

4. 已知a, b是实数,则$a > b$.

(1)$a^2 > b^2$.

(2)$a^2 > b$.

【答案】E

【解析】可举反例$a = -2, b = 1$. 故选 E.

5. 已知三种水果的平均价格为10元/千克,则每种水果的价格均不超过18元/千克.

(1) 三种水果中价格最低的为 6 元 / 千克.

(2) 购买重量分别是 1 千克、1 千克和 2 千克的三种水果共用了 46 元.

【答案】D

【解析】由题干条件可得,这三种水果的平均价格为 10 元 / 千克,所以这三种水果的价格之和为 30 元 / 千克. 条件(1),价格最低的水果为 6 元 / 千克,则其他两种水果价格之和为 24 元 / 千克,当其中一种水果也为 6 元 / 千克时,另一种水果的价格可达到最高,最高价为 $24-6=18$(元 / 千克),未超过 18 元 / 千克,所以条件(1) 充分;条件(2),设三种水果价格分别为 x 元 / 千克,y 元 / 千克,z 元 / 千克,则有 $x+y+z=30$,$x+y+2z=46$,两式相减得到 $z=16$,则 $x+y=14$,显然此时每种水果的价格均不超过 18 元 / 千克,所以条件(2) 也充分. 故选 D.

6. 已知曲线 $L:y=a+bx-6x^2+x^3$,则 $(a+b-5)(a-b-5)=0$.

(1) 曲线 L 过点 $(1,0)$.

(2) 曲线 L 过点 $(-1,0)$.

【答案】A

【解析】条件(1),$x=1,y=0 \Rightarrow a+b=5 \Rightarrow (a+b-5)(a-b-5)=0$,所以充分;条件(2),$x=-1,y=0 \Rightarrow a-b=7$,无法得到 $(a+b-5)(a-b-5)=0$,所以不充分. 故选 A.

7. 如图所示,正方形 $ABCD$ 由四个相同的长方形和一个小正方形拼成,则能确定小正方形的面积.

(1) 已知正方形 $ABCD$ 的面积.

(2) 已知长方形的长、宽之比.

【答案】C

【解析】条件(1),已知正方形 $ABCD$ 的面积,仅能求得大正方形的边长,无法得到小正方形的边长,所以不充分;条件(2),仅知道比例关系,不知道具体数值,无法求得小正方形的面积,所以不充分;考虑联合,由条件(1) 和条件(2) 可得到大正方形的边长、长方形的长和宽,进而得到小正方形的边长,求得其面积,充分. 故选 C.

8. 能确定小明年龄.

(1) 小明年龄是完全平方数.

(2) 20 年后小明年龄是完全平方数.

【答案】C

【解析】两条件显然单独都不充分,设小明的年龄为 n,联合可得 $n,n+20$ 均为完全平方数,列举可得 $n=16$. 故选 C.

9. 如图所示,已知正方形 $ABCD$ 的面积,O 为 BC 上一点,P 为 AO 的中点,Q 为 DO 上一点,则能确定三角形 PQD 的面积.

(1) O 为 BC 的三等分点.

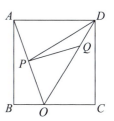

(2)Q 为 DO 的三等分点.

【答案】B

【解析】依题可得,三角形 AOD 的面积是正方形面积的一半,P 是 AO 中点,三角形 POD 的面积是三角形 AOD 面积的一半,因为条件(1)无法确定 Q 的位置,所以不充分;条件(2)确定 Q 的位置,所以三角形 PQD 的面积为三角形 POD 面积的 $\dfrac{1}{3}$,所以充分. 故选 B.

10. 某人从 A 地出发,先乘时速为 220 千米的动车,后转乘时速为 100 千米的汽车到达 B 地,则 A,B 两地的距离为 960 千米.

(1) 乘动车时间与乘汽车的时间相等.

(2) 乘动车时间与乘汽车的时间之和为 6 小时.

【答案】C

【解析】条件(1)和条件(2)单独均无法求出两地的距离,所以单独均不充分,联合分析可求出时间均为 3 小时,故 A,B 两地的距离为 $(220+100)\times 3 = 960$(千米),所以联合充分. 故选 C.

2024年全国硕士研究生招生考试管理类综合能力数学试题

一、问题求解

1. 甲股票上涨20%后的价格与乙股票下跌20%后的价格相等,则甲、乙股票的原价格之比为( ).

   A. 1:1　　B. 1:2　　C. 2:1　　D. 3:2　　E. 2:3

2. 将三张写有不同数字的卡片随机地排成一排,数字面朝下.翻开左边和中间的两张卡片,如果中间卡片上的数字大,那么取中间的卡片,否则取右边的卡片.则取出的卡片上的数字最大的概率为( ).

   A. $\dfrac{5}{6}$　　B. $\dfrac{2}{3}$　　C. $\dfrac{1}{2}$　　D. $\dfrac{1}{3}$　　E. $\dfrac{1}{4}$

3. 甲、乙两人参加健步运动.第一天两人走的步数相同,此后甲每天都比前一天多走700步,乙每天走的步数保持不变.若乙前7天走的总步数与甲前6天走的总步数相同,则甲第7天走了( )步.

   A. 10 500　　B. 13 300　　C. 14 000　　D. 14 700　　E. 15 400

4. 函数 $f(x)=\dfrac{x^4+5x^2+16}{x^2}$ 的最小值为( ).

   A. 12　　B. 13　　C. 14　　D. 15　　E. 16

5. 已知点 $O(0,0), A(a,1), B(2,b), C(1,2)$,若四边形 $OABC$ 为平行四边形,则 $a+b=$( ).

   A. 3　　B. 4　　C. 5　　D. 6　　E. 7

6. 已知等差数列 $\{a_n\}$ 满足 $a_2 a_3 = a_1 a_4 + 50$,且 $a_2 + a_3 < a_1 + a_5$,则公差为( ).

   A. 2　　B. -2　　C. 5　　D. -5　　E. 10

7. 已知 m,n,k 都是正整数,若 $m+n+k=10$,则 m,n,k 的取值方法有( )种.

   A. 21　　B. 28　　C. 36　　D. 45　　E. 55

8. 如图所示,正三角形 ABC 边长为3,以 A 为圆心,2为半径作圆弧,再分别以 B,C 为圆心,1为半径作圆弧,则阴影部分的面积为( ).

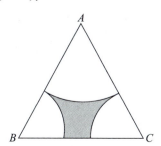

A. $\dfrac{9}{4}\sqrt{3}-\dfrac{\pi}{2}$ B. $\dfrac{9}{4}\sqrt{3}-\pi$ C. $\dfrac{9}{8}\sqrt{3}-\dfrac{\pi}{2}$ D. $\dfrac{9}{8}\sqrt{3}-\pi$ E. $\dfrac{3}{4}\sqrt{3}-\dfrac{\pi}{2}$

9. 在雨季,某水库的蓄水量已到达警戒水位,同时上游来水注入水库,需要及时泄洪,若开 4 个泄洪闸,则水库的蓄水量到达安全水位要 8 天;若开 5 个泄洪闸,则水库的蓄水量到达安全水位要 6 天;若开 7 个泄洪闸,则水库的蓄水量到达安全水位要(   )天.

A. 4.8   B. 4   C. 3.6   D. 3.2   E. 3

10. 如图所示,在三角形点阵中,第 n 行及其上方所有点个数为 a_n,如 $a_1=1, a_2=3$,已知 a_k 是平方数且 $1<a_k<100$,则 $a_k=$(   ).

A. 16   B. 25   C. 36   D. 49   E. 81

11. 如图所示,在边长为 2 的正三角形材料中,裁剪出一个半圆形.已知半圆的直径在三角形的一条边上,则这个半圆的面积最大为(   ).

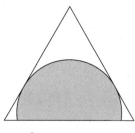

A. $\dfrac{3}{8}\pi$ B. $\dfrac{3}{5}\pi$ C. $\dfrac{3}{4}\pi$ D. $\dfrac{\pi}{4}$ E. $\dfrac{\pi}{2}$

12. 甲、乙两码头相距 100 千米,一艘游轮从甲地顺流而下,到达乙地用了 4 小时,返回时游轮的静水速度增加了 25%,用了 5 小时,则航道的水流速度为(   )千米/小时.

A. 3.5   B. 4   C. 4.5   D. 5   E. 5.5

13. 如图所示,圆柱形容器的底面半径是 $2r$,将半径为 r 的铁球放入容器后,液面的高度为 r,则液面原来的高度为(   ).

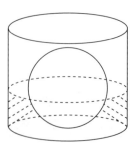

A. $\dfrac{r}{6}$ B. $\dfrac{r}{3}$ C. $\dfrac{r}{2}$ D. $\dfrac{2}{3}r$ E. $\dfrac{5}{6}r$

14. 有 4 种不同的颜色,甲、乙两人各随机选 2 种,则两人颜色完全相同的概率为(　　).

   A. $\dfrac{1}{6}$ B. $\dfrac{1}{9}$ C. $\dfrac{1}{12}$ D. $\dfrac{1}{18}$ E. $\dfrac{1}{36}$

15. 设非负实数 x,y 满足 $\begin{cases} 2\leqslant xy\leqslant 8, \\ \dfrac{x}{2}\leqslant y\leqslant 2x, \end{cases}$ 则 $x+2y$ 的最大值为(　　).

   A. 3   B. 4   C. 5   D. 8   E. 10

二、条件充分性判断

16. 已知袋中装有红、白、黑三种颜色的球若干个,随机抽取 1 球.则该球是白球的概率大于 $\dfrac{1}{4}$.

    (1) 红球数量最少.

    (2) 黑球数量不到一半.

17. 已知 n 是正整数,则 n^2 除以 3 余 1.

    (1) n 除以 3 余 1.

    (2) n 除以 3 余 2.

18. 设二次函数 $f(x)=ax^2+bx+1$,则能确定 $a<b$.

    (1) 曲线 $y=f(x)$ 关于直线 $x=1$ 对称.

    (2) 曲线 $y=f(x)$ 与直线 $y=2$ 相切.

19. 设 a,b,c 为实数,则 $a^2+b^2+c^2\leqslant 1$.

    (1) $|a|+|b|+|c|\leqslant 1$.

    (2) $ab+bc+ac=0$.

20. 设 a 为实数,$f(x)=|x-a|-|x-1|$,则 $f(x)\leqslant 1$.

    (1) $a\geqslant 0$.

    (2) $a\leqslant 2$.

21. 设 a,b 为正实数,则能确定 $a\geqslant b$.

    (1) $a+\dfrac{1}{a}\geqslant b+\dfrac{1}{b}$.

    (2) $a^2+a\geqslant b^2+b$.

22. 兔窝位于兔子正北 60 米,狼在兔子正西 100 米,兔子和狼同时直奔兔窝,则兔子率先到达兔窝.

(1) 兔子的速度是狼的速度的 $\frac{2}{3}$.

(2) 兔子的速度是狼的速度的 $\frac{1}{2}$.

23. 设 x,y 为实数,则能确定 $x \geqslant y$.
    (1) $(x-6)^2 + y^2 = 18$.
    (2) $|x-4| + |y+1| = 5$.

24. 设曲线 $y = x^3 - x^2 - ax + b$ 与 x 轴有三个不同的交点 A, B, C. 则 $BC = 4$.
    (1) 点 A 的坐标为 $(1,0)$.
    (2) $a = 4$.

25. 设 $\{a_n\}$ 为等比数列,S_n 是 $\{a_n\}$ 的前 n 项和. 则能确定 $\{a_n\}$ 的公比.
    (1) $S_3 = 2$.
    (2) $S_9 = 26$.

答案速查表				
1～5	6～10	11～15	16～20	21～25
ECDBB	CCBBC	ADEAE	CDCAC	BADCE

目录

第一章　算术　　1

- 第一节　考情解读　　1
- 第二节　考点梳理　　2
- 第三节　技巧梳理　　19
- 第四节　本章测评　　25
- 第五节　本章小结　　37

第二章　应用题　　39

- 第一节　考情解读　　39
- 第二节　考点梳理　　40
- 第三节　技巧梳理　　53
- 第四节　本章测评　　67
- 第五节　本章小结　　78

第三章　整式、分式与数列　　81

- 第一节　考情解读　　81
- 第二节　考点梳理　　82
- 第三节　技巧梳理　　98
- 第四节　本章测评　　110
- 第五节　本章小结　　121

第四章　方程、不等式与函数　　123

- 第一节　考情解读　　123

第二节	考点梳理	123
第三节	技巧梳理	143
第四节	本章测评	145
第五节	本章小结	156

第五章　平面几何　157

第一节	考情解读	157
第二节	考点梳理	158
第三节	技巧梳理	181
第四节	本章测评	192
第五节	本章小结	205

第六章　解析几何与立体几何　207

第一节	考情解读	207
第二节	考点梳理	208
第三节	技巧梳理	226
第四节	本章测评	234
第五节	本章小结	245

第七章　计数原理　247

第一节	考情解读	247
第二节	考点梳理	247
第三节	技巧梳理	258
第四节	本章测评	264
第五节	本章小结	275

第八章　概率初步与数据描述　276

第一节	考情解读	276
第二节	考点梳理	276
第三节	技巧梳理	296
第四节	本章测评	300
第五节	本章小结	312

第一章 算术

第一节 考情解读

本章解读

算术是数学中最古老、最基础的部分,它主要研究数的性质及运算.把数和数的性质、数和数之间的四则运算在应用过程中的经验积累起来,并加以整理,就形成了最古老的一门数学——算术.本章在考试中以实数的性质及其运算为主,实数包含有理数和无理数两大类,再细分还有整数、分数、质数、合数、倍数、约数、奇数、偶数等概念.此外,绝对值和比例的运算也在考试范围内,考生在复习本章时要牢牢把握相关概念及运算,特别是绝对值相关问题和比例定理,要学会举一反三、直击问题的本质.

本章概览

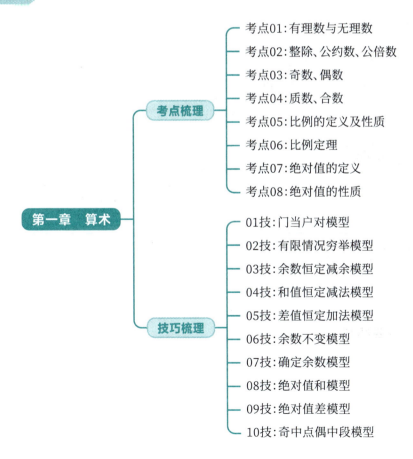

第二节　考点梳理

考点 01　有理数与无理数

一、考点精析

1. 实数的分类

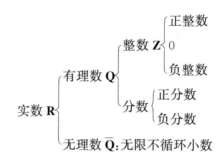

> **注意**
> (1) 自然数(N)包括正整数和0.
> (2) 有理数也可表现为整数、分数或小数形式,其中
> ① 分数的表现形式为 $m = \dfrac{p}{q}(p,q \in \mathbf{Z}$ 且 $q \neq 0)$.
> ② 小数的表现形式为有限小数或无限循环小数.
> (3) 常见的无理数形式有 $\pi, e, \cdots ; \log_2 3, \log_3 5, \cdots ; \sqrt{2}, \sqrt{6}, \cdots$.
> (4) 常用的无理数近似值(采用四舍五入法保留至小数点后两位)(见表).

π	e	$\sqrt{2}$	$\sqrt{3}$	$\sqrt{5}$	$\sqrt{6}$	$\sqrt{7}$	$\sqrt{8}$	$\sqrt{10}$
3.14	2.72	1.41	1.73	2.24	2.45	2.65	2.83	3.16

> (5) 常用的完全平方数(见表).

11^2	12^2	13^2	14^2	15^2	16^2	17^2	18^2	19^2	20^2
121	144	169	196	225	256	289	324	361	400

2. 有理数、无理数的组合性质

　　有理数 ± 有理数 = 有理数;有理数 × 有理数 = 有理数;
　　有理数 ± 无理数 = 无理数;有理数 × 无理数 = 0 或无理数;
　　无理数 ± 无理数 = 有理数或无理数;无理数 × 无理数 = 有理数或无理数.

> **注意**
> (1) 若 a,b 是有理数,$\sqrt{m}$ 是无理数,且 $a+b\sqrt{m}=0$,则 $a=b=0$.
> (2) 若 a,b,c,d 都是有理数,$\sqrt{c},\sqrt{d}$ 是无理数,且 $a+\sqrt{c}=b+\sqrt{d}$,则 $a=b,c=d$.

3. 乘方与平方根

   (1) 乘方:求 n 个相同因数 a 的积的运算叫作乘方,记作 a^n,读作 a 的 n 次幂或 a 的 n 次方.

   (2) 平方根:又叫开二次方根,记作 $\pm\sqrt{}$,其中非负的平方根称为算术平方根.

> **注意**
> 负数不能开偶次方根,0 的平方根是 0,一个正数有两个平方根并且互为相反数.

4. 循环小数化分数

   (1) 纯循环小数:从小数点后面第一位开始循环的小数.

   纯循环小数化分数:$0.\dot{a}b\dot{c}=\dfrac{abc}{999}$.

> **注意**
> 纯循环小数化分数,循环节有几位数,分母就写几个 9,分子照抄循环节,最后约分为最简分数.

   (2) 混循环小数:不是从小数点后面第一位开始循环的小数.

   混循环小数化分数:$0.a\dot{b}\dot{c}=\dfrac{abc-a}{990}$.

> **注意**
> 混循环小数化分数,首先,确定分母:循环节有几位数,就写几个 9,小数部分不循环的部分有几位数,就在写出的 9 后面加几个 0,作为分母;然后,确定分子:用小数部分到第一个循环节结束写成整数,再减去不循环的数字得到的差作为分子;最后,能约分的约到最简分数.

二、例题解读

例 1 实数 $\sqrt{3},\dfrac{18}{7},\sqrt{49},1.\dot{3},\dfrac{\pi}{3},\sqrt[3]{5},1.3\dot{4},\log_2 4,(\sqrt{8})^0$ 中,无理数有( )个.

A. 1 　　　　B. 2 　　　　C. 3 　　　　D. 4 　　　　E. 5

【解析】

第一步:定考点	有理数与无理数的定义
第二步:锁关键	求无理数的个数
第三步:做运算	由有理数和无理数的定义可知,无理数有 $\sqrt{3},\dfrac{\pi}{3},\sqrt[3]{5}$;有理数有 $\dfrac{18}{7},\sqrt{49}=7,1.\dot{3},$ $1.3\dot{4},\log_2 4=2,(\sqrt{8})^0=1$

第四步:选答案	本题选 C
第五步:谈收获	任何非零数的零次幂都为 1

例 2 已知 $1+2\sqrt{3}$ 的整数部分为 a,小数部分为 b,则 $\sqrt{a}+b$ 的值为( ).

A. $\sqrt{3}+1$ B. $2\sqrt{3}+1$ C. $2\sqrt{3}-1$ D. $2\sqrt{3}+2$ E. 2

【解析】

第一步:定考点	有理数与无理数的运算
第二步:锁关键	整数部分为 a,小数部分为 b
第三步:做运算	因为 $\sqrt{3}\approx 1.73$,所以 $1+2\sqrt{3}\approx 4.46$,因此 $1+2\sqrt{3}$ 的整数部分为 4,小数部分为 $1+2\sqrt{3}-4=2\sqrt{3}-3$,即 $a=4, b=2\sqrt{3}-3$,所以 $\sqrt{a}+b=\sqrt{4}+2\sqrt{3}-3=2\sqrt{3}-1$
第四步:选答案	本题选 C
第五步:谈收获	实数的整数部分指的是不大于原数的最大整数,小数部分指的是原数减去整数部分,比如 3.14 的整数部分为 3,小数部分为 $3.14-3=0.14$;-2.6 的整数部分为 -3,小数部分为 $-2.6-(-3)=0.4$

例 3 已知 a,b 为有理数,若 $\sqrt{8-2\sqrt{15}}=a\sqrt{5}+b\sqrt{3}$,则 a^2+b^3 的值为( ).

A. 1 B. -1 C. 2 D. -2 E. 0

【解析】

第一步:定考点	有理数与无理数的运算
第二步:锁关键	$\sqrt{8-2\sqrt{15}}=a\sqrt{5}+b\sqrt{3}$
第三步:做运算	因为 $\sqrt{8-2\sqrt{15}}=\sqrt{5-2\sqrt{15}+3}=\sqrt{(\sqrt{5}-\sqrt{3})^2}=|\sqrt{5}-\sqrt{3}|=\sqrt{5}-\sqrt{3}$,所以 $\sqrt{5}-\sqrt{3}=a\sqrt{5}+b\sqrt{3}$.因为 a,b 为有理数,所以 $a=1, b=-1$,故 $a^2+b^3=1+(-1)=0$
第四步:选答案	本题选 E
第五步:谈收获	$m\pm 2\sqrt{mn}+n=(\sqrt{m}\pm\sqrt{n})^2$,其中 $m\geqslant 0, n\geqslant 0$

例 4 纯循环小数 $0.\dot{a}\dot{b}$ 化为最简分数后,分子与分母的和为 40,则 $a+b$ 的值为( ).

A. 16 B. 15 C. 9 D. 7 E. 3

【解析】

第一步:定考点	纯循环小数化分数

续表

第二步:锁关键	分子与分母的和为40
第三步:做运算	$0.\dot{a}\dot{b} = \frac{ab}{99}$,因为99的约数有1,3,9,11,33,99,且$0.\dot{a}\dot{b}$小于1,分子与分母的和为40,所以化成最简分数后,分母一定大于40的一半,即分母只能为33,此时分子为7,故$0.\dot{a}\dot{b} = \frac{7}{33} = \frac{21}{99}$,故$a=2,b=1$,所以有$a+b=2+1=3$
第四步:选答案	本题选E
第五步:谈收获	纯循环小数化分数:$0.\dot{a}\dot{b} = \frac{ab}{99}$

例5 将$\frac{213}{990}$化成小数后,小数部分前2 023个数的数字之和为(　　).

A. 6 050　　　B. 6 068　　　C. 7 049　　　D. 8 050　　　E. 9 936

【解析】

第一步:定考点	分数化循环小数
第二步:锁关键	求小数部分前2 023个数的数字之和
第三步:做运算	$0.2\dot{1}\dot{5} = \frac{215-2}{990} = \frac{213}{990}$,所以$\frac{213}{990} = 0.215\ 151\ 5\cdots$,因此小数部分前2 023个数的数字之和为$2 + \frac{2\ 022}{2}(1+5) = 6\ 068$
第四步:选答案	本题选B
第五步:谈收获	混循环小数化分数:$0.\dot{a}b\dot{c} = \frac{abc-a}{990}$

考点02　整除、公约数、公倍数

一、考点精析

1. 整除、公约数、公倍数的定义

(1)整除:当整数a除以非零整数b,商恰好是整数且无余数时,则称a能被b整除或b能整除a,其中a是b的倍数,b是a的约数.

(2)公约数:几个数公有的约数叫公约数,其中最大的叫最大公约数.

例如,6的约数有1,2,3,6;8的约数有1,2,4,8;6和8有两个公约数1和2,其中2是它们的最大公约数.

(3)公倍数:几个数公有的倍数叫公倍数,其中最小的叫最小公倍数.

例如,6的倍数有6,12,18,24,…;8的倍数有8,16,24,…;6和8的公倍数有24,48,72,…,其

中 24 是它们的最小公倍数.

> **注意**
>
> 正整数 a 与正整数 b 的乘积等于这两个数的最大公约数与最小公倍数的乘积.

2. 整除的特点

（1）能被 2 整除的数：个位为 0,2,4,6,8.

（2）能被 3 整除的数：各个数位上的数字之和是 3 的倍数.

（3）能被 4 整除的数：末两位所组成的两位数是 4 的倍数.

（4）能被 5 整除的数：个位为 0 或 5.

（5）能被 6 整除的数：既能被 2 整除，又能被 3 整除.

（6）能被 7 整除的数：将个位去掉，余下的数减去个位的 2 倍是 7 的倍数.

（7）能被 8 整除的数：末三位所组成的三位数是 8 的倍数.

（8）能被 9 整除的数：各个数位上的数字之和是 9 的倍数.

（9）能被 10 整除的数：个位为 0.

（10）能被 11 整除的数：从左到右奇数位上的数字之和减去偶数位上的数字之和，所得的差是 11 的倍数.

> **注意**
>
> 0 是任何非零自然数的倍数.

3. 最小公倍数和最大公约数的计算

最小公倍数和最大公约数计算时通常采用短除法，最小公倍数计算时务必要除到两两互质为止，最大公约数计算时务必要除到这几个数除 1 以外没有公约数为止.

> **注意**
>
> 两个数互质指的是除 1 以外没有其他公约数，并非两个数都是质数，比如 4 和 9 也是互质的.

4. 带余除法

被除数 ÷ 除数 = 商 …… 余数，即被除数 = 除数 × 商 + 余数.

> **注意**
>
> （1）余数 ＜ 除数.
>
> （2）余数为 0 时也叫整除.

二、例题解读

例 6 若四位数 $987a$ 既可以被 3 整除，也可以被 9 整除，则 a 有（　　）种不同的取值.

A. 0　　　　B. 1　　　　C. 2　　　　D. 3　　　　E. 4

【解析】

第一步:定考点	整除的特点
第二步:锁关键	既可以被3整除,也可以被9整除
第三步:做运算	四位数 $987a$ 若要被3整除,则需满足 $9+8+7+a$ 为3的倍数,因为 a 只能为一位数,所以 $a=0,3,6,9$;同理,四位数 $987a$ 若要被9整除,则需满足 $9+8+7+a$ 为9的倍数,因为 a 只能为一位数,所以 $a=3$. 因此,若四位数 $987a$ 既可以被3整除,也可以被9整除,则 $a=3$
第四步:选答案	本题选B
第五步:谈收获	① 能被3整除的数:各个数位上的数字之和是3的倍数. ② 能被9整除的数:各个数位上的数字之和是9的倍数

例7 某公司采购下午茶,买了126杯喜茶,168杯霸王茶姬,210杯茶颜悦色,准备分给公司的员工. 若每个人都要分得三种奶茶,且每人分的总数量一样多,每种奶茶都恰好分完,则最多能分给(　　)名员工.

A. 14　　　　B. 21　　　　C. 28　　　　D. 42　　　　E. 52

【解析】

第一步:定考点	公约数与最大公约数
第二步:锁关键	每个人都要分得三种奶茶,且每人分的总数量一样多
第三步:做运算	依题可得,分得员工最多时的员工人数等于126,168,210的最大公约数,由短除法可得 $\begin{array}{r|rrr} 2 & 126 & 168 & 210 \\ \hline 3 & 63 & 84 & 105 \\ \hline 7 & 21 & 28 & 35 \\ \hline & 3 & 4 & 5 \end{array}$ 故126,168,210的最大公约数为 $2\times3\times7=42$
第四步:选答案	本题选D
第五步:谈收获	求几个数的最大公约数,一定要除到这几个数互质为止

例8 甲、乙、丙三个人在操场跑道上散步,甲每分钟走80米,乙每分钟走50米,丙每分钟走100米. 已知操场跑道的周长为400米,如果三个人同时同向从同一点出发,则(　　)分钟后三人首次在出发点相遇.

A. 10　　　　B. 20　　　　C. 30　　　　D. 40　　　　E. 50

【解析】

第一步:定考点	公倍数与最小公倍数

续表

第二步:锁关键	三人首次在出发点相遇
第三步:做运算	依题可得,甲走一圈需要 $\frac{400}{80}=5$(分钟),乙走一圈需要 $\frac{400}{50}=8$(分钟),丙走一圈需要 $\frac{400}{100}=4$(分钟),三人首次在出发点相遇的时间,就等于 5,8,4 的最小公倍数,由短除法可得 $\begin{array}{c|ccc} 2 & 5 & 8 & 4 \\ \hline 2 & 5 & 4 & 2 \\ \hline & 5 & 2 & 1 \end{array}$ 故 5,8,4 的最小公倍数为 $2\times2\times5\times2\times1=40$
第四步:选答案	本题选 D
第五步:谈收获	求几个数的最小公倍数,一定要除到这几个数两两互质为止

考点 03　奇数、偶数

一、考点精析

1. 奇数与偶数的定义

　　(1) 奇数:不能被 2 整除的数,如 $-5,-3,-1,1,3,5,7$ 等.

　　(2) 偶数:可以被 2 整除的数,如 $-4,-2,0,2,4,6$ 等.

> **注意**
> 奇数与偶数的本质是整数的分类,分类的标准为除以 2 的余数,若除以 2 余 1 则为奇数,除以 2 余 0 则为偶数.

2. 奇数与偶数的组合性质

　　奇数 ± 奇数 = 偶数;奇数 × 奇数 = 奇数;

　　偶数 ± 偶数 = 偶数;偶数 × 偶数 = 偶数;

　　奇数 ± 偶数 = 奇数;奇数 × 偶数 = 偶数.

> **注意**
> (1) 若 $m,n \in \mathbf{Z}$,则 $m+n$ 和 $m-n$ 的奇偶性相同.
> (2) 连续两个整数之和为奇数.
> (3) 连续两个整数之积为偶数.
> (4) $a,a^2,a^3,\cdots,a^n(a \in \mathbf{Z})$ 的奇偶性相同.

二、例题解读

例9 $\dfrac{a+b}{2}, \dfrac{b+c}{2}, \dfrac{c+a}{2}$ 中至少有一个整数.

(1) a,b,c 是三个任意的整数.

(2) a,b,c 是三个连续的整数.

【解析】

第一步:定考点	奇数、偶数、整数
第二步:锁关键	$\dfrac{a+b}{2}, \dfrac{b+c}{2}, \dfrac{c+a}{2}$ 中至少有一个整数,存在即可
第三步:做运算	首先,两个整数相加除以2有三种情况: ① $\dfrac{奇数+偶数}{2} = \dfrac{奇数}{2}$,非整数; ② $\dfrac{奇数+奇数}{2} = \dfrac{偶数}{2}$,整数; ③ $\dfrac{偶数+偶数}{2} = \dfrac{偶数}{2}$,整数. a,b,c 的奇偶性有四种情况:3个奇数,3个偶数,2偶1奇,1偶2奇,这四种情况都至少有2个数的奇偶性相同,所以均满足上述至少有一个整数的条件,因此条件(1)和条件(2)均充分
第四步:选答案	本题选 D
第五步:谈收获	本题按照奇数、偶数分类讨论是突破口

例10 x 一定是偶数.

(1) $x = n^2 + 3n + 2 (n \in \mathbf{Z})$.

(2) $x = n^2 + 4n + 3 (n \in \mathbf{Z})$.

【解析】

第一步:定考点	奇数、偶数的判定
第二步:锁关键	二次三项式可用十字相乘法因式分解
第三步:做运算	对于条件(1),$x = n^2 + 3n + 2 = (n+1)(n+2)(n \in \mathbf{Z})$,因为 $n+1$ 与 $n+2$ 为两个相邻的整数,所以必是一奇一偶,因此 x 一定为偶数,条件(1)充分; 对于条件(2),$x = n^2 + 4n + 3 = (n+1)(n+3)(n \in \mathbf{Z})$,若 n 为偶数,则 $n+1$ 与 $n+3$ 均为奇数,奇数之积仍为奇数,因此条件(2)不充分
第四步:选答案	本题选 A
第五步:谈收获	相邻的两个整数一定有一个是2的倍数;相邻的3个整数一定一个是2的倍数,有一个是3的倍数,所以连续 k 个整数的乘积一定可以被 $k!$ 整除

例 11 楼道里共有 10 盏灯,现在都是关闭的,每盏灯都有一个开关,则可以保证 10 盏灯都开启.

(1) 共按开关 99 次且每个开关都按过.

(2) 每个开关都按奇数次.

【解析】

第一步:定考点	奇数、偶数的组合性质
第二步:锁关键	本题要保证通过相关操作使 10 盏灯都要开启
第三步:做运算	条件(1),共按开关 99 次且每个开关都按过,可举反例分析,第一盏灯按 9 次,其余 9 盏灯都按 10 次,此时只有第一盏灯是开启的,不充分;条件(2),每个开关都按奇数次可以保证每盏灯都是开启的,充分
第四步:选答案	本题选 B
第五步:谈收获	一盏灯从关闭到开启必须按奇数次才可以

考点 04 质数、合数

一、考点精析

1. 质数与合数的定义

(1) 质数:只有 1 和它本身两个约数的大于 1 的整数.

(2) 合数:除了 1 和它本身还存在其他约数的大于 1 的整数.

> **注意**
> (1) 1 既不是质数也不是合数,最小的质数是 2,也是唯一的偶质数,最小的合数是 4.
> (2) 50 以内的质数有 2,3,5,7,11,13,17,19,23,29,31,37,41,43,47.

2. 质数与合数的本质

质数与合数是除 1 以外正整数的分类.

> **注意**
> (1) 若 a,b,c 为质数,且 $a+b=c$,则 a,b 中必有一个是 2.
> (2) 若 a,b 为质数,且 $a-b=1$,则必有 $a=3,b=2$.
> (3) 若 a,b 为正整数,c 为质数,且 $a \cdot b = c$,则 a,b 中必有一个是 1,另一个是 c.

3. 质因数分解

任意一个合数都能分解为若干质数的乘积.

二、例题解读

例 12 设 m,n 是小于 20 的质数,满足条件 $|m-n|=2$ 的 $\{m,n\}$ 共有( )组.

A. 2　　　　B. 3　　　　C. 4　　　　D. 5　　　　E. 6

【解析】

第一步:定考点	质数的加、减运算
第二步:锁关键	集合 $\{m,n\}$ 具有无序性
第三步:做运算	m,n 是小于 20 的质数,满足条件 $|m-n|=2$,列举可得 m,n 中一个为 3、一个为 5 满足条件;m,n 中一个为 5、一个为 7 满足条件;m,n 中一个为 11、一个为 13 满足条件;m,n 中一个为 17、一个为 19 满足条件,共有 4 组
第四步:选答案	本题选 C
第五步:谈收获	①20 以内的质数有 2,3,5,7,11,13,17,19. ② 集合具有确定性、互异性、无序性

例 13 设 p,q 是小于 10 的质数,则满足条件 $1<\dfrac{q}{p}<2$ 的 p,q 有( )组.

A. 2　　　　B. 3　　　　C. 4　　　　D. 5　　　　E. 6

【解析】

第一步:定考点	质数的乘、除运算
第二步:锁关键	$1<\dfrac{q}{p}<2$
第三步:做运算	p,q 是小于 10 的质数,满足条件 $1<\dfrac{q}{p}<2$,列举可得 $p=2,q=3$;$p=3,q=5$;$p=5,q=7$,共有 3 组
第四步:选答案	本题选 B
第五步:谈收获	①10 以内的质数有 2,3,5,7. ② 列举时可以固定一个参数,再考虑其他参数

例 14 若 a,b,c,d 均为正整数,则 $a+b+c+d$ 为合数.

(1) $a^2+b^2=c^2+d^2$.

(2) $a^3+b^3=c^3+d^3$.

【解析】

第一步:定考点	合数的定义
第二步:锁关键	a,b,c,d 均为正整数;$a,a^2,a^3,\cdots,a^n(a\in \mathbf{Z})$ 奇偶性相同

续表

第三步:做运算	条件(1),$a^2+b^2=c^2+d^2$,故 a^2+b^2 和 c^2+d^2 奇偶性相同,所以 $a+b$ 和 $c+d$ 奇偶性也相同,因此 $a+b+c+d$ 必然为偶数,且不为 2(因为 a,b,c,d 均为正整数),所以条件(1) 充分; 条件(2),$a^3+b^3=c^3+d^3$,故 a^3+b^3 和 c^3+d^3 奇偶性相同,所以 $a+b$ 和 $c+d$ 奇偶性也相同,因此 $a+b+c+d$ 必然为偶数,且不为 2(因为 a,b,c,d 均为正整数),所以条件(2) 充分
第四步:选答案	本题选 D
第五步:谈收获	实数求值相关的讨论有四大常用思路: ① 看到加减号,用奇偶性; ② 看到乘号,用质因数分解; ③ 看到除号,用比例定理分析; ④ 如果能取特值,优先取特值进行分析

考点 05　比例的定义及性质

一、考点精析

1. 比和比例的定义

　　比:两个数的商即为比,一般记作 $a:b$ 或 $\dfrac{a}{b}$.

　　比例:如果 $a:b$ 和 $c:d$ 的比值相等,就称 a,b,c,d 成比例,一般记作 $a:b=c:d$ 或 $\dfrac{a}{b}=\dfrac{c}{d}$,其中 a 和 d 叫作比例外项,b 和 c 叫作比例内项.

2. 比例的基本性质

　　$a:b=c:d$ 或 $\dfrac{a}{b}=\dfrac{c}{d}$ 可等价于 $ad=bc$,即比例外项之积等于比例内项之积.

3. 正比与反比

　　正比:若 $y=kx(k\neq 0,k$ 为常数),则称 y 与 x 成正比. 本质:y 与 x 的比值为定值.

　　反比:若 $y=\dfrac{k}{x}(k\neq 0,k$ 为常数),则称 y 与 x 成反比. 本质:y 与 x 的乘积为定值.

二、例题解读

例 15　已知 a,b,c 为非零实数,且 $(a-c):(a+b):(c-b)=-2:7:1$,若 $a+b+c=24$,则 $a^2+b^2-c^2$ 的值为(　　).

　　A. 0　　　　　B. 6　　　　　C. 8　　　　　D. 9　　　　　E. 16

【解析】

第一步:定考点	比例的定义
第二步:锁关键	$(a-c):(a+b):(c-b)=-2:7:1$
第三步:做运算	因为$(a-c):(a+b):(c-b)=-2:7:1$,所以设$a-c=-2k,a+b=7k,c-b=k$,解得$a=3k,b=4k,c=5k$,又因为$a+b+c=24$,所以有$3k+4k+5k=24$,解得$k=2$,因此$a=6,b=8,c=10$,则$a^2+b^2-c^2$的值为0
第四步:选答案	本题选 A
第五步:谈收获	遇到连比可用设k法分析

例 16 若m,n为非零实数,则能确定$\dfrac{3m}{4n}$的值.

(1) $\dfrac{m+n}{n}=\dfrac{5}{2}$.

(2) $\dfrac{m-n}{n}=\dfrac{5}{2}$.

【解析】

第一步:定考点	比例的性质
第二步:锁关键	能确定$\dfrac{3m}{4n}$的值
第三步:做运算	条件(1),$\dfrac{m+n}{n}=\dfrac{5}{2}$,交叉相乘可得$2(m+n)=5n$,化简得$\dfrac{m}{n}=\dfrac{3}{2}$,故$\dfrac{3m}{4n}=\dfrac{3\times 3}{4\times 2}=\dfrac{9}{8}$,条件(1)充分;条件(2),$\dfrac{m-n}{n}=\dfrac{5}{2}$,交叉相乘可得$2(m-n)=5n$,化简得$\dfrac{m}{n}=\dfrac{7}{2}$,故$\dfrac{3m}{4n}=\dfrac{3\times 7}{4\times 2}=\dfrac{21}{8}$,条件(2)充分
第四步:选答案	本题选 D
第五步:谈收获	$a:b=c:d$或$\dfrac{a}{b}=\dfrac{c}{d}$可等价于$ad=bc$

例 17 小王周六、周日都去超市买苹果,价格均为5元/斤,已知小王这两天花的钱数之比为3:5,周日比周六多买了2.4千克,则周六买苹果花了( )元.

A. 32　　　　B. 34　　　　C. 35　　　　D. 36　　　　E. 42

【解析】

第一步:定考点	正比与反比
第二步:锁关键	总钱数÷重量＝单价,即单价一定时,总钱数和重量成正比

第三步:做运算	单价为定值,小王这两天花的钱数之比为3∶5,则这两天购买苹果的重量之比也为3∶5,又因为周日比周六多买了2.4千克,所以2份为2.4千克,1份为1.2千克,小王周六买了3份为3.6千克,所以周六买苹果花了7.2×5=36(元)(注意1千克=2斤,3.6千克即为7.2斤)
第四步:选答案	本题选D
第五步:谈收获	① 两个量的比值一定,则两个量成正比,即同增同减; ② 两个量的乘积一定,则两个量成反比,即一增一减

例18 小王和小李去超市买可乐,两人带的钱相同,小王买大瓶可乐,每瓶5元,小李买小瓶可乐,每瓶3元,钱全部花完后,两人买可乐的瓶数之差为4,则小王带了(　　)元钱.

A. 30　　　　B. 45　　　　C. 60　　　　D. 75　　　　E. 90

【解析】

第一步:定考点	正比与反比
第二步:锁关键	总钱数 = 单价 × 瓶数,即总钱数一定时,单价和瓶数成反比
第三步:做运算	已知大瓶可乐和小瓶可乐的单价之比为5∶3,所以瓶数之比为$\frac{1}{5}:\frac{1}{3}=3:5$,又因为两人买可乐的瓶数之差为4,则2份就是4瓶,1份就是2瓶,所以小王一共买了6瓶大瓶可乐,故小王带了30元钱
第四步:选答案	本题选A
第五步:谈收获	① 两个量的比值一定,则两个量成正比,即同增同减; ② 两个量的乘积一定,则两个量成反比,即一增一减

考点06　比例定理

一、考点精析

1. 合比定理

若 $\frac{a}{b}=\frac{c}{d}$,则 $\frac{a}{b}+1=\frac{c}{d}+1$,故 $\frac{a+b}{b}=\frac{c+d}{d}$.

2. 分比定理

若 $\frac{a}{b}=\frac{c}{d}$,则 $\frac{a}{b}-1=\frac{c}{d}-1$,故 $\frac{a-b}{b}=\frac{c-d}{d}$.

3. 更比定理

若 $\frac{a}{b}=\frac{c}{d}$,则 $\frac{a}{c}=\frac{b}{d}$.

4. 等比定理

若 $\dfrac{a}{b}=\dfrac{c}{d}$,则 $\dfrac{a}{b}=\dfrac{c}{d}=\dfrac{a\pm c}{b\pm d}(b\pm d\neq 0)$.

二、例题解读

例 19 已知 $\dfrac{a}{b}=\dfrac{c}{d}=\dfrac{e}{f}=\dfrac{1}{3}$,且 $b+2d-f\neq 0$,则 $\dfrac{a+2c-e}{b+2d-f}$ 的值为( ).

A. 1　　　B. $\dfrac{3}{2}$　　　C. $\dfrac{2}{3}$　　　D. $\dfrac{1}{3}$　　　E. $\dfrac{1}{6}$

【解析】

第一步:定考点	比例定理
第二步:锁关键	$\dfrac{a}{b}=\dfrac{c}{d}=\dfrac{e}{f}=\dfrac{1}{3}$
第三步:做运算	因为 $\dfrac{a}{b}=\dfrac{c}{d}=\dfrac{e}{f}=\dfrac{1}{3}$,所以 $\dfrac{a}{b}=\dfrac{2c}{2d}=\dfrac{-e}{-f}=\dfrac{1}{3}$,由等比定理可得 $\dfrac{a}{b}=\dfrac{2c}{2d}=\dfrac{-e}{-f}=\dfrac{1}{3}=\dfrac{a+2c-e}{b+2d-f}$,故 $\dfrac{a+2c-e}{b+2d-f}=\dfrac{1}{3}$
第四步:选答案	本题选 D
第五步:谈收获	若 $\dfrac{a}{b}=\dfrac{c}{d}=\dfrac{e}{f}$,则 $\dfrac{a}{b}=\dfrac{c}{d}=\dfrac{e}{f}=\dfrac{a+c+e}{b+d+f}(b+d+f\neq 0)$

例 20 如果甲公司的年终奖总额增加 25%,乙公司的年终奖总额减少 10%,两者相等,则能确定两公司的员工人数之比.

(1) 甲公司的人均年终奖与乙公司的相同.

(2) 两公司的员工人数之比与两公司的年终奖总额之比相等.

【解析】

第一步:定考点	比例定理
第二步:锁关键	甲公司的年终奖总额增加 25%,乙公司的年终奖总额减少 10%,两者相等
第三步:做运算	设甲公司的年终奖总额为 x,人数为 a,乙公司的年终奖总额为 y,人数为 b,由题得 $x(1+25\%)=y(1-10\%)$,即 $\dfrac{x}{y}=\dfrac{90}{125}$.由条件(1)可得 $\dfrac{x}{a}=\dfrac{y}{b}$,则 $\dfrac{a}{b}=\dfrac{x}{y}=\dfrac{90}{125}$,所以条件(1)充分;由条件(2)得 $\dfrac{a}{b}=\dfrac{x}{y}=\dfrac{90}{125}$,所以条件(2)也充分
第四步:选答案	本题选 D
第五步:谈收获	本题用到了更比定理,若 $\dfrac{a}{b}=\dfrac{c}{d}$,则 $\dfrac{a}{c}=\dfrac{b}{d}$

考点 07　绝对值的定义

一、考点精析

1. 绝对值的代数定义

$$|x| = \begin{cases} x, & x \geq 0, \\ -x, & x < 0, \end{cases}$$

即非负数的绝对值等于其本身,负数的绝对值等于其相反数.

2. 绝对值的几何意义

$|x|$:数轴上表示数 x 的点到原点的距离;

$|x-a|$:数轴上表示数 x 的点到表示数 a 的点的距离.

二、例题解读

例 21　若 $x \in \left(\dfrac{1}{7}, \dfrac{1}{6}\right)$,则 $|1-4x|+|1-5x|+|1-6x|+|1-7x|+|1-8x|$ 的值为(　　).

A. 0　　　　　　B. 1　　　　　　C. 2　　　　　　D. 3　　　　　　E. 4

【解析】

第一步:定考点	绝对值的定义
第二步:锁关键	$x \in \left(\dfrac{1}{7}, \dfrac{1}{6}\right)$
第三步:做运算	因为 $x \in \left(\dfrac{1}{7}, \dfrac{1}{6}\right)$,所以 $1-4x>0, 1-5x>0, 1-6x>0, 1-7x<0, 1-8x<0$,因此利用绝对值的定义去绝对值符号可得 原式 $= 1-4x+1-5x+1-6x+7x-1+8x-1 = 1$
第四步:选答案	本题选 B
第五步:谈收获	非负数的绝对值等于其本身,负数的绝对值等于其相反数

例 22　$|b-a|+|c-b|-|c|=a$.

(1) 实数 a, b, c 在数轴上的位置为 ────c──b──0──a────→

(2) 实数 a, b, c 在数轴上的位置为 ────a──0──b──c────→

【解析】

第一步:定考点	绝对值的定义
第二步:锁关键	根据条件中 a, b, c 在数轴上的位置,利用定义化简绝对值表达式

第三步:做运算	条件(1), $c<b<0<a$,所以 $\mid b-a\mid+\mid c-b\mid-\mid c\mid=a-b+b-c+c=a$,充分;条件(2), $a<0<b<c$,所以 $\mid b-a\mid+\mid c-b\mid-\mid c\mid=b-a+c-b-c=-a\neq a$,不充分
第四步:选答案	本题选 A
第五步:谈收获	非负数的绝对值等于其本身,负数的绝对值等于其相反数

例 23 实数 a,b 满足 $\mid a\mid(a+b)>a\mid a+b\mid$.

(1) $a<0$.

(2) $b>-a$.

【解析】

第一步:定考点	绝对值表达式比大小
第二步:锁关键	$\mid a\mid(a+b)>a\mid a+b\mid$
第三步:做运算	条件(1), $a<0$,此时可取反例分析,若 $a+b=0$,则 $\mid a\mid(a+b)=a\mid a+b\mid$,所以条件(1) 不充分;条件(2), $b>-a$,取反例 $a=0$,此时 $\mid a\mid(a+b)=a\mid a+b\mid$,所以条件(2) 也不充分;联合分析可得 $a<0$ 且 $a+b>0$,则去绝对值符号化简得 $-a(a+b)>a(a+b)$,左侧为正,右侧为负,故联合充分
第四步:选答案	本题选 C
第五步:谈收获	本类题目可以先观察结论的符号,如果没有等号,可以检查条件是否存在使结论相等的反例

考点 08　绝对值的性质

一、考点精析

1. 绝对值的非负性

常见的非负的量: $\mid a\mid\geqslant 0,\sqrt{a}\geqslant 0,a^2\geqslant 0$.

注意

若 $\mid a\mid+\sqrt{b}+c^2=0$,则 $a=b=c=0$;若 $\sqrt{a}+\sqrt{-a}=b$,则 $a=b=0$.

2. 绝对值的对称性

互为相反数的两个数的绝对值相等: $\mid-a\mid=\mid a\mid,\mid a-x\mid=\mid x-a\mid$.

3. 绝对值的等价性

$\mid a\mid=\sqrt{a^2},\mid a\mid^2=a^2,\mid ab\mid=\mid a\mid\cdot\mid b\mid,\left|\dfrac{a}{b}\right|=\dfrac{\mid a\mid}{\mid b\mid}$.

4. 绝对值的自比性

$$\frac{|a|}{a} = \frac{a}{|a|} = \begin{cases} 1, & a > 0, \\ -1, & a < 0. \end{cases}$$

二、例题解读

例 24 已知 $(a+b)^2 + |b+5| = b+5$，且 $|2a-b-1| = 0$，则 ab 的值为（　　）．

A. $-\dfrac{1}{3}$　　　　B. $\dfrac{1}{3}$　　　　C. $-\dfrac{1}{9}$　　　　D. $\dfrac{1}{9}$　　　　E. $-\dfrac{2}{3}$

【解析】

第一步：定考点	绝对值的性质
第二步：锁关键	$(a+b)^2 + \|b+5\| = b+5$
第三步：做运算	因为 $(a+b)^2 + \|b+5\| = b+5$，左侧 $(a+b)^2 + \|b+5\| \geqslant 0$，所以右侧 $b+5 \geqslant 0$，因此 $(a+b)^2 + b+5 = b+5$，即 $(a+b)^2 = 0$，又因为 $\|2a-b-1\| = 0$，所以 $\begin{cases} a+b=0, \\ 2a-b-1=0, \end{cases}$ 解得 $\begin{cases} a=\dfrac{1}{3}, \\ b=-\dfrac{1}{3}, \end{cases}$ 故 $ab = -\dfrac{1}{9}$
第四步：选答案	本题选 C
第五步：谈收获	常见的非负量有绝对值、平方以及开偶数次方根，几个非负量相加为零，则每个量都为零

例 25 若 $ab \neq 0$，则 $\dfrac{|a|}{a} + \dfrac{b}{|b|}$ 的取值不可能是（　　）．

A. -2　　　　　　　　　　　　B. 2　　　　　　　　　　　　C. 0

D. 1　　　　　　　　　　　　E. 以上均不正确

【解析】

第一步：定考点	绝对值的性质
第二步：锁关键	$ab \neq 0$
第三步：做运算	因为 $ab \neq 0$，所以 a,b 可能都为正、都为负或一正一负．当 a,b 都为正时，$\dfrac{\|a\|}{a} + \dfrac{b}{\|b\|} = 2$；当 a,b 都为负时，$\dfrac{\|a\|}{a} + \dfrac{b}{\|b\|} = -2$；当 a,b 一正一负时，$\dfrac{\|a\|}{a} + \dfrac{b}{\|b\|} = 0$，所以 $\dfrac{\|a\|}{a} + \dfrac{b}{\|b\|}$ 的取值不可能是 1
第四步：选答案	本题选 D
第五步：谈收获	$\dfrac{\|a\|}{a} = \dfrac{a}{\|a\|} = \begin{cases} 1, & a > 0, \\ -1, & a < 0 \end{cases}$

第三节　技巧梳理

01 技 ▶ 门当户对模型

适用题型	题干所给等式既出现有理数(式)又出现无理数(式)
技巧说明	① 若 a,b 是有理数,$\sqrt{m}$ 是无理数,且 $a+b\sqrt{m}=0$,则 $a=b=0$; ② 若 a,b,c,d 是有理数,$\sqrt{c},\sqrt{d}$ 是无理数,且 $a+\sqrt{c}=b+\sqrt{d}$,则 $a=b,c=d$

例 26　设整数 a,m,n 满足 $\sqrt{a^2-4\sqrt{2}}=\sqrt{m}-\sqrt{n}$,则 $a+m+n$ 的取值有(　　)种.

A. 1　　　　B. 2　　　　C. 3　　　　D. 4　　　　E. 6

【解析】

第一步:定考点	无理式化简
第二步:锁关键	整数 a,m,n 满足 $\sqrt{a^2-4\sqrt{2}}=\sqrt{m}-\sqrt{n}$
第三步:做运算	由非负性可得 $m\geqslant 0,n\geqslant 0,m\geqslant n$,两侧平方去根号可得 $a^2-4\sqrt{2}=m+n-2\sqrt{mn}$,即 $a^2-2\sqrt{8}=m+n-2\sqrt{mn}$,利用门当户对模型可得 $\begin{cases}mn=8,\\ m+n=a^2,\end{cases}$ 即 $\begin{cases}m=8,n=1,\\ a=\pm 3\end{cases}$ 或 $\begin{cases}m=4,n=2,\\ a=\pm\sqrt{6}\end{cases}$(舍去),故 $a+m+n$ 的取值有 2 种
第四步:选答案	本题选 B
第五步:谈收获	① 自带范围的三个量:$\sqrt{a},\log_a b,\dfrac{b}{a}$; ② 若 a,b,c,d 是有理数,$\sqrt{c},\sqrt{d}$ 是无理数,且 $a+\sqrt{c}=b+\sqrt{d}$,则 $a=b,c=d$

02 技 ▶ 有限情况穷举模型

适用题型	对参数赋予了实际意义或情况有限,能用列举法列尽的题目
技巧说明	有限情况可穷举分析

例 27　能确定小明的年龄.

(1) 小明的年龄是完全平方数.

(2) 40 年后小明的年龄是完全平方数.

【解析】

第一步:定考点	完全平方数
第二步:锁关键	能确定小明的年龄
第三步:做运算	因为年龄属于有限情况,所以列举年龄是完全平方数的如下:$1,4,9,16,25,36,49,64,81,100,121$,此时显然两条件单独均不充分,联合分析,可得 $9+40=49, 81+40=121$,所以小明的年龄可能是 9,也可能是 81,无法唯一确定小明的年龄,故联合不充分
第四步:选答案	本题选 E
第五步:谈收获	有限情况可穷举分析

03 技 ▶ 余数恒定减余模型

适用题型	题干出现 m 除以 a 余数为 r;m 除以 b 余数为 r;m 除以 c 余数为 r
技巧说明	当余数恒定时,可以用被除数减去余数转化为整除分析;若 m 除以 a 余数为 r;m 除以 b 余数为 r;m 除以 c 余数为 r,则 $m-r$ 一定是 a,b,c 的公倍数

例 28 自然数 N 是三位数,且满足:除以 6 余数为 3,除以 5 余数为 3,除以 4 余数为 3,则符合条件的自然数有(　　)个.

A. 16　　　　B. 15　　　　C. 14　　　　D. 12　　　　E. 10

【解析】

第一步:定考点	余数问题
第二步:锁关键	余数均为 3
第三步:做运算	依题可得 $N-3$ 一定是 4,5,6 的公倍数,所以有 $N-3=60k$,因为该自然数为三位数,所以 $100 \leqslant N \leqslant 999$,故 $k \in [2,16]$,共有 15 个
第四步:选答案	本题选 B
第五步:谈收获	若余数恒定,则直接减掉余数转化为整除分析

04 技 ▶ 和值恒定减法模型

适用题型	题干出现 m 除以 a 余数为 r_1；m 除以 b 余数为 r_2；m 除以 c 余数为 r_3，且 $a+r_1=b+r_2=c+r_3$
技巧说明	当除数和余数的和值恒定时，可以用被除数减去和值转化为整除分析：若 m 除以 a 余数为 r_1；m 除以 b 余数为 r_2；m 除以 c 余数为 r_3，且 $a+r_1=b+r_2=c+r_3$，则 $m-(a+r_1)$ 一定是 a,b,c 的公倍数

例 29 在韩信点兵中有个经典的数学问题，有一次韩信在检阅士兵，发现若 5 个士兵站一排余 3 人，若 6 个士兵站一排余 2 人，若 7 个士兵站一排余 1 人．若士兵总数是一个三位数，则士兵最少有（ ）人．

A. 210　　　B. 213　　　C. 218　　　D. 226　　　E. 231

【解析】

第一步：定考点	余数问题
第二步：锁关键	$5+3=6+2=7+1=8$
第三步：做运算	设士兵人数为 x 人，依题可得 $x-8$ 一定是 $5,6,7$ 的公倍数，所以有 $x-8=210k$，因为士兵总数是一个三位数且求士兵的最少人数，所以 $k=1$，故 $x=218$
第四步：选答案	本题选 C
第五步：谈收获	若除数与余数的和值恒定，则利用减法转化为整除分析

05 技 ▶ 差值恒定加法模型

适用题型	题干出现 m 除以 a 余数为 r_1；m 除以 b 余数为 r_2；m 除以 c 余数为 r_3，且 $a-r_1=b-r_2=c-r_3$
技巧说明	当除数和余数的差值恒定时，可以用被除数加上差值转化为整除分析：若 m 除以 a 余数为 r_1；m 除以 b 余数为 r_2；m 除以 c 余数为 r_3，且 $a-r_1=b-r_2=c-r_3$，则 $m+(a-r_1)$ 一定是 a,b,c 的公倍数

例 30 某集团公司组织员工团建，已知总人数不超过 500 人，就餐时 9 人一桌多 5 人，开会时 7 人一组多 3 人，住宿时 5 人一间多 1 人，则该公司 11 人一组做活动时还余（ ）人．

A. 0　　　B. 1　　　C. 3　　　D. 4　　　E. 7

【解析】

第一步:定考点	余数问题
第二步:锁关键	$9-5=7-3=5-1=4$
第三步:做运算	设总人数为 x 人,就餐时9人一桌多5人,开会时7人一组多3人,住宿时5人一间多1人,说明 $x+4$ 一定是5,7,9的公倍数,所以有 $x+4=315k$,因为总人数不超过500人,所以 $k=1,x=311,311\div 11=28\cdots\cdots 3$
第四步:选答案	本题选C
第五步:谈收获	若除数与余数的差值恒定,则利用加法转化为整除分析

06 技 ▶ 余数不变模型

适用题型	题干出现被除数加除数的倍数
技巧说明	被除数加上除数的倍数后,不影响余数,即余数不变

例31 若 n 是正整数,且满足除以5余数为3,除以7余数为2,若 $100<n<200$,则满足条件的 n 有( )个.

A. 1　　　B. 2　　　C. 3　　　D. 4　　　E. 5

【解析】

第一步:定考点	余数问题
第二步:锁关键	余数不变原理
第三步:做运算	先列举满足 n 除以5余数为3的情况,此时有 $n=3,8,13,18,23,\cdots$,再从中找出满足除以7余数为2的最小正整数为23,根据余数不变原理可得 $n=23+35k$,因为 $100<n<200$,所以 $n=128,163,198$,共3个
第四步:选答案	本题选C
第五步:谈收获	被除数加上除数的倍数后,不影响余数,即余数不变

07 技 ▶ 确定余数模型

适用题型	题干出现确定某数除以某数的余数
技巧说明	已知 n 除以 a 的余数,n 除以 b 的余数,则能唯一确定 n 除以 a,b 最小公倍数的余数

例 32 设 n 为正整数,则能确定 n 除以 5 的余数.

(1) 已知 n 除以 2 的余数.

(2) 已知 n 除以 3 的余数.

【解析】

第一步:定考点	余数问题
第二步:锁关键	能确定 n 除以 5 的余数
第三步:做运算	条件(1),假设 n 除以 2 的余数为 0,则 n 可以取 8 也可以取 10,此时 n 除以 5 的余数可以是 3 也可以是 0,所以无法唯一确定 n 除以 5 的余数,故条件(1) 不充分;条件(2),假设 n 除以 3 的余数为 0,则 n 可以取 6 也可以取 9,此时 n 除以 5 的余数可以是 1 也可以是 4,所以无法唯一确定 n 除以 5 的余数,故条件(2) 也不充分;联合分析,假设 n 除以 2 和 n 除以 3 的余数都为 0,则 n 是 6 的倍数,n 可以取 6 也可以取 12,此时 n 除以 5 的余数可以是 1 也可以是 2,所以无法唯一确定 n 除以 5 的余数,故联合也不充分
第四步:选答案	本题选 E
第五步:谈收获	若结论改为"则能确定 n 除以 6 的余数",则选 C. 考生可记住结论:已知 n 除以 a 的余数,n 除以 b 的余数,则能唯一确定 n 除以 a,b 最小公倍数的余数

08 技 ▶ 绝对值和模型

适用题型	求解 $\lvert x-a \rvert + \lvert x-b \rvert$ 的最值
技巧说明	形如 $\lvert x-a \rvert + \lvert x-b \rvert$:表示点 x 到点 a 的距离与点 x 到点 b 的距离之和,此表达式有最小值为 $\lvert a-b \rvert$,当点 x 在点 a 和点 b 之间(包括点 a 和点 b)时取到;无最大值

例 33 设 $y = \lvert x-100 \rvert + \lvert x+103 \rvert$,则下列结论正确的是( ).

A. y 没有最小值

B. 只有一个 x 使 y 取到最小值

C. 有无穷多个 x 使 y 取到最大值

D. 有无穷多个 x 使 y 取到最小值

E. 以上结论均不正确

【解析】

第一步:定考点	绝对值和模型
第二步:锁关键	$y = \lvert x-100 \rvert + \lvert x+103 \rvert$

第三步:做运算	由绝对值和模型可知 $y=\|x-100\|+\|x+103\|$ 有最小值为 $\|100-(-103)\|=203$,当且仅当 $-103\leqslant x\leqslant 100$ 时取到,无最大值
第四步:选答案	本题选 D
第五步:谈收获	$y=\|x-a\|+\|x-b\|$ 有最小值为 $\|a-b\|$,当点 x 在点 a 和点 b 之间(包括点 a 和点 b)时取到

例34 不等式 $\|1-x\|+\|1+x\|>a$ 对任意 x 均成立.

(1) $a\in(-5,2)$.

(2) $a=2$.

【解析】

第一步:定考点	绝对值和模型
第二步:锁关键	$\|1-x\|+\|1+x\|>a$ 对任意 x 均成立
第三步:做运算	$\|1-x\|+\|1+x\|>a$ 恒成立可转化为 $a<\|1-x\|+\|1+x\|$ 恒成立,由绝对值的等价性可得 $\|1-x\|+\|1+x\|=\|x-1\|+\|x+1\|$,所以 $a<\|x-1\|+\|x+1\|$ 恒成立,则 $a<(\|x-1\|+\|x+1\|)_{\min}$,再由绝对值和模型可得 $(\|x-1\|+\|x+1\|)_{\min}=2$,所以 $a<2$
第四步:选答案	本题选 A
第五步:谈收获	若存在 x_0,使 $f(x_0)=f_{\min}(x)$,则 $a<f(x)$ 恒成立等价于 $a<f_{\min}(x)$

09 技 ▶ 绝对值差模型

适用题型	求解 $\|x-a\|-\|x-b\|$ 的最值
技巧说明	形如 $\|x-a\|-\|x-b\|$:表示点 x 到点 a 的距离与点 x 到点 b 的距离之差,此表达式有最小值为 $-\|a-b\|$,也有最大值为 $\|a-b\|$

例35 不等式 $\|x-2\|-\|x-4\|\geqslant s$ 恒成立.

(1) $s\leqslant -2$.

(2) $s=-4$.

【解析】

第一步:定考点	绝对值差模型
第二步:锁关键	$\|x-2\|-\|x-4\|\geqslant s$ 恒成立

第三步:做运算	$|x-2|-|x-4|\geqslant s$ 恒成立等价于 $s\leqslant |x-2|-|x-4|$ 恒成立,故 $s\leqslant (|x-2|-|x-4|)_{\min}$,因为 $|x-2|-|x-4|$ 的最小值为 $-|2-4|=-2$,故 $s\leqslant -2$,所以条件(1)充分,条件(2)也充分
第四步:选答案	本题选 D
第五步:谈收获	形如 $|x-a|-|x-b|$:表示点 x 到点 a 的距离与点 x 到点 b 的距离之差,有最小值为 $-|a-b|$,也有最大值为 $|a-b|$

10 技 ▶ 奇中点偶中段模型

适用题型	求解 $|x-a|+|x-b|+|x-c|+\cdots+|x-n|$ 的最值
技巧说明	形如 $|x-a|+|x-b|+|x-c|+\cdots+|x-n|$ 只有最小值,无最大值. 先将 n 个零点从小到大排序,如果有奇数个绝对值相加,则在最中间那个零点处取到最小值;如果有偶数个绝对值相加,则在中间两个零点的范围内取到最小值

例 36 $|x-1|+|x-2|+|x-3|+\cdots+|x-10|$ 的最小值为( ).

A. 21 B. 25 C. 27 D. 29 E. 31

【解析】

第一步:定考点	奇中点偶中段模型
第二步:锁关键	$|x-1|+|x-2|+|x-3|+\cdots+|x-10|$,10 个绝对值相加
第三步:做运算	先将 10 个零点从小到大排序为 $1<2<3<4<5<6<7<8<9<10$,根据奇中点偶中段模型可知,偶数个绝对值相加在中间两个零点的范围内取到最小值,即当 $5\leqslant x\leqslant 6$ 时,$|x-1|+|x-2|+|x-3|+\cdots+|x-10|$ 有最小值,此时将 $x=5$ 代入可得最小值为 $4+3+2+1+0+1+2+3+4+5=25$
第四步:选答案	本题选 B
第五步:谈收获	如果有偶数个绝对值相加,则在中间两个零点的范围内取到最小值

第四节 本章测评

一、问题求解

1. 玛卡·巴卡用魔法剪绳子,剪的每段都一样长,且为整厘米数,第一根绳子长 149 厘米,最后剩余 5 厘米,第二根绳子长 172 厘米,最后剩余 4 厘米,则剪下的绳子每段最长是( )厘米.

A. 6　　　　　B. 12　　　　　C. 18　　　　　D. 24　　　　　E. 32

2. 将自然数 a,b 进行质因数分解,若 $a=2\times5\times7\times m, b=3\times5\times m$,且 a,b 的最小公倍数为 $2\,730$,则 m 的值为(　　).

   A. 11　　　　B. 13　　　　C. 15　　　　D. 17　　　　E. 19

3. 设 a,b 为有理数,且满足等式 $2a-(2-\sqrt{2})b+48+3\sqrt{2}=0$,则 $\sqrt{ab}$ 的算术平方根为(　　).

   A. 1　　　　B. 3　　　　C. 6　　　　D. 9　　　　E. ± 9

4. 若 $\dfrac{a+b-c}{c}=\dfrac{a-b+c}{b}=\dfrac{-a+b+c}{a}=k$,则 k 的值为(　　).

   A. 1　　　　B. 1 或 -2　　　　C. -1 或 2　　　　D. -2　　　　E. -1

5. 若 $y=|x+7|-|x-7|, x\in(-\infty,5]$,则 y 的最大值与最小值的差为(　　).

   A. 7　　　　B. 12　　　　C. 13　　　　D. 24　　　　E. 28

6. 纯循环小数 $0.\dot{a}b\dot{c}$ 写成最简分数时,分子与分母之和是 58,则 $a+c-b$ 的值为(　　).

   A. 6　　　　B. 7　　　　C. 9　　　　D. 12　　　　E. 15

7. 已知实数 a,b,x,y 满足 $y+|\sqrt{x}-\sqrt{2}|=1-a^2$ 和 $|x-2|=y-1-b^2$,则 $3^{x+y}+3^{a+b}=$ (　　).

   A. 25　　　　B. 26　　　　C. 27　　　　D. 28　　　　E. 29

8. 能使 $|x+1|+|x-7|=12$ 成立的所有整数 x 的乘积为(　　).

   A. -30　　　B. 30　　　　C. -27　　　D. 26　　　　E. -42

9. 已知 x 为正整数,且 $6x^2-19x-7$ 的值为质数,则这个质数为(　　).

   A. 2　　　　B. 7　　　　C. 11　　　　D. 13　　　　E. 17

10. 某天大雪后,小明和姐姐同时绕一个圆形花圃走路,他们的起点和步行的方向均相同,小明每步走 54 cm,姐姐每步走 72 cm,两人脚印有重合,各走完一圈后,地面上总共留下 60 个脚印,则花圃的周长为(　　)cm.

    A. 480　　　B. 660　　　C. 720　　　D. 900　　　E. 2 160

11. $|3x+2|+2x^2-12xy+18y^2=0$,则 $2y-3x=$ (　　).

    A. $-\dfrac{14}{9}$　　B. $-\dfrac{2}{9}$　　C. 0　　D. $\dfrac{2}{9}$　　E. $\dfrac{14}{9}$

12. $|x+7|+|x-3|+|x-1|+|x+2|+|x+5|+|x-9|$ 的最小值为(　　).

    A. 14　　　　B. 16　　　　C. 17　　　　D. 21　　　　E. 27

13. 已知 a,b,c 均为自然数,且满足 $2^a\times3^b\times4^c=192$,则 $a+b+c$ 有(　　)种不同的取值.

    A. 2　　　　B. 3　　　　C. 4　　　　D. 5　　　　E. 6

14. 已知 p,q 为质数，m,n 为互不相同的正整数，且 $p=m+n, q=mn$，则 $\dfrac{p+q}{m+n}$ 的值为（ ）.

   A. 1   B. $\dfrac{4}{3}$ C. $\dfrac{5}{3}$ D. 2   E. 3

15. 若 $a+b+c>0, abc<0$，则 $\dfrac{|a|}{a}+\dfrac{b}{|b|}+\dfrac{|c|}{c}$ 的值为（ ）.

   A. 0   B. 1   C. 2   D. 3   E. 4

二、条件充分性判断

16. 若 x,y 为实数，则能确定 $x\sqrt{\dfrac{y}{x}}+y\sqrt{\dfrac{x}{y}}$ 的值.

    (1) $xy=3$.

    (2) $xy=4$.

17. 不等式 $|x-2|+|x-4|\geqslant s$ 恒成立.

    (1) $s\leqslant 2$.

    (2) $s>2$.

18. 能确定正整数 m 除以 15 的余数.

    (1) 正整数 m 除以 3 的余数为 2.

    (2) 正整数 m 除以 5 的余数为 2.

19. 自然数 n 的各数位之积为 6.

    (1) n 是除以 5 余数为 3 且除以 7 余数为 2 的最小自然数.

    (2) n 是奇数.

20. 在循环小数 $0.\dot{a}b\dot{c}$ 中，a,b,c 是 3 个不同的自然数，小数部分前 90 位上的数字之和为 270，则能确定 $a+b^2+c^3$ 的值为 9.

    (1) 当这个循环小数的循环节所组成的三位数最大时.

    (2) 当这个循环小数的循环节所组成的三位数最小时.

21. $\dfrac{n}{14}$ 是一个整数.

    (1) n 是一个整数，且 $\dfrac{3n}{14}$ 也是一个整数.

    (2) n 是一个整数，且 $\dfrac{n}{7}$ 也是一个整数.

22. 已知 a,b,c 为有理数，则 $a+\sqrt{2}b+\sqrt{3}c=\sqrt{5+2\sqrt{6}}$ 成立.

    (1) $a=0, b=-1, c=1$.

(2)$a=0, b=1, c=1$.

23. 已知 a,b,c 为 △ABC 的三边，则 △ABC 为等腰三角形.

    (1)a,b,c 为质数且 $a+b+c=16$.

    (2)$a^2(b-c)+b^2c-b^3=0$.

24. 不等式 $|x+y|<|x-y|$ 成立.

    (1)$x<|x|$, 且 $y=|-y|$.

    (2)$xy<|xy|$.

25. 已知 $abcd=25$, 则能确定 $|a+b|+|c+d|$ 的值.

    (1)a,b,c,d 均为整数.

    (2)$a>b>c>d$.

参考答案

答案速查表					
1～5	6～10	11～15	16～20	21～25
DBBBD	ADCDE	EECCB	EACAA	ABDBC

一、问题求解

1.【解析】

第一步：定考点	约数与倍数的应用
第二步：锁关键	剪的每段都一样长，且为整厘米数
第三步：做运算	依题可得 $149-5=144, 172-4=168$，所以要想让剪下的绳子每段最长，就相当于求 144 和 168 的最大公约数，由短除法可知： $\begin{array}{r|ll} 2 & 144 & 168 \\ 2 & 72 & 84 \\ 2 & 36 & 42 \\ 3 & 18 & 21 \\ & 6 & 7 \end{array}$ 所以 144 和 168 的最大公约数为 $2\times2\times2\times3=24$
第四步：选答案	本题选 D
第五步：谈收获	有余数可以减去余数转化为整除分析

2.【解析】

第一步：定考点	质因数分解

第二步:锁关键	a,b 的最小公倍数为 2 730
第三步:做运算	先利用短除法将 2 730 进行质因数分解,可得 $\begin{array}{r|l} 2 & 2\,730 \\ 5 & 1\,365 \\ 3 & 273 \\ 7 & 91 \\ & 13 \end{array}$ 即 $2\,730 = 2 \times 3 \times 5 \times 7 \times 13$,因为 $a = 2 \times 5 \times 7 \times m, b = 3 \times 5 \times m$,所以 $m = 13$
第四步:选答案	本题选 B
第五步:谈收获	遇见大数先质因数分解

3.【解析】

第一步:定考点	有理数与无理数的组合性质
第二步:锁关键	$2a - (2 - \sqrt{2})b + 48 + 3\sqrt{2} = 0$
第三步:做运算	因为 $\sqrt{2}$ 为无理数,a,b 为有理数,所以把含 $\sqrt{2}$ 的放在一起,把不含 $\sqrt{2}$ 的放在一起,得 $\sqrt{2}(b+3) + (2a - 2b + 48) = 0$,因为 $\sqrt{2}$ 为无理数,$b+3, 2a-2b+48$ 为有理数,所以利用门当户对模型可得 $\begin{cases} b+3 = 0, \\ 2a - 2b + 48 = 0, \end{cases}$ 解得 $a = -27, b = -3$,所以 $\sqrt{ab} = \sqrt{81} = 9$,故 $\sqrt{ab}$ 的算术平方根为 $\sqrt{9} = 3$
第四步:选答案	本题选 B
第五步:谈收获	① 若 a,b 是有理数,$\sqrt{m}$ 是无理数,且 $a + b\sqrt{m} = 0$,则 $a = b = 0$; ② 一个正数只有一个算术平方根

4.【解析】

第一步:定考点	等比定理
第二步:锁关键	$\dfrac{a+b-c}{c} = \dfrac{a-b+c}{b} = \dfrac{-a+b+c}{a} = k$
第三步:做运算	由等比定理可得 若 $a+b+c \neq 0$,则 $k = \dfrac{a+b-c+a-b+c-a+b+c}{c+b+a} = 1$; 若 $a+b+c = 0$,即 $a+b = -c$,则 $k = \dfrac{a+b-c}{c} = \dfrac{-c-c}{c} = -2$
第四步:选答案	本题选 B
第五步:谈收获	等比定理使用时一定要注意讨论分母是否为 0

5.【解析】

第一步:定考点	绝对值差模型
第二步:锁关键	$y=\|x+7\|-\|x-7\|,x\in(-\infty,5]$
第三步:做运算	由绝对值差模型可知,$y=\|x+7\|-\|x-7\|$ 表示点 x 到 -7 的距离减去点 x 到 7 的距离,当 x 在 -7 的左侧时,y 有最小值为 $-\|-7-7\|=-14$,当 x 在 7 的右侧时,y 有最大值为 $\|-7-7\|=14$,但 $x\in(-\infty,5]$,所以最小值可以取到 -14,但最大值在 $x=5$ 时取到为 5 到 -7 的距离减去 5 到 7 的距离,即 $12-2=10$,所以最大值与最小值的差为 $10-(-14)=24$
第四步:选答案	本题选 D
第五步:谈收获	本题一定要注意 x 的范围,另外此类题目也可以通过图像帮助理解

6.【解析】

第一步:定考点	循环小数化分数问题
第二步:锁关键	纯循环小数 $0.\dot{a}b\dot{c}$ 写成最简分数时,分子与分母之和是 58
第三步:做运算	$0.\dot{a}b\dot{c}$ 化为分数时是 $\dfrac{abc}{999}$,当化为最简分数时,因为分母大于分子,所以分母大于 $58\div 2=29$,即分母是大于 29 的两位数,由 $999=3\times 3\times 3\times 37$,知 999 的因数中大于 29 的只有 37,所以分母是 37,分子是 $58-37=21$,因为 $\dfrac{21}{37}=\dfrac{21\times 27}{37\times 27}=\dfrac{567}{999}$,所以这个循环小数是 $0.\dot{5}6\dot{7}$,即 $a=5,b=6,c=7$,故 $a+c-b=6$
第四步:选答案	本题选 A
第五步:谈收获	纯循环小数化分数 $0.\dot{a}b\dot{c}=\dfrac{abc}{999}$

7.【解析】

第一步:定考点	绝对值的非负性
第二步:锁关键	$y+\|\sqrt{x}-\sqrt{2}\|=1-a^2$ 和 $\|x-2\|=y-1-b^2$
第三步:做运算	两个式子单独均无法化为 $\|a\|+\sqrt{b}+c^2=0$ 类型,所以考虑整体构造,则 $\begin{cases} y+\|\sqrt{x}-\sqrt{2}\|=1-a^2 \Rightarrow y-1+a^2+\|\sqrt{x}-\sqrt{2}\|=0, \\ \|x-2\|=y-1-b^2 \Rightarrow \|x-2\|+b^2+1-y=0, \end{cases}$ 两式相加得 $\|x-2\|+b^2+a^2+\|\sqrt{x}-\sqrt{2}\|=0$,即 $x=2,a=b=0$,代入 $y+\|\sqrt{x}-\sqrt{2}\|=1-a^2$,可得 $y=1$,所以 $3^{x+y}+3^{a+b}=3^{2+1}+3^{0+0}=28$
第四步:选答案	本题选 D
第五步:谈收获	当单个式子无法出现非负模板时可以整体相加减构造非负性模板

8.【解析】

第一步:定考点	绝对值和模型
第二步:锁关键	$\|x+1\|+\|x-7\|=12$
第三步:做运算	$\|x+1\|+\|x-7\|=12$ 表示点 x 到 -1 的距离与点 x 到 7 的距离之和为 12,因为点 -1 到点 7 的距离为 8,所以 x 有两个值,一个在 -1 的左侧,另一个在 7 的右侧,因为 $\frac{12-8}{2}=2$,所以左侧 x 的值为 -3,右侧 x 的值为 9,即所有整数 x 的乘积为 $-3\times 9=-27$
第四步:选答案	本题选 C
第五步:谈收获	假设等式右侧的值为 n,左侧绝对值和模型的最小值是 m,当 $n>m$ 时,在左侧零点的基础上向左平移 $\frac{n-m}{2}$ 个单位,在右侧零点的基础上向右平移 $\frac{n-m}{2}$ 个单位,即可得两个满足条件的点

9.【解析】

第一步:定考点	质数的运算性质
第二步:锁关键	由于 $6x^2-19x-7=(3x+1)(2x-7)$ 为质数,所以 $3x+1$ 和 $2x-7$ 的值必有一个为 1,另一个为质数
第三步:做运算	已知 x 为正整数,所以 $2x-7<3x+1$,所以 $2x-7=1$,解得 $x=4$,此时 $3x+1=13$ 为质数,所以 $6x^2-19x-7=13$
第四步:选答案	本题选 D
第五步:谈收获	若 a,b 为正整数,c 为质数,且 $a\cdot b=c$,则 a,b 中必有 1 个是 1,另一个是 c

10.【解析】

第一步:定考点	公倍数与公约数
第二步:锁关键	地面上总共留下 60 个脚印
第三步:做运算	由短除法可得 54 和 72 的最小公倍数为 216,设花圃周长为 s,则 $\frac{s}{54}+\frac{s}{72}-\frac{s}{216}=60$,解得 $s=2\ 160$
第四步:选答案	本题选 E
第五步:谈收获	$A\cup B=A+B-A\cap B$

11.【解析】

第一步:定考点	绝对值的性质

第二步:锁关键	$\mid 3x+2 \mid + 2x^2-12xy+18y^2=0$,表达式出现绝对值和平方
第三步:做运算	$\mid 3x+2 \mid + 2x^2-12xy+18y^2=0$ 可变形为 $\mid 3x+2 \mid + 2(x-3y)^2=0$,因为绝对值和平方具有非负性,所以 $3x+2=0, x-3y=0$,解得 $x=-\frac{2}{3}, y=-\frac{2}{9}$,所以 $2y-3x=\frac{14}{9}$
第四步:选答案	本题选 E
第五步:谈收获	① 若 $\mid a \mid + \sqrt{b}+c^2=0$,则 $a=b=c=0$; ② 需要学会自我构建非负性的量

12. 【解析】

第一步:定考点	奇中点偶中段模型
第二步:锁关键	$\mid x+7 \mid + \mid x-3 \mid + \mid x-1 \mid + \mid x+2 \mid + \mid x+5 \mid + \mid x-9 \mid$,6个绝对值相加
第三步:做运算	先将6个零点从小到大排序为 $-7<-5<-2<1<3<9$,根据奇中点偶中段模型可知,偶数个绝对值相加在中间两个零点的范围内取到最小值,即当 $-2 \leqslant x \leqslant 1$ 时,$\mid x+7 \mid + \mid x-3 \mid + \mid x-1 \mid + \mid x+2 \mid + \mid x+5 \mid + \mid x-9 \mid$ 有最小值,此时将 $x=-2$ 代入可得最小值为 $5+5+3+0+3+11=27$
第四步:选答案	本题选 E
第五步:谈收获	如果偶数个绝对值相加,则在中间两个零点的范围内取到最小值

13. 【解析】

第一步:定考点	质因数分解
第二步:锁关键	$192=2^6 \times 3$
第三步:做运算	对192进行质因数分解可得 $192=2^6 \times 3$,其中 $a=6, b=1, c=0; a=4, b=1, c=1; a=2, b=1, c=2; a=0, b=1, c=3$,共4种情况
第四步:选答案	本题选 C
第五步:谈收获	碰见大数先质因数分解

14. 【解析】

第一步:定考点	质数的运算性质
第二步:锁关键	$q=mn, q$ 为质数,m, n 为互不相同的正整数,所以 m, n 一定有一个为1,另一个为 q(质数的定义)

第三步:做运算	不妨设 $m=1$,则 $n=q$,因为 $p=m+n$,所以 $p=1+q$,因此 $p-q=1$. 因为 p, q 均为质数,所以 $q=2,p=3$,故 $\dfrac{p+q}{m+n}=\dfrac{3+2}{1+2}=\dfrac{5}{3}$
第四步:选答案	本题选 C
第五步:谈收获	① 若 a,b 为质数,且 $a-b=1$,则必有 $a=3,b=2$; ② 若 a,b 为正整数,c 为质数,且 $a \cdot b=c$,则 a,b 中必有一个是 1,另一个是 c

15.【解析】

第一步:定考点	绝对值的自比性
第二步:锁关键	$a+b+c>0,abc<0$
第三步:做运算	$a+b+c>0,abc<0$ 说明 a,b,c 两正一负,所以 $\dfrac{\|a\|}{a}+\dfrac{b}{\|b\|}+\dfrac{\|c\|}{c}=1$
第四步:选答案	本题选 B
第五步:谈收获	$\dfrac{\|a\|}{a}=\dfrac{a}{\|a\|}=\begin{cases}1, & a>0,\\ -1, & a<0\end{cases}$

二、条件充分性判断

16.【解析】

第一步:定考点	根号运算
第二步:锁关键	能确定 $x\sqrt{\dfrac{y}{x}}+y\sqrt{\dfrac{x}{y}}$ 的值
第三步:做运算	$\left(x\sqrt{\dfrac{y}{x}}+y\sqrt{\dfrac{x}{y}}\right)^2=x^2 \cdot \dfrac{y}{x}+y^2 \cdot \dfrac{x}{y}+2xy=4xy$,由条件(1)可得,$x\sqrt{\dfrac{y}{x}}+y\sqrt{\dfrac{x}{y}}=\pm 2\sqrt{3}$,所以条件(1)不充分;由条件(2)可得,$x\sqrt{\dfrac{y}{x}}+y\sqrt{\dfrac{x}{y}}=\pm 4$,所以条件(2)也不充分;两条件矛盾无法联合
第四步:选答案	本题选 E
第五步:谈收获	本题要注意 $x\sqrt{\dfrac{y}{x}}+y\sqrt{\dfrac{x}{y}} \neq \sqrt{xy}+\sqrt{xy}$,因为 x,y 正负不定

17.【解析】

第一步:定考点	绝对值和模型
第二步:锁关键	$\|x-2\|+\|x-4\| \geqslant s$ 恒成立

第三步:做运算	$\lvert x-2 \rvert + \lvert x-4 \rvert \geqslant s$ 恒成立等价于 $s \leqslant \lvert x-2 \rvert + \lvert x-4 \rvert$ 恒成立,故 $s \leqslant (\lvert x-2 \rvert + \lvert x-4 \rvert)_{\min}$,因为 $\lvert x-2 \rvert + \lvert x-4 \rvert$ 的最小值为 $\lvert 2-4 \rvert = 2$,故 $s \leqslant 2$,所以条件 (1) 充分,条件 (2) 不充分
第四步:选答案	本题选 A
第五步:谈收获	$y = \lvert x-a \rvert + \lvert x-b \rvert$ 有最小值为 $\lvert a-b \rvert$,当点 x 在点 a 和点 b 之间(包括点 a 和点 b)时取到

18.【解析】

第一步:定考点	余数问题
第二步:锁关键	能确定正整数 m 除以 15 的余数
第三步:做运算	条件(1),正整数 m 除以 3 的余数为 2,则 $m-2$ 是 3 的倍数,此时 $m=5$ 或 $m=8$ 等,无法唯一确定 m 除以 15 的余数,所以条件 (1) 不充分;条件(2),正整数 m 除以 5 的余数为 2,则 $m-2$ 是 5 的倍数,此时 $m=7$ 或 $m=12$ 等,无法唯一确定 m 除以 15 的余数,所以条件 (2) 也不充分;联合分析可得正整数 m 除以 3 的余数为 2 且除以 5 的余数为 2,所以 $m-2$ 是 15 的倍数,故正整数 m 除以 15 的余数只能为 2,联合充分
第四步:选答案	本题选 C
第五步:谈收获	$a \div b = c \cdots\cdots r \Rightarrow a - r = bc$

19.【解析】

第一步:定考点	余数问题
第二步:锁关键	自然数 n 的各数位之积为 6
第三步:做运算	条件(1),n 是除以 5 余数为 3 且除以 7 余数为 2 的最小自然数,此时可以先列举满足 n 是除以 5 余数为 3 的数,有 3,8,13,18,23,…,再从中找到满足 n 除以 7 余数为 2 最小的那个数,为 23,所以条件 (1) 充分;条件(2),n 是奇数,此时范围太大,故不充分
第四步:选答案	本题选 A
第五步:谈收获	余数问题如果没有规律可以列举找答案

20.【解析】

第一步:定考点	循环小数问题
第二步:锁关键	小数部分前 90 位上的数字之和为 270

第三步:做运算	$0.\dot{a}b\dot{c}$ 循环节有3位数,前90位之和为270,则$30(a+b+c)=270$,解得$a+b+c=9$。条件(1),当这个循环小数的循环节组成的三位数最大时,$a=8,b=1,c=0$,故$a+b^2+c^3=9$,所以条件(1)充分;条件(2),当这个循环小数的循环节组成的三位数最小时,$a=1,b=0,c=8$,故$a+b^2+c^3\neq 9$,所以条件(2)不充分
第四步:选答案	本题选 A
第五步:谈收获	① 循环小数周期问题,先锁定周期,再确定尾余; ② 多位数最高位不能为0

21.【解析】

第一步:定考点	实数的定义及运算
第二步:锁关键	$\dfrac{n}{14}$ 是一个整数
第三步:做运算	条件(1),n是一个整数,且$\dfrac{3n}{14}$也是一个整数,所以$3n$是14的倍数,因为3和14互质,故n是14的倍数,因此$\dfrac{n}{14}$是一个整数,充分;条件(2),可举反例$n=7$,此时$\dfrac{n}{14}=\dfrac{1}{2}$不是整数,故不充分
第四步:选答案	本题选 A
第五步:谈收获	若分子和分母均为整数,一个分数要想为整数,说明分子是分母的倍数或分母是分子的约数

22.【解析】

第一步:定考点	无理式配方
第二步:锁关键	$a+\sqrt{2}b+\sqrt{3}c=\sqrt{5+2\sqrt{6}}$ 成立
第三步:做运算	因为 $\sqrt{5+2\sqrt{6}}=\sqrt{(\sqrt{2}+\sqrt{3})^2}=\sqrt{2}+\sqrt{3}=a+\sqrt{2}b+\sqrt{3}c$,所以 $a=0,b=1,c=1$,故条件(1)不充分,条件(2)充分
第四步:选答案	本题选 B
第五步:谈收获	$m\pm 2\sqrt{mn}+n=(\sqrt{m}\pm\sqrt{n})^2$,其中 $m\geqslant 0,n\geqslant 0$

23.【解析】

第一步:定考点	实数的性质
第二步:锁关键	$\triangle ABC$ 为等腰三角形

第三步:做运算	条件(1),a,b,c 为质数且 $a+b+c=16$,3 个质数相加为偶数,则这 3 个质数一定 1 偶 2 奇,偶质数只能是 2,所以另外两个质数只能是 7 和 7,故条件(1) 充分;条件(2),$a^2(b-c)+b^2c-b^3=0$,提公因式可得 $a^2(b-c)-b^2(b-c)=0$,再提公因式可得 $(a^2-b^2)(b-c)=0$,即 $(a+b)(a-b)(b-c)=0$,所以有 $a=b$ 或 $b=c$,条件(2) 也充分
第四步:选答案	本题选 D
第五步:谈收获	① 若 a,b,c 为整数,$a+b+c$ 为偶数,则 a,b,c 为 3 偶或 1 偶 2 奇; ② 提公因式是因式分解常用方法之一

24.【解析】

第一步:定考点	绝对值表达式比大小
第二步:锁关键	$\|x+y\|<\|x-y\|$
第三步:做运算	条件(1),$x<\|x\|$,则 $x<0$,$y=\|-y\|$,则 $y\geqslant 0$,当 $y=0$ 时,$\|x+y\|=\|x-y\|$,所以条件(1) 不充分;条件(2),$xy<\|xy\|$,则 $xy<0$,即 x,y 一正一负,故 $\|x+y\|<\|x-y\|$,所以条件(2) 充分
第四步:选答案	本题选 B
第五步:谈收获	若 x,y 一正一负,则有 $\|x+y\|<\|x-y\|$

25.【解析】

第一步:定考点	绝对值的定义
第二步:锁关键	能确定 $\|a+b\|+\|c+d\|$ 的值
第三步:做运算	条件(1),$abcd=25$,a,b,c,d 均为整数,此时 a,b,c,d 可能是 $a=5,b=5,c=1,d=1$,也可能是 $a=25,b=1,c=1,d=1$ 等,所以无法唯一确定 $\|a+b\|+\|c+d\|$ 的值;条件(2),$a>b>c>d$,此时 a,b,c,d 可能是 $a=100,b=25,c=\dfrac{1}{100}$,也可能是 $a=200,b=25,c=1,d=\dfrac{1}{200}$ 等,所以无法唯一确定 $\|a+b\|+\|c+d\|$ 的值;联合分析可得只能是 $a=5,b=1,c=-1,d=-5$,故联合充分
第四步:选答案	本题选 C
第五步:谈收获	本类题目可以通过列举锁定答案,条件充分性判断题中的确定指的是唯一确定

第五节　本章小结

考点01：有理数与无理数	基本定义及符号
考点02：整除、公约数、公倍数	① 牢记整除特点；② 除乘转化问题 $\left(\dfrac{a}{b}=c \Rightarrow a=bc\right)$
考点03：奇数、偶数	① 本质：整数的分类；② 组合性质
考点04：质数、合数	① 牢记20以内的质数；② 注意偶质数2的巧用；③ 遇见大数进行质因数分解
考点05：比例的定义及性质	① 厘清比和比例的区别；② $\dfrac{a}{b}=\dfrac{c}{d} \Rightarrow ad=bc$
考点06：比例定理	① 更比定理；② 等比定理
考点07：绝对值的定义	① 用代数定义去绝对值；② 几何意义表示距离
考点08：绝对值的性质	重点把握非负性和等价性
01 技：门当户对模型	① 若 a,b 是有理数，$\sqrt{m}$ 是无理数，且 $a+b\sqrt{m}=0$，则 $a=b=0$；② 若 a,b,c,d 是有理数，$\sqrt{c},\sqrt{d}$ 是无理数，且 $a+\sqrt{c}=b+\sqrt{d}$，则 $a=b,c=d$
02 技：有限情况穷举模型	有限情况可穷举分析
03 技：余数恒定减余模型	当余数恒定时，可以用被除数减去余数转化为整除分析：若 m 除以 a 余数为 r；m 除以 b 余数为 r；m 除以 c 余数为 r，则 $m-r$ 一定是 a,b,c 的公倍数
04 技：和值恒定减法模型	当除数和余数的和值恒定时，可以用被除数减去和值转化为整除分析：若 m 除以 a 余数为 r_1；m 除以 b 余数为 r_2，m 除以 c 余数为 r_3，且 $a+r_1=b+r_2=c+r_3$，则 $m-(a+r_1)$ 一定是 a,b,c 的公倍数
05 技：差值恒定加法模型	当除数和余数的差值恒定时，可以用被除数加上差值转化为整除分析：若 m 除以 a 余数为 r_1；m 除以 b 余数为 r_2；m 除以 c 余数为 r_3，且 $a-r_1=b-r_2=c-r_3$，则 $m+(a-r_1)$ 一定是 a,b,c 的公倍数

续表

06 技：余数不变模型	被除数加上除数的倍数后，不影响余数，即余数不变
07 技：确定余数模型	已知 n 除以 a 的余数，n 除以 b 的余数，则能唯一确定 n 除以 a,b 最小公倍数的余数
08 技：绝对值和模型	形如 $\lvert x-a \rvert + \lvert x-b \rvert$：表示点 x 到点 a 的距离与点 x 到点 b 的距离之和，此表达式有最小值为 $\lvert a-b \rvert$，当点 x 在点 a 和点 b 之间（包括点 a 和点 b）时取到；无最大值
09 技：绝对值差模型	形如 $\lvert x-a \rvert - \lvert x-b \rvert$：表示点 x 到点 a 的距离与点 x 到点 b 的距离之差，此表达式有最小值为 $-\lvert a-b \rvert$，也有最大值为 $\lvert a-b \rvert$
10 技：奇中点偶中段模型	形如 $\lvert x-a \rvert + \lvert x-b \rvert + \lvert x-c \rvert + \cdots + \lvert x-n \rvert$ 只有最小值，无最大值. 先将 n 个零点从小到大排序，如果有奇数个绝对值相加，则在最中间那个零点处取到最小值；如果有偶数个绝对值相加，则在中间两个零点的范围内取到最小值

第二章 应用题

第一节 考情解读

本章解读

应用题是小数、整数、分数、百分数、比例结合方程、不等式、数列、函数等的综合应用,题目一般会赋予一个实际场景,比如购物、路程、工程、溶液混合等.应用题的本质是根据题干已知的信息构建出等量关系、不等量关系、函数关系等,所以应用题的综合度较高,题型也非常丰富,对考生的思维能力、运算能力等要求较高.本章每年考试占 6～7 个题目,占比较大.

本章概览

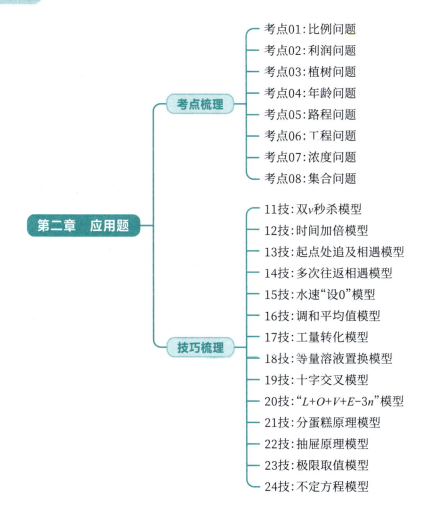

第二节　考点梳理

考点 01　比例问题

一、考点精析

1. 原值和现值的关系

   (1) 现值 = 原值 × (1 + 变化率).

   (2) 原值 = 现值 ÷ (1 + 变化率).

2. 部分量和总量的关系

   (1) 部分量 = 总量 × 部分量对应的比例.

   (2) 总量 = 部分量 ÷ 部分量对应的比例.

3. "比"和"是"的关系

   (1) A 比 B 大(小) $p\%$ 等价于 $A = B \times (1 \pm p\%)$.

   (2) A 是 B 的 $p\%$ 等价于 $A = B \times p\%$.

4. 变化率问题

   变化率 = 变化量 ÷ 变前量.

二、例题解读

例 1　某餐厅的必点菜"大同过油肉"有三种食材,分别是里脊肉、木耳和大葱,为保证可口且美观,要求里脊肉与木耳的质量比为 $7:3$,大葱与木耳的质量比为 $1:2$,若已知里脊肉放 280 克,则大葱应该放(　　)克.

A. 20　　　　B. 30　　　　C. 40　　　　D. 45　　　　E. 60

【解析】

第一步:定考点	比例问题
第二步:锁关键	里脊肉与木耳的质量比为 $7:3$,大葱与木耳的质量比为 $1:2$
第三步:做运算	里脊肉与木耳的质量比为 $7:3$,大葱与木耳的质量比为 $1:2$,两个比例关系中都有公共量木耳,所以统一木耳的份数,木耳在第一个比例关系中占 3 份,在第二个比例关系中占 2 份,所以统一为 6 份,即给第一个比例关系扩大 2 倍,可得里脊肉与木耳的质量比为 $14:6$,给第二个比例关系扩大 3 倍,可得大葱与木耳的质量比为 $3:6$,即大葱、木耳、里脊肉的质量比为 $3:6:14$.因为里脊肉放 280 克,所以 14 份即为 280 克,1 份即为 20 克,大葱 3 份,所以大葱应该放 60 克
第四步:选答案	本题选 E

第五步:谈收获	本类题目的关键是统一不变量(公共量),分析变量

例2 某学校为丰富学生课余生活,准备招募一些学生成立羽毛球、乒乓球、篮球和足球四个兴趣小组,每人只能参加一个小组,参加羽毛球小组的有42人,比参加足球小组的多24人,已知参加足球小组和篮球小组的学生分别占所有招募学生的10%和25%,则参加乒乓球小组的有( )人.

A. 75　　　　B. 72　　　　C. 68　　　　D. 65　　　　E. 54

【解析】

第一步:定考点	比例问题
第二步:锁关键	已知参加足球小组和篮球小组的学生分别占所有招募学生的10%和25%
第三步:做运算	参加羽毛球小组的有42人,比参加足球小组的多24人,所以参加足球小组的有18人,因为参加足球小组的学生占所有招募学生的10%,所以共招募 $\frac{18}{10\%}=180$(人),又因为参加篮球小组的学生占所有招募学生的25%,所以参加篮球小组的有 $180\times25\%=45$(人),故参加乒乓球小组的有 $180-42-18-45=75$(人)
第四步:选答案	本题选 A
第五步:谈收获	① 部分量 = 总量×部分量对应的比例; ② 总量 = 部分量÷部分量对应的比例

例3 某企业二月份产值比一月份上涨了20%,三月份产值比二月份下降了25%,则三月份产值比一月份下降了( ).

A. 5%　　　　B. 8%　　　　C. 10%　　　　D. 11%　　　　E. 12%

【解析】

第一步:定考点	比例问题
第二步:锁关键	二月份产值比一月份上涨了20%,三月份产值比二月份下降了25%
第三步:做运算	设一月份的产值为100,因为二月份产值比一月份上涨了20%,所以二月份产值为 $100\times(1+20\%)=120$,又因为三月份产值比二月份下降了25%,所以三月份产值为 $120\times(1-25\%)=90$,因此三月份产值比一月份下降了 $\frac{100-90}{100}\times100\%=10\%$
第四步:选答案	本题选 C
第五步:谈收获	变化率 = 变化量÷变前量

考点 02 利润问题

一、考点精析

1. 基本公式

   (1) 利润 = 售价 − 进价.

   (2) 利润率 = $\dfrac{利润}{进价} \times 100\% = \dfrac{售价-进价}{进价} \times 100\% = \left(\dfrac{售价}{进价}-1\right) \times 100\%$.

   (3) 售价 = 进价 × (1 + 利润率).

   (4) 进价 = 售价 ÷ (1 + 利润率).

   (5) 折扣价 = 原价 × 折扣.

2. 恢复原值

   (1) 一件商品先提价 $p\%$ 再降价 $p\%$，或者先降价 $p\%$ 再提价 $p\%$，均无法恢复原值，此时会比原价小，因为 $a(1+p\%)(1-p\%) = a(1-p\%)(1+p\%) < a$.

   (2) 要想恢复原值，则原值先降价 $p\%$，再提价 $\dfrac{p\%}{1-p\%}$ 才能恢复原值；或者先提价 $p\%$ 再降价 $\dfrac{p\%}{1+p\%}$ 才能恢复原值.

二、例题解读

例 4 某商店将每套服装按原价提高 50% 后再作 7 折"优惠"出售，这样每售出一套服装可获利 625 元. 已知每套服装的成本是 2 000 元，该店按"优惠价"售出一套服装比按原价 (   ).

A. 多赚 100 元　　　　　B. 少赚 100 元　　　　　C. 多赚 125 元

D. 少赚 125 元　　　　　E. 多赚 155 元

【解析】

第一步：定考点	利润问题
第二步：锁关键	某商店将每套服装按原价提高 50% 后再作 7 折"优惠"出售，这样每售出一套服装可获利 625 元
第三步：做运算	设原价为 x 元，由题意可得，$x(1+50\%) \times 0.7 = 625 + 2\,000 = 2\,625$，解得 $x = 2\,500$，所以该店按"优惠价"售出一套服装比按原价多赚 $2\,625 - 2\,500 = 125$（元）
第四步：选答案	本题选 C
第五步：谈收获	折扣价 = 原价 × 折扣，售价 = 进价 + 利润

例5 某工厂生产某种新型产品,一月份每件产品销售获得的利润是出厂价的25%(假设利润等于出厂价减去成本),二月份每件产品出厂价降低10%,成本不变,销售件数比一月份增加80%,则销售利润比一月份的销售利润增长( ).

A. 6%　　　　　　　　　　B. 8%　　　　　　　　　　C. 15.5%

D. 25.5%　　　　　　　　　E. 以上都不对

【解析】

第一步:定考点	利润问题
第二步:锁关键	求销售利润比一月份的销售利润增长变化率
第三步:做运算	本题给的关系量较多,所以可以取特值列表格分析,设一月份出厂价为100,销售件数为1,则 | 月份	出厂价	成本	单件利润	销售件数	总利润
---	---	---	---	---	---
一月份	100	75	25	1	25×1=25
二月份	90	75	15	1.8	15×1.8=27	 故二月份销售利润比一月份的销售利润增长 $\frac{27-25}{25} \times 100\% = 8\%$
第四步:选答案	本题选 B
第五步:谈收获	① 题干给的关系量较多时可以列表分析; ② 求比例或变化率可取特值分析

例6 某股民购买了一只股票,则该股民亏了.

(1) 该只股票先涨停再跌停(涨停或跌停均以10%计).

(2) 该只股票先跌停再涨停(跌停或涨停均以10%计).

【解析】

第一步:定考点	利润问题
第二步:锁关键	证明该股民亏了
第三步:做运算	假设该股票初值为 a,条件(1),该只股票先涨停再跌停,则现值为 $a(1+10\%)(1-10\%)<a$,所以该股民亏了,条件(1)充分;条件(2),该只股票先跌停再涨停,则现值为 $a(1-10\%)(1+10\%)<a$,所以该股民亏了,条件(2)也充分
第四步:选答案	本题选 D
第五步:谈收获	$a(1+p\%)(1-p\%) = a(1-p\%)(1+p\%) < a$

考点 03 植树问题

一、考点精析

1. 直线型植树问题

   直线长度为 l 米，每隔 k 米植 1 棵，则一共需要植树 $\frac{l}{k}+1$ 棵.

2. 封闭环形植树问题

   封闭环形周长为 l 米，每隔 k 米植 1 棵，则一共需要植树 $\frac{l}{k}$ 棵.

二、例题解读

例 7 将一批树苗种在一个正方形花园边上，四角都种，如果每隔 3 米种一棵，那么剩下 10 棵树苗，如果每隔 2 米种一棵，那么恰好种满正方形的 3 条边，则这批树苗有（　　）棵.

A. 54　　　　B. 60　　　　C. 70　　　　D. 82　　　　E. 94

【解析】

第一步：定考点	封闭环形植树问题
第二步：锁关键	如果每隔 3 米种一棵，那么剩下 10 棵树苗，如果每隔 2 米种一棵，那么恰好种满正方形的 3 条边
第三步：做运算	设共有 x 棵树苗，正方形的边长为 l 米，依题可得 $\begin{cases}\frac{4l}{3}=x-10,\\ \frac{3l}{2}+1=x,\end{cases}$ 化简得 $\begin{cases}4l=3(x-10),\\ 3l=2(x-1),\end{cases}$ 所以有 $\frac{3(x-10)}{2(x-1)}=\frac{4}{3}$，解得 $x=82$
第四步：选答案	本题选 D
第五步：谈收获	① 直线型植树问题：直线长度为 l 米，每隔 k 米植 1 棵，则一共需植树 $\frac{l}{k}+1$ 棵； ② 封闭环形植树问题：封闭环形周长约 l 米，每隔 k 米植 1 棵，则一共需要植树 $\frac{l}{k}$ 棵

考点 04 年龄问题

一、考点精析

1. 基本概念

   每个人从出生年龄就是 1 岁，随着时间的推移，每年都会增长 1 岁.年龄问题是研究两人或多人之间的岁数关系，通常有年龄和、年龄差、倍数等表述.

2. 基本原则

解答年龄问题时,需要用到两个基本原则:

(1) 两个人的年龄差始终不变;

(2) 随着年份的增加或减少,两个人的岁数同时增加或减少,且变化的值相同.

3. 基本方法

(1) 列方程(组);(2) 代入排除;(3) 画年龄轴.

二、例题解读

例 8 甲对乙说:"当我的岁数是你现在的岁数时,你才 5 岁." 乙对甲说:"当我的岁数是你现在的岁数时,你将 50 岁." 则甲的年龄除以 5 和乙的年龄乘以 2 的和为(　　).

A. 45　　　　B. 46　　　　C. 47　　　　D. 54　　　　E. 55

【解析】

第一步:定考点	年龄问题
第二步:锁关键	甲对乙说:"当我的岁数是你现在的岁数时,你才 5 岁." 乙对甲说:"当我的岁数是你现在的岁数时,你将 50 岁."
第三步:做运算	依题可得甲的年龄比乙的年龄大,设甲现在的年龄为 x,乙现在的年龄为 y,则年龄差为 $x-y$,因此依据年龄差不变可得 $\begin{cases} y-5=x-y, \\ 50-x=x-y, \end{cases}$ 解得 $\begin{cases} x=35, \\ y=20, \end{cases}$ 故甲的年龄除以 5 和乙的年龄乘以 2 的和为 $\frac{35}{5}+20\times 2=47$
第四步:选答案	本题选 C
第五步:谈收获	年龄问题两大核心:年龄差不变、同步增长

考点 05　路程问题

一、考点精析

1. 基本公式

   路程 = 速度 × 时间($s=v\cdot t$).

2. 比例关系

   s 一定,v 和 t 成反比;

   v 一定,s 和 t 成正比;

   t 一定,s 和 v 成正比.

3. 直线相遇、追及模型(两人间隔为 s,同时出发,相遇或追及一次的时间为 t)

   (1) 直线相遇:$s=s_1+s_2=v_1 t+v_2 t=(v_1+v_2)t$;

(2) 直线追及：$s = s_1 - s_2 = v_1 t - v_2 t = (v_1 - v_2)t$.

4. 跑圈相遇、追及模型(从同一点同时出发,一圈周长为 s,相遇或追及一次的时间为 t)

(1) 跑圈相遇：$s = s_1 + s_2 = v_1 t + v_2 t = (v_1 + v_2)t$;

(2) 跑圈追及：$s = s_1 - s_2 = v_1 t - v_2 t = (v_1 - v_2)t$.

二、例题解读

例 9 甲、乙两车同时从 A,B 两地相对开出,如果甲每小时行驶 40 千米,乙每小时行驶 50 千米,5 小时后,两车相距 10 千米.则 A,B 两地相距(　　)千米.

A. 440　　　　B. 450　　　　C. 460　　　　D. 440 或 450　　　　E. 440 或 460

【解析】

第一步:定考点	直线相遇问题
第二步:锁关键	5 小时后,两车相距 10 千米
第三步:做运算	此题要注意分类讨论,一种情况是两车行驶了 5 小时后还没相遇,此时相距 10 千米,这时求出的是 A,B 两地的最大距离;另一种情况是两车相遇后仍继续行驶,到再次相距 10 千米时用时 5 小时,此时求出的则是 A,B 两地的最小距离.根据速度×时间 = 路程分别算出甲、乙两车各自的路程,然后相加,再加减 10 千米,就是 A,B 两地的最大距离和最小距离,所以依题可得甲 5 小时行驶的路程为 $5 \times 40 = 200$(千米),乙 5 小时行驶的路程为 $5 \times 50 = 250$(千米),故最大距离为 $200 + 250 + 10 = 460$(千米),最短距离为 $200 + 250 - 10 = 440$(千米)
第四步:选答案	本题选 E
第五步:谈收获	答案不唯一时一定要多考虑是否存在其他情况

例 10 甲、乙两辆汽车同时从两地相对开出,甲车每小时行驶 40 千米,乙车每小时行驶 45 千米.两车相遇时,乙车离中点 20 千米,则两地相距(　　)千米.

A. 640　　　　B. 650　　　　C. 660　　　　D. 680　　　　E. 540

【解析】

第一步:定考点	直线相遇问题
第二步:锁关键	两车相遇时,乙车离中点 20 千米
第三步:做运算	依题可得,乙车比甲车快,乙车离中点 20 千米相遇说明乙车行驶的路程是全程的一半加上 20 千米,而甲车行驶的路程是全程的一半减去 20 千米,所以两车行驶的路程相差 $20 - (-20) = 40$(千米),设相遇时间为 t 小时,则有 $45t - 40t = 40$,解得 $t = 8$,因此两地相距 $8 \times (40 + 45) = 680$(千米)
第四步:选答案	本题选 D
第五步:谈收获	相遇问题中,两地间隔 = 相遇时间 × 速度和

例 11 某人走失一只可爱的小猫咪,于是开车沿路寻找,发现小猫咪并追上后,小猫咪突然沿路边反方向走,车继续行驶 30 秒后停路边,她下车追小猫咪,如果她的速度比小猫咪快 3 倍,比车慢 $\frac{3}{4}$,则她再一次追上小猫咪需要( )秒.

A. 165　　B. 170　　C. 180　　D. 190　　E. 195

【解析】

第一步:定考点	直线追及问题
第二步:锁关键	她的速度比小猫咪快 3 倍,比车慢 $\frac{3}{4}$
第三步:做运算	依题可得人的速度比小猫咪快 3 倍,比车慢 $\frac{3}{4}$,所以 $v_{猫}:v_{人}:v_{车}=1:4:16$,设 $v_{猫}=v,v_{人}=4v,v_{车}=16v$,她追上小猫咪需要 t 秒.由于车与小猫咪背向而行,因此当车停下时人与小猫咪的距离为 $(v+16v)\times 30$,所以追及时间 = 两者间隔 ÷ 速度差,故追及时间 $t=\dfrac{(v+16v)\times 30}{4v-v}=170$
第四步:选答案	本题选 B
第五步:谈收获	追及问题中,两人间隔 = 追及时间 × 速度差

例 12 环形跑道的周长为 400 米,甲、乙两人骑车同时从同一地点出发,匀速相向而行,16 秒后甲、乙相遇,相遇后乙立即调头,6 分 40 秒后甲第一次追上乙,则甲追上乙的地点距原来的起点( )米.

A. 8　　B. 15　　C. 20　　D. 180　　E. 192

【解析】

第一步:定考点	跑圈问题
第二步:锁关键	相遇后乙立即调头,6 分 40 秒后甲第一次追上乙
第三步:做运算	设甲、乙的速度分别为 $v_{甲},v_{乙}$,依题可得 $\begin{cases}(v_{甲}+v_{乙})\times 16=400,\\(v_{甲}-v_{乙})\times 400=400,\end{cases}$ 解得 $\begin{cases}v_{甲}=13,\\v_{乙}=12.\end{cases}$ 6 分 40 秒后甲第一次追上乙,即甲跑了 $\dfrac{13\times 400}{400}=13$(圈),所以甲追上乙的地点是第一次相遇的地点,距原来的起点 $400-13\times 16=192$(米)
第四步:选答案	本题选 E
第五步:谈收获	在跑圈问题中,两人每相遇一次,路程和为一圈,两人每追上一次,路程差为一圈

考点 06　工程问题

一、考点精析

1. 基本公式

工作总量 = 工作效率 × 工作时间.

2. 比例关系

工作总量一定,工作效率与工作时间成反比.

工作效率一定,工作时间和工作总量成正比.

工作时间一定,工作效率和工作总量成正比.

3. 注意事项

（1）工作总量分为具体量和抽象量两种,具体量:一般题干会明确给出工作的具体数量,比如加工 1 000 个零件;抽象量:一般题干会说完成这项工作,一般情况下我们把工作总量看为单位"1"进行分析,或者为方便计算,工作总量也会取时间或效率的最小公倍数进行表示.

（2）工作效率 = 工作总量 ÷ 工作时间,合作的效率 = 各自的效率相加. 另外,在部分题目中还会出现效率的正负问题,比如进水排水、牛吃草问题等.

二、例题解读

例 13　一个水槽有 1 根注水管和 6 根排水管,先打开注水管,水不停地匀速流入水槽,若干分钟后再打开排水管,如果将排水管全部打开,6 分钟可以将水排光,如果只打开 3 根排水管,15 分钟可以将水排光,如果打开 4 根排水管,则需要（　　）分钟才能将水排光.

A. 8　　　　B. 10　　　　C. 11　　　　D. 12　　　　E. 13

【解析】

第一步:定考点	工程问题
第二步:锁关键	如果将排水管全部打开,6 分钟可以将水排光,如果只打开 3 根排水管,15 分钟可以将水排光
第三步:做运算	设原有水量为 x,注水管的效率为 m,排水管的效率为 n,依题可得,$\begin{cases} x+6m=6\times 6n, \\ x+15m=15\times 3n, \end{cases}$ 解得 $\begin{cases} m=n, \\ x=30n, \end{cases}$ 设打开 4 根排水管,需要 t 分钟才能将水排光,则 $x+tm=t\times 4n$,即 $30n+tn=t\times 4n$,解得 $t=10$
第四步:选答案	本题选 B
第五步:谈收获	原来的水 + 新流入的水 = 总排水

例14 有两箱数量相同的文件需要整理,小张单独整理好一箱需要4.5小时,小钱需要9小时,小周需要3小时.小周和小张一起整理第一箱文件,小钱同时开始整理第二箱文件,一段时间后小周又转去和小钱一起整理第二箱文件,最后两箱文件同时整理完毕,则小周和小钱、小张一起整理文件的时间相差(　　)小时.

A. 0.5　　　　B. 0.8　　　　C. 1　　　　D. 1.2　　　　E. 1.5

【解析】

第一步:定考点	工量倍数模型
第二步:锁关键	小张单独整理好一箱需要4.5小时,小钱需要9小时,小周需要3小时
第三步:做运算	设整理一箱文件的工作总量为9,小张、小钱、小周的效率分别为$v_张,v_钱,v_周$,依题可得$v_张=2,v_钱=1,v_周=3$,所以三人合作整理完两箱文件需要$\frac{9+9}{2+1+3}=3$(小时),小张3小时做的工作总量为$3\times2=6$,所以小周和小张一起整理文件的时间为$\frac{3}{3}=1$(小时),小周和小钱一起整理文件的时间为$3-1=2$(小时),故小周和小钱、小张一起整理文件的时间相差1小时
第四步:选答案	本题选C
第五步:谈收获	为方便计算可以将工作总量设为工作效率或工作时间的最小公倍数

例15 某件刺绣产品需要效率相当的三名绣工8天才能完成.绣品完成50%时,一人有事提前离开,绣品由剩下的两人继续完成;绣品完成75%时,又有一人离开,绣品由最后剩下的那个人完成,则完成该件绣品一共用了(　　)天.

A. 10　　　　B. 11　　　　C. 12　　　　D. 13　　　　E. 14

【解析】

第一步:定考点	工程问题
第二步:锁关键	某件刺绣产品需要效率相当的三名绣工8天才能完成
第三步:做运算	设每名绣工的效率为1,因为刺绣产品需要效率相当的三名绣工8天才能完成,所以工作总量为$(1+1+1)\times8=24$,第一阶段3人完成50%需要$\frac{24\times50\%}{1+1+1}=4$(天),第二阶段2人完成25%需要$\frac{24\times25\%}{1+1}=3$(天),第三阶段1人完成25%需要$\frac{24\times25\%}{1}=6$(天),所以共需要$4+3+6=13$(天)
第四步:选答案	本题选D
第五步:谈收获	分阶段完成,分阶段计算即可

考点 07　浓度问题

一、考点精析

1. 基本量

   (1) 溶质：溶于液体的物质(通常指"盐""糖""酒精""果肉""农药"等).

   (2) 溶剂：溶解物质的液体(通常指"水").

   (3) 溶液：溶质和溶剂的混合液体.

   (4) 浓度：溶质占溶液的百分比或百分率.

2. 基本公式

   (1) 浓度 = 溶质质量 ÷ 溶液质量.

   (2) 溶质质量 = 浓度 × 溶液质量.

   (3) 溶液质量 = 溶质质量 + 溶剂质量.

3. 两大原则

   为保证浓度问题可计算，所有题目都遵循以下两大原则：

   (1) 均匀混合：默认所有溶液均为均匀混合状态；

   (2) 物质守恒：溶液混合前后溶质、溶液质量相同.

二、例题解读

例 16　有一瓶酒精，如果加入 200 克水，它的浓度就变为原来的一半；如果加入 25 克浓度 100% 的酒精，则它的浓度变为原来的两倍，则这瓶酒精原来的浓度是(　　).

A. 8%　　　　B. 10%　　　　C. 12%　　　　D. 15%　　　　E. 18%

【解析】

第一步：定考点	浓度问题
第二步：锁关键	如果加入 200 克水，它的浓度就变为原来的一半
第三步：做运算	设这瓶酒精原来的浓度是 x，根据加入 200 克水，它的浓度变为原来的一半，可知原酒精溶液共 200 克，利用混合前后溶质质量相同可列等式 $200x + 25 = (200 + 25) \times 2x$，解得 $x = 10\%$
第四步：选答案	本题选 B
第五步：谈收获	溶液混合前后溶质、溶液总质量不变

例 17　有浓度为 30% 的盐水溶液若干，添加了一定数量的水后稀释成浓度为 24% 的盐水溶液. 如果再加入同样多的水，那么盐水溶液的浓度变为(　　).

A. 25%　　　　B. 24%　　　　C. 22%　　　　D. 20%　　　　E. 15%

【解析】

第一步：定考点	浓度问题
第二步：锁关键	添加了一定数量的水后稀释成浓度为 24% 的盐水溶液
第三步：做运算	假设浓度为 30% 的盐水溶液有 100 克，则 100 克溶液中有 $100\times30\%=30$（克）的盐，加入水后，盐占盐水的 24%，此时盐水的质量为 $30\div24\%=125$（克），所以加入的水的质量为 $125-100=25$（克），再加入同样多的水后，盐水溶液的浓度为 $30\div(125+25)\times100\%=20\%$
第四步：选答案	本题选 D
第五步：谈收获	浓度＝溶质质量÷溶液质量；溶液质量＝溶质质量÷浓度

考点 08　集合问题

一、考点精析

1. 两个集合

   ① $A\cup B=A+B-A\cap B$.

   ② $A\cup B=\Omega-\overline{A}\cap\overline{B}$.

2. 三个集合

   ① $A\cup B\cup C=A+B+C-(A\cap B+A\cap C+B\cap C)+A\cap B\cap C$.

   ② $A\cup B\cup C=\Omega-\overline{A}\cap\overline{B}\cap\overline{C}$.

> **注意**
>
> 集合问题也可以利用图像分析.

二、例题解读

例 18　某公司有 46 名财务人员，现在统计他们持有初级会计证和中级会计证的情况，统计发现：持有初级会计证的有 22 人，只有中级证书的人数与两种证书都有的人数之比为 5∶3，两种证书都没有的人数为 14，则只有初级会计证的有（　　）人．

A. 8　　　　　B. 10　　　　　C. 12　　　　　D. 14　　　　　E. 16

【解析】

第一步：定考点	集合问题
第二步：锁关键	只有中级证书的人数与两种证书都有的人数之比为 5∶3，两种证书都没有的人数为 14

第三步:做运算	设只有中级证书的人数为 $5x$,两种证书都有的人数为 $3x$. 根据题意有 $5x+22+14=46$,解得 $x=2$,则两种证书都有的人数为 6.所以只有初级会计证的有 $22-6=16$(人)
第四步:选答案	本题选 E
第五步:谈收获	集合问题的关键是锁定每个区域的值

例 19 联欢会上,有 24 人吃冰激凌、30 人吃蛋糕、38 人吃水果,其中既吃冰激凌又吃蛋糕的有 12 人,既吃冰激凌又吃水果的有 16 人,既吃蛋糕又吃水果的有 18 人,三样都吃的有 6 人,若所有人都吃了东西,则只吃一样东西的人数为( ).

  A. 12   B. 18   C. 24   D. 30   E. 32

【解析】

第一步:定考点	集合问题
第二步:锁关键	所有人都吃了东西,求只吃一样东西的人数
第三步:做运算	如图所示. $a=24-6-10-6=2$, $b=30-6-12-6=6$, $c=38-10-12-6=10$, 所以只吃一样东西的人数为 $a+b+c=2+6+10=18$
第四步:选答案	本题选 B
第五步:谈收获	集合问题的关键是锁定每个区域的值

第三节 技巧梳理

11技 ▶ 双 v 秒杀模型

适用题型	题目中出现以两个不同速度(效率)行驶(做)同一段路程(一项工作)
技巧说明	以变速为例说明:以 v_1 和 v_2 两个不同速度行驶同一段路程 s 会产生时间差 Δt 和速度差 Δv,必满足 $v_1 \cdot v_2 = \dfrac{s}{\Delta t} \cdot \Delta v$

例 20 一辆汽车从甲地开往乙地,去时每小时行驶 40 千米,返回时每小时行驶 50 千米,结果返回时比去时的时间少 48 分钟.则甲乙两地之间的路程为(　　)千米.

A. 120　　　B. 150　　　C. 160　　　D. 180　　　E. 240

【解析】

第一步:定考点	变速模型
第二步:锁关键	去时每小时行驶 40 千米,返回时每小时行驶 50 千米
第三步:做运算	设甲、乙两地之间的路程为 s 千米,由变速模型可知 $v_1=40, v_2=50, \Delta t=\dfrac{4}{5}$,所以有 $40 \times 50 = \dfrac{s}{\frac{4}{5}} \times (50-40)$,解得 $s=160$
第四步:选答案	本题选 C
第五步:谈收获	以 v_1 和 v_2 两个不同速度行驶同一段路程 s 会产生时间差 Δt 和速度差 Δv,必满足 $v_1 \cdot v_2 = \dfrac{s}{\Delta t} \cdot \Delta v$

例 21 为了促进地方经济发展,某市加紧城市建设步伐,一项工程由某工程队承包施工,原计划 24 个月完成,按计划施工半年后,政府要求提前 3 个月完成,则施工单位应该将工作效率提高(　　).

A. 12%　　　B. 15%　　　C. 18%　　　D. 20%　　　E. 25%

【解析】

第一步:定考点	变效模型
第二步:锁关键	按计划施工半年后,政府要求提前 3 个月完成

第三步:做运算	设工作总量为 24,因为原计划 24 个月完成,所以原计划的效率为 1,政府要求提前 3 个月完成,则施工单位应该将工作效率提高 x,由变效模型可知 $v_1=1, v_2=1+x$, $\Delta t=3, s=24-6=18$,所以有 $1\times(1+x)=\frac{18}{3}\times x$,解得 $x=\frac{1}{5}=20\%$
第四步:选答案	本题选 D
第五步:谈收获	以 v_1 和 v_2 两个不同效率共同做同一件事 s 会产生时间差 Δt 和效率差 Δv,必满足 $v_1 \cdot v_2 = \frac{s}{\Delta t} \cdot \Delta v$

例 22 一项工程施工 3 天后,因故障停工 2 天,之后工程队提高 20% 的工作效率,仍能按原计划完成,则原计划工期为(　　)天.

A. 9　　　　B. 10　　　　C. 12　　　　D. 15　　　　E. 18

【解析】

第一步:定考点	变效模型
第二步:锁关键	一项工程施工 3 天后,因故障停工 2 天,之后工程队提高 20% 的工作效率,仍能按原计划完成
第三步:做运算	设计划工期为 t 天,计划效率为 1,套公式 $v_1 \cdot v_2 = \frac{s}{\Delta t} \cdot \Delta v$,可得 $1\times 1.2 = \frac{t-3}{2} \times 0.2$,解得 $t=15$
第四步:选答案	本题选 D
第五步:谈收获	以 v_1 和 v_2 两个不同效率共同做同一件事 s 会产生时间差 Δt 和效率差 Δv,必满足 $v_1 \cdot v_2 = \frac{s}{\Delta t} \cdot \Delta v$

12 技 ▶ 时间加倍模型

适用题型	题干出现两人第二次同时返回再相遇
技巧说明	本类题目可以利用个人所走路程和两人所走路程和为参照量进行分析,假设第一次相遇时个人走的路程是 m,两人走的路程和是 n,第二次相遇时两人走的路程和是 $3n$,则可以得到个人走的路程是 $3m$,因为在此过程中,两人速度均不发生改变,路程和扩大 3 倍,则能说明时间扩大 3 倍,所以可以得到第二次相遇时,个人走的路程是第一次相遇时的 3 倍

例23 A,B 两辆汽车从甲、乙两地同时出发,相向而行,在距离甲地50千米处两车第一次迎面相遇,相遇后两车继续以原速行驶,各自到达乙、甲两地后立即沿原路返回,在距离乙地30千米处第二次迎面相遇,则甲、乙两地的距离为( )千米.

A. 100　　　　　B. 120　　　　　C. 150　　　　　D. 180　　　　　E. 200

【解析】

第一步:定考点	时间加倍模型
第二步:锁关键	各自到达乙、甲两地后立即沿原路返回
第三步:做运算	设甲、乙两地的距离为 s,第一次相遇时两人路程之和为 s,第二次相遇时两人路程之和为 $3s$,因为两人速度不变,路程变为3倍,则时间变为3倍,因为第一次相遇时 A 走了50千米,所以第二次相遇时 A 应该走150千米,依题可得第二次相遇时 A 走了 $s+30$,故 $s+30=150$,解得 $s=120$
第四步:选答案	本题选 B
第五步:谈收获	多次往返相遇求距离可用时间加倍原理求解

13 技 ▶ 起点处追及相遇模型

适用题型	在跑圈问题中,求在起点(出发点)处追及或相遇时某人跑的圈数
技巧说明	因为要在起点处相遇或追及,所以每人必须跑整数圈,根据时间相同,速度和路程成正比,有 $\dfrac{v_1}{v_2}=\dfrac{s_1}{s_2}$,假设一圈的周长为 s,n_1,n_2 表示各自跑的圈数,则 $s_1=n_1\times s, s_2=n_2\times s$,故有速度的最简整数比就是第一次在起点处追上或相遇时各自跑的圈数之比,即 $\dfrac{v_1}{v_2}=\dfrac{n_1}{n_2}$

例24 学校举办运动会,操场每圈400米,甲、乙、丙三人参加比赛,甲跑30米的时间乙可以跑40米,乙跑30米的时间丙可以跑50米,三人同时从同一起点出发,当丙在起点处第二次遇到乙时,甲距离起点( )米.

A. 50　　　　　B. 100　　　　　C. 150　　　　　D. 200　　　　　E. 300

【解析】

第一步:定考点	起点处追及相遇模型
第二步:锁关键	当丙在起点处第二次遇到乙时,求甲距起点的距离

第三步:做运算	时间相同,路程和速度成正比,根据起点处追及相遇模型可得 $\frac{v_{丙}}{v_{乙}} = \frac{5}{3}$,故当丙在起点处第二次遇到乙时,丙跑了 10 圈,乙跑了 6 圈;因为 $\frac{v_{甲}}{v_{乙}} = \frac{3}{4}$,所以当乙跑了 6 圈时,甲跑了 4.5 圈,故甲距离起点 200 米	
第四步:选答案	本题选 D	
第五步:谈收获	速度的最简整数比就是第一次在起点处追上或相遇时各自跑的圈数之比	

14 技 ▶ 多次往返相遇模型

适用题型	题干出现超过 2 次的迎面相遇问题
技巧说明	① 两人从两端点出发,第一次迎面相遇,两人路程之和为 s;第二次迎面相遇,两人路程之和为 $3s$;第 n 次迎面相遇,两人路程之和为 $(2n-1)s$; ② 两人从同端点出发,第一次迎面相遇,两人路程之和为 $2s$;第二次迎面相遇,两人路程之和为 $4s$;第 n 次迎面相遇,两人路程之和为 $2ns$

例 25 两地相距 1 800 米,甲的速度是 100 米/分,乙的速度是 80 米/分,两人从两地同时出发,相向而行,则两人第三次相遇时,甲距其出发点(   )米.

A. 600　　　　B. 900　　　　C. 1 000　　　　D. 1 400　　　　E. 1 600

【解析】

第一步:定考点	多次往返相遇问题
第二步:锁关键	两人第三次相遇时,求甲距其出发点的距离
第三步:做运算	依题可得 $\frac{v_{甲}}{v_{乙}} = \frac{5}{4}$,由于时间相同,故 $\frac{s_{甲}}{s_{乙}} = \frac{5}{4}$,设甲走的路程为 $5k$,乙走的路程为 $4k$,全程为 s,则第三次相遇时两人路程之和为 $9k = 5s = 9\,000$,解得 $k = 1\,000$,所以甲走的路程为 5 000 米,故距离其出发点的距离为 $5\,000 - 1\,800 \times 2 = 1\,400$(米)
第四步:选答案	本题选 D
第五步:谈收获	两人从两端点出发,第一次迎面相遇,两人路程之和为 s;第二次迎面相遇,两人路程之和为 $3s$;第 n 次迎面相遇,两人路程之和为 $(2n-1)s$

15 技 ▶ 水速"设 0"模型

适用题型	在行船问题中,题干出现有两个同时运动的物体,求相关量
技巧说明	在行船问题中,如果有两个同时运动的物体,不管同向追及还是反向相遇,都与水速无关,所以可以把水速看为"0"进行分析

例 26 一艘小轮船上午 8:00 起航逆流而上(设船速和水流速度一定),中途船上一块木板落入水中,直到 8:50 船员才发现这块重要的木板丢失,立即调转船头去追,最终 9:20 追上木板,则木板落水的时间是( ).

A. 8:35　　　B. 8:30　　　C. 8:25　　　D. 8:20　　　E. 8:15

【解析】

第一步:定考点	水速"设 0"模型
第二步:锁关键	物品掉落,回头找物品
第三步:做运算	因为木板和船同时在运动,所以可将水速看为"0"分析,则木板掉落后静止不动,如图所示: 　　　　　　8:00　　　　50分钟　　　　8:50 　　　　　　├──────────────┤ 　　　　　　　　├──────────┤ 　　　　　　　　　　　　木板 　　　　　　　　20分钟 　　　　　　　　　　　　├──────────┤ 　　　　　　　　　　　　9:20　　　　　　8:50 　　　　　　　　　　　　　　30分钟 8:50 船员才发现这块重要的木板丢失,立即调转船头去追,最终 9:20 追上木板,用了 30 分钟,所以木板丢失的时间是 50-30=20(分钟),即木板落水的时间是 8:20
第四步:选答案	本题选 D
第五步:谈收获	同时运动的两个物体,无论是相遇还是追及,水速均可看为"0"

16 技 ▶ 调和平均值模型

适用题型	往返路程相同,求平均速度;发车间隔相同,求间隔时间
技巧说明	若往返路程相同,则往返平均速度为 $v=\dfrac{2v_1v_2}{v_1+v_2}$ (v_1,v_2 表示往、返速度); 若发车间隔相同,则发车间隔为 $t=\dfrac{2t_1t_2}{t_1+t_2}$ (t_1,t_2 表示相遇、追及时间)

例27 一辆车往返甲、乙两地,去时每小时行驶 60 千米,用了 6 小时,回来时每小时行驶 40 千米,则往返的平均速度为(　　)千米/小时.

A. 42　　　　B. 48　　　　C. 52　　　　D. 56　　　　E. 65

【解析】

第一步:定考点	调和平均值模型
第二步:锁关键	往返路程相同,求平均速度
第三步:做运算	依题可得去时的速度为 60 千米/小时,回来时的速度为 40 千米/小时,所以往返的平均速度为 $\dfrac{2\times 60\times 40}{60+40}=48$(千米/小时)
第四步:选答案	本题选 B
第五步:谈收获	若往返路程相同,则往返平均速度为 $v=\dfrac{2v_1v_2}{v_1+v_2}$($v_1,v_2$ 表示往、返速度)

例28 某人在公路上行走,往返公共汽车每隔 12 分钟就有一辆车与此人迎面相遇,每隔 20 分钟就有一辆车从背后超过此人. 若人与汽车均为匀速运动,则汽车站每隔(　　)分钟发出一班车.

A. 14　　　　B. 15　　　　C. 16　　　　D. 17　　　　E. 18

【解析】

第一步:定考点	调和平均值模型
第二步:锁关键	发车间隔相同,求间隔时间
第三步:做运算	依题可得往返公共汽车每隔 12 分钟就有一辆车与此人迎面相遇,每隔 20 分钟就有一辆车从背后超过此人,所以发车间隔为 $\dfrac{2\times 12\times 20}{12+20}=15$(分钟)
第四步:选答案	本题选 B
第五步:谈收获	若发车间隔相同,则发车间隔为 $t=\dfrac{2t_1t_2}{t_1+t_2}$($t_1,t_2$ 表示相遇、追及时间)

17 技 ▶ 工量转化模型

适用题型	在工程问题中,已知两种完成该工作的不同方式,求某人单独做需要几天
技巧说明	假设同一件工作甲 5 天、乙 5 天可以完成,甲 3 天、乙 8 天也可以完成,则对比这两种不同方式可以得到甲从 5 天变到 3 天,少做 2 天,乙就需要从 5 天变到 8 天,多做 3 天,故有甲 2 天的工作量 = 乙 3 天的工作量

例29 一项工程由甲、乙两队合作30天可完成.甲队单独做24天后,乙队加入,两队合作10天后,甲队调走,乙队继续做了17天才完成.若这项工程由甲队单独做,则需要(　　)天.

A. 60　　　B. 70　　　C. 80　　　D. 90　　　E. 100

【解析】

第一步:定考点	工量转化模型
第二步:锁关键	甲队单独做24天后,乙队加入,两队合作10天后,甲队调走,乙队继续做了17天才完成
第三步:做运算	依题可得这项工程甲30天、乙30天可以完成,甲34天、乙27天也可以完成,对比可得甲多做4天乙就需要少做3天,所以有甲4天的工作量=乙3天的工作量,因为这项工程甲30天、乙30天可以完成,将乙30天转化为甲40天,所以甲单独做需要$30+40=70$(天)
第四步:选答案	本题选B
第五步:谈收获	在工程问题中,已知两种完成该工作的不同方式,求某人单独做需要几天,可用工量转化模型分析

例30 某单位要铺设草坪,若甲、乙两公司合作需要6天完成,工时费共2.4万元.若甲公司单独做4天后由乙公司接着做9天完成,工时费共计2.35万元.若由甲公司单独完成该项目,则工时费共计(　　)万元.

A. 2.25　　　B. 2.35　　　C. 2.4　　　D. 2.45　　　E. 2.5

【解析】

第一步:定考点	工量转化模型
第二步:锁关键	若甲、乙两公司合作需要6天完成,工时费共2.4万元.若甲公司单独做4天后由乙公司接着做9天完成,工时费共计2.35万元
第三步:做运算	该工作甲6天、乙6天可以完成,甲4天、乙9天也能完成,所以甲2天做的工作量就等于乙3天做的工作量,因此乙6天的工作量换甲做只需要4天,所以甲单独完成该项目需要$6+4=10$(天).设甲每天的工时费为x万元,乙每天的工时费为y万元,则$\begin{cases}6x+6y=2.4,\\4x+9y=2.35,\end{cases}$此题只需求解$x$,所以把第一个式子扩大3倍,把第二个式子扩大2倍得$\begin{cases}18x+18y=7.2,\\8x+18y=4.7,\end{cases}$两式相减可得$10x=2.5$,故若甲单独做,工时费共计2.5万元
第四步:选答案	本题选E

续表

第五步:谈收获	当题干明确给出完成同一件工作的两种不同方式时,可利用工量转化法求工时,另外,在运算时只需求解需要的量即可,把不需要的量直接消掉

18 技 ▶ 等量溶液置换模型

适用题型	溶液混合的题目中,出现等量溶液置换(用水置换溶液)
技巧说明	①用水置换溶液:v 表示溶液的体积,m,n 表示第一次和第二次置换的量,则现浓度 = 原浓度 $\cdot \dfrac{v-m}{v} \cdot \dfrac{v-n}{v}$; ②用溶质置换溶液:$v$ 表示溶液的体积,$p\%$ 表示原浓度,m,n 表示第一次和第二次置换的量,则现浓度 = $1-(1-p\%) \cdot \dfrac{v-m}{v} \cdot \dfrac{v-n}{v}$

例31 韩老师将天然蜂蜜和矿泉水混合成蜂蜜水,现有一瓶浓度为 30% 的蜂蜜水 1 000 克,韩老师觉得太甜,先倒出 200 克蜂蜜水,又倒入 200 克矿泉水搅拌均匀,发现还是很甜,所以又倒出 100 克蜂蜜水,再倒入 100 克矿泉水搅拌均匀,此时甜度刚好,则现在蜂蜜水的浓度为( ).

A. 18.2%   B. 19.4%   C. 20%   D. 21.6%   E. 23.2%

【解析】

第一步:定考点	等量溶液置换模型
第二步:锁关键	用水等量置换溶液
第三步:做运算	依题可得第一次置换的量为 200,第二次置换的量为 100,所以根据等量溶液置换模型可得现浓度 = $30\% \times \dfrac{1\,000-200}{1\,000} \times \dfrac{1\,000-100}{1\,000} = 21.6\%$
第四步:选答案	本题选 D
第五步:谈收获	用水置换溶液:v 表示溶液的体积,m,n 表示第一次和第二次置换的量,则现浓度 = 原浓度 $\cdot \dfrac{v-m}{v} \cdot \dfrac{v-n}{v}$

例32 某容器中装满了浓度为 10% 的酒精,倒出 1 升后用纯酒精将容器注满,搅拌均匀后又倒出 1 升,再用纯酒精将容器注满,已知此时的酒精浓度为 60%,则该容器的容积是( )升.

A. 2.5   B. 3   C. 3.5   D. 4   E. 4.5

【解析】

第一步:定考点	等量溶液置换模型
第二步:锁关键	用溶质等量置换溶液
第三步:做运算	设溶液的体积为 v 升,即容器的容积为 v 升,根据等量溶液置换模型可得 $60\% = 1 - (1-10\%) \cdot \dfrac{v-1}{v} \cdot \dfrac{v-1}{v}$,解得 $v=3$
第四步:选答案	本题选 B
第五步:谈收获	用溶质置换溶液:v 表示溶液的体积,$p\%$ 表示原浓度,m,n 表示第一次和第二次置换的量,则现浓度 $=1-(1-p\%) \cdot \dfrac{v-m}{v} \cdot \dfrac{v-n}{v}$

19 技 ▶ 十字交叉模型

适用题型	题干中出现一个整体按某个标准分为两类,求某类的具体数量
技巧说明	四大核心参数:一个大量、一个小量、中间量、数量比. 模板图:假设 $A > P > B$,交叉减,大减小,得到的比值即为两部分的数量之比 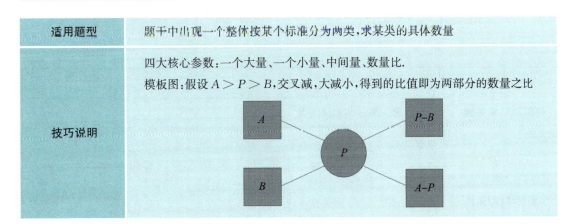

例 33 公司有职工 50 人,理论知识考核平均成绩为 81 分,按成绩将公司职工分为优秀与非优秀两类,优秀职工的平均成绩为 90 分,非优秀职工的平均成绩为 75 分,则非优秀职工的人数为( ).

A. 30　　　　B. 25　　　　C. 20　　　　D. 15　　　　E. 10

【解析】

第一步:定考点	十字交叉模型
第二步:锁关键	全体职工分为优秀和非优秀两类

续表

第三步：做运算	依题可得 优秀　　90　＼　　　　／　6 　　　　　　　　　　81 非优秀　75　／　　　　＼　9 由十字交叉模型可得，优秀职工与非优秀职工的人数比为 $6:9=2:3$，所以非优秀职工有 $50 \times \dfrac{3}{5} = 30$（人）
第四步：选答案	本题选 A
第五步：谈收获	十字交叉模型四大核心参数：一个大量、一个小量、中间量、数量比

例 34 调查数据显示，受访者 2023 年人均网购次数为 19.4 次，其中女性受访者人均网购次数为 21.1 次，比男性受访者高出 3.8 次，则受访者中男性所占的比例约为（　　）．

A. 44.7%　　　B. 52.1%　　　C. 55.3%　　　D. 68.6%　　　E. 74.3%

【解析】

第一步：定考点	十字交叉模型
第二步：锁关键	受访者分为男性和女性两类
第三步：做运算	依题可得 女性　21.1　＼　　　　／　2.1 　　　　　　　　　19.4 男性　17.3　／　　　　＼　1.7 由十字交叉模型可得，女性与男性的数量比为 $2.1:1.7$，因此受访者中男性所占比例为 $\dfrac{1.7}{2.1+1.7} \approx 44.7\%$
第四步：选答案	本题选 A
第五步：谈收获	十字交叉模型四大核心参数：一个大量、一个小量、中间量、数量比

20 技 ▶ "$L+O+V+E-3n$" 模型

适用题型	题干中出现已知每个个体的值，求其公共部分的最小值
技巧说明	假设某次考试共 n 道题，小韩对了 L 道，小超对了 O 道，小好对了 V 道，小帅对了 E 道，则四人都对的题目至少有 $L+O+V+E-3n$ 道． 注意：4 个人减 3 个 n，3 个人减 2 个 n，2 个人减 1 个 n

例35 小超,小好和小帅三人一起参加一次英语考试,已知考试共有100道题,且小超做对了68道题,小好做对了58道题,小帅做对了78道题,则三人都做对的题目至少有( )道.

A. 4　　　　B. 5　　　　C. 8　　　　D. 10　　　　E. 16

【解析】

第一步:定考点	"$L+O+V+E-3n$"模型
第二步:锁关键	三人都做对的题目至少有多少道
第三步:做运算	依题可得,三人都对的题目至少有 $68+58+78-200=4$(道)
第四步:选答案	本题选 A
第五步:谈收获	本题也可以从反面求解,小超错了32道题,小好错了42道题,小帅错了22道题,则三人错的题目至多有 $32+42+22=96$(道),即三人的错题没有交集,故三人都做对的题目至少有4道

21 技 ▶ 分蛋糕原理模型

适用题型	题干中出现总量一定,求某部分至少至多问题
技巧说明	总量一定,求某部分至少(至多)可以转化为反面分析,求其反面至多(至少)

例36 某年级共有8个班,在一次年级考试中,共有21名学生不及格,每班不及格的学生最多有3名,则(一)班至少有1名学生不及格.

(1)(二)班的不及格人数多于(三)班.

(2)(四)班不及格的学生有2名.

【解析】

第一步:定考点	分蛋糕原理
第二步:锁关键	共有21名学生不及格,每班不及格的学生最多有3名
第三步:做运算	证明(一)班至少有1名学生不及格,可从反面分析,证明其余7个班最多有20名学生不及格.由条件(1)可得(二)班最多有3人不及格,(三)班最多有2人不及格,其他班都取3人不及格,故除(一)班外,其他7个班最多有20人不及格,所以(一)班至少有1人不及格,充分;条件(2),除(四)班外,其他班都取3人不及格,所以除(一)班以外的7个班最多有20人不及格,故(一)班至少有1人不及格,所以条件(2)也充分
第四步:选答案	本题选 D

第五步:谈收获	本题用的方法是分蛋糕原理,当总量一定时,求某部分至少(至多)可以转化为求其余部分至多(至少)

22 技 ▶ 抽屉原理模型

适用题型	当题干中出现"至少……才能保证……相同"或"至少……完全相同"
技巧说明	①如果题干中出现"至少……才能保证……相同",利用最不利原则分析,即最糟糕的情况+1,其中最糟糕的情况就是离成功只差一步的情况; ②如果题干中出现"至少……完全相同",利用平均值原理,先平均分,再处理余数

例37 有300人到招聘会求职,其中软件设计有100人,市场营销有80人,财务管理有70人,人力资源管理有50人,则至少有(　　)人找到工作才能保证其中一定有70人专业相同.

A. 70　　　　B. 71　　　　C. 151　　　　D. 225　　　　E. 258

【解析】

第一步:定考点	抽屉原理
第二步:锁关键	题干出现"至少……才能保证……相同"
第三步:做运算	本题利用最不利原则分析,最糟糕的情况为软件设计、市场营销和财务管理各录取69人,人力资源管理的50人全部录取,此时再+1就能保证其中一定有70人专业相同,因此至少需要 $69 \times 3 + 50 + 1 = 258$(人)
第四步:选答案	本题选 E
第五步:谈收获	如果题干出现"至少……才能保证……相同",利用最不利原则分析

例38 某班45名学生去超市买饮料,超市有可乐、雪碧、柠檬茶和矿泉水4种饮料,若每人买2种不同的饮料,则至少有(　　)人买的饮料完全相同.

A. 6　　　　B. 7　　　　C. 8　　　　D. 11　　　　E. 13

【解析】

第一步:定考点	抽屉原理
第二步:锁关键	题干出现"至少……完全相同"

续表

第三步:做运算	本题利用平均值原理分析,每人买2种不同的饮料,列举可知共有可乐、雪碧;可乐、柠檬茶;可乐、矿泉水;雪碧、柠檬茶;雪碧、矿泉水;柠檬茶、矿泉水6种不同的买法,因为$45 \div 6 = 7 \cdots\cdots 3$,所以每种买法分7个人还余3人,故至少有$7+1=8$(人)买的饮料完全相同
第四步:选答案	本题选C
第五步:谈收获	如果题干出现"至少……完全相同",利用平均值原理,先平均分,再处理余数

23 技 ▶ 极限取值模型

适用题型	在至少至多问题中出现某个(些)限制条件
技巧说明	此类至少至多问题往往在边界点处取最值,所以此类题目可以取最极限的情况进行分析

例39 某网店对单价为55元,75元,80元的三种商品进行促销,促销策略是每单满200元减m元,如果每单减m元后实际售价均不低于原价的8折,那么m的最大值为( ).

A. 40　　　　B. 41　　　　C. 43　　　　D. 44　　　　E. 48

【解析】

第一步:定考点	至少至多问题
第二步:锁关键	如果每单减m元后实际售价均不低于原价的8折
第三步:做运算	依题可得,购买两件75元和一件55元的商品最接近200元,所以$75 \times 2 + 55 - m \geq (75 \times 2 + 55) \times 80\%$,解得$m \leq 41$,故最大值为41
第四步:选答案	本题选B
第五步:谈收获	至少至多问题的核心就是取极限,本题要求每单减m元后实际售价均不低于原价的8折,所以一定要找最接近200的计算,如果最接近200的算完都满足此要求,则其他值必然也满足

24 技 ▶ 不定方程模型

适用题型	题干中未知数个数大于方程个数
技巧说明	①求具体量的值:利用奇偶、倍数、质数等特征讨论求解; ②求某个整体的值:利用整体构造法求解

例 40 数学测试卷有 20 道题,做对一道得 7 分,做错一道扣 4 分,不答得 0 分,则小明只有一道没答.

(1) 小明得了 100 分.

(2) 小明答错了 3 道题.

【解析】

第一步:定考点	不定方程
第二步:锁关键	3 个未知数 2 个方程
第三步:做运算	设小明做对的题目有 x 道,做错的题目有 y 道,不答的题目有 z 道,由条件(1) 得 $\begin{cases} x+y+z = 20, \\ 7x-4y = 100, \end{cases}$ 对于 $7x-4y = 100$,因为 100 是偶数,$4y$ 是偶数,所以 $7x$ 为偶数,即 x 为偶数,又因为 $7x = 100+4y$,总共 20 道题,所以 $\frac{100}{7} < x < 20$,所以 $x = 16$ 或 18,若 $x = 16$,则 $y = 3 \Rightarrow z = 1$,若 $x = 18$,则 y 不是整数,不符合题意. 综上,$x = 16, y = 3, z = 1$,条件(1) 充分;条件(2) 未知总得分,所以无法构建等量关系,故条件(2) 不充分.
第四步:选答案	本题选 A
第五步:谈收获	① 讨论的情况较多时可以先大致计算参数范围. ② 两条件单独均不充分时才可以联合分析

例 41 在某次考试中,甲、乙、丙三个班的平均成绩分别为 80,81 和 81.5,三个班的学生得分之和为 6 952,则三个班共有学生(   )名.

A. 85   B. 86   C. 87   D. 88   E. 90

【解析】

第一步:定考点	不定方程
第二步:锁关键	3 个未知数 1 个方程
第三步:做运算	设甲班有 x 人,乙班有 y 人,丙班有 z 人,依题可得,$80x+81y+81.5z = 6\,952$. **法一**:$80(x+y+z) < 6\,952, 81.5(x+y+z) > 6\,952$,所以 $\frac{6\,952}{81.5} < x+y+z < \frac{6\,952}{80}$,解得 $x+y+z = 86$. **法二**:$80(x+y+z)+(y+1.5z) = 6\,952$,将 6 952 看为被除数,80 看为除数,$x+y+z$ 看为商,$y+1.5z$ 看为余数,利用带余除法可得 $x+y+z = 86, y+1.5z = 72$,即商为 86,余数为 72
第四步:选答案	本题选 B
第五步:谈收获	3 个未知数 1 个方程,求 3 个未知数之和可以利用整体法求解

第四节　本章测评

一、问题求解

1. 两艘游艇,静水中甲艇每小时行驶 3.3 千米,乙艇每小时行驶 2.1 千米.现在两游艇于同一时刻相向出发,甲艇从下游上行,乙艇从相距 27 千米的上游下行,两艇于途中相遇后,又经过 4 小时,甲艇到达乙艇的出发地,则水流速度为每小时(　　)千米.

   A. 0.1　　　B. 0.2　　　C. 0.3　　　D. 0.4　　　E. 0.5

2. 某企业入职考试共有若干道题目,若小王已答的题目和未答的题目比是 5∶4,过了一段时间,又答完 27 道题,此时小王已答的题目和未答的题目比是 2∶1,则该企业入职考试共有(　　)道题目.

   A. 142　　　B. 145　　　C. 188　　　D. 243　　　E. 256

3. 某班一次期末考试,每名学生至少有一个科目成绩优秀,其中外语优秀的学生有 24 名,数学优秀的学生有 25 名,计算机优秀的学生有 30 名,在以上三科中恰有两个科目优秀的学生共 21 名,三科都优秀的学生人数为最小的质数,则该班共有学生(　　)名.

   A. 79　　　B. 60　　　C. 54　　　D. 56　　　E. 58

4. 商店出售两套礼盒,均以 210 元售出,按进价计算,其中一套盈利 25%,而另一套亏损 25%,结果商店(　　).

   A. 不赔不赚　　　B. 赚了 24 元　　　C. 亏了 28 元　　　D. 亏了 24 元　　　E. 赚了 28 元

5. 一条笔直的林荫道两旁种植了若干棵梧桐树,同侧道路每两棵梧桐树间距为 50 米.林某每天早上七点半穿过林荫道步行去上班,工作地点恰好在林荫道的尽头.经测试,他每分钟行 70 步,每步大约 50 厘米,每天早上八点准时到达工作地点,则这条林荫道两旁栽种的梧桐树共有(　　)棵.

   A. 21　　　B. 22　　　C. 32　　　D. 42　　　E. 44

6. 箱子里有 5 种不同品牌的果冻各 20 粒,则至少摸出(　　)粒果冻才能保证摸到 4 粒品牌相同的果冻.

   A. 12　　　B. 14　　　C. 16　　　D. 18　　　E. 20

7. 轿车和客车从甲地开往乙地,货车从乙地开往甲地,它们同时出发,货车与轿车相遇 20 分钟后又遇见客车,已知轿车、货车和客车的速度分别为 75 千米/小时,60 千米/小时,50 千米/小时,则甲、乙两地的距离为(　　)千米.

   A. 195　　　B. 198　　　C. 201　　　D. 203　　　E. 205

8. 超哥把一些奥运冠军签名照分给 A,B,C 三个班,每人都能分到 6 张,如果只分给 B 班,每人能分到 15 张，如果只分给 C 班，每人能分到 14 张，则如果只分给 A 班，每人能分到（　　）张．

A. 20　　　　B. 22　　　　C. 28　　　　D. 32　　　　E. 35

9. 两个杯中分别装有浓度为 45% 与 15% 的盐水，倒在一起后混合盐水的浓度为 35%，若再加入 300 克浓度为 20% 的盐水，则变成浓度为 30% 的盐水，则原来浓度为 45% 的盐水与 15% 的盐水相差（　　）克．

A. 100　　　B. 150　　　C. 180　　　D. 200　　　E. 240

10. 一辆大巴车从甲城以速度 v 匀速行驶，可按照预定时间到达乙城，但在距乙城还有 150 千米处因故障停留了半小时，因此需要平均每小时增加 10 千米才能按照预定时间到达乙城，则大巴原来速度 v 为（　　）千米/小时．

A. 45　　　　B. 50　　　　C. 55　　　　D. 60　　　　E. 65

11. 甲、乙两人同时从 A，B 两地出发相向而行，两人在离 A 地 35 千米处第一次迎面相遇，相遇后两人继续以原速行驶，各自到达 B，A 两地后立即沿原路返回，在距离 B 地 21 千米处第二次迎面相遇，则 A，B 两地的距离为（　　）千米．

A. 65　　　　B. 72　　　　C. 84　　　　D. 96　　　　E. 104

12. 甲、乙两人沿学校操场跑步，若两人同时从 A 点出发相向而行，甲的速度为 5 m/s，乙的速度为 3 m/s，则两人第三次在起点处相遇时，甲跑了（　　）圈．

A. 14　　　　B. 15　　　　C. 16　　　　D. 17　　　　E. 18

13. 一项工程如果交给甲、乙两队共同施工，8 天能完成，如果交给甲、丙两队共同施工，10 天能完成，如果交给甲、丁两队共同施工，15 天能完成，如果交给乙、丙、丁三队共同施工，6 天就可以完成，则如果让甲单独施工需要（　　）天才能完成．

A. 16　　　　B. 20　　　　C. 24　　　　D. 27　　　　E. 30

14. 某班 45 人参加数学考试，共有 4 道考题，结果有 37 人答对第一题，有 25 人答对第二题，有 40 人答对第三题，有 39 人答对第四题，则 4 道题都对的同学至少有（　　）人．

A. 3　　　　B. 4　　　　C. 5　　　　D. 6　　　　E. 7

15. 某店在 10 个城市共有 100 个分店，每个城市的分店数量均不相同，如果分店数量排名第 5 多的城市有 12 个分店，则分店数量排名最后的城市至多有（　　）个分店．

A. 2　　　　B. 3　　　　C. 4　　　　D. 5　　　　E. 6

16. 在年底的献爱心活动中，某单位共有 100 人参加捐款，经统计，捐款总额是 19 000 元，个人捐款数额有 100 元、500 元和 2 000 元三种．则该单位捐款 500 元的人数为（　　）．

A. 13　　　　B. 18　　　　C. 25　　　　D. 30　　　　E. 38

17. 王师傅驾车从甲地开往乙地交货，如果他往返都以每小时 60 公里的速度行驶，正好可以按时返回甲地.可是当他到达乙地时,发现他从甲地到乙地的速度只有每小时55公里,如果他想按时返回甲地,则他应以(　　)公里/小时的速度往回开.

A. 62　　　　B. 64　　　　C. 65　　　　D. 66　　　　E. 72

18. 甲、乙二人以均匀的速度分别从A,B两地同时出发,相向而行,他们第一次相遇的地点离A地4千米,相遇后二人继续前进,走到对方出发点后立即返回,在距B地3千米处第二次相遇,则两次相遇地点之间的距离是(　　)千米.

A. 1　　　　B. 2　　　　C. 3　　　　D. 4　　　　E. 5

19. 现有复兴号和和谐号两列高铁相向行驶,已知复兴号车长250米,速度为23米/秒,和谐号车长130米,速度为15米/秒,则两车从相遇到完全离开需要(　　)秒.

A. 7　　　　B. 8　　　　C. 9　　　　D. 10　　　　E. 13

20. 某容器中装满了浓度为90%的酒精,倒出1升后用水将容器注满,搅拌均匀后又倒出1升,再用水将容器注满,已知此时的酒精浓度为40%,则该容器的容积是(　　)升.

A. 2.5　　　　B. 3　　　　C. 3.5　　　　D. 4　　　　E. 4.5

二、条件充分性判断

21. 在马拉松的路线上,每隔3千米设置一个医疗救护点,其中A点和B点为相邻的两个救护点,若一位选手在距离A点800米,距离B点2 200米处突发心脏病,则该选手可以在5分钟内得到急救.

(1)A点只有值班医生,能以9千米/小时的速度赶过来.

(2)B点配备了救护车,能以45千米/小时的速度赶过来.

22. 一辆汽车从A地运货到B地,则能确定A地与B地之间的距离.

(1) 若该车的速度增加20千米/小时,可以提前45分钟到达B地.

(2) 若该车的速度减少12千米/小时,到达B地的时间将延迟45分钟.

23. 两船在水上相距10 km,则能确定水速.

(1) 若两船相向而行,已知两船相遇的时间.

(2) 若两船同向而行,已知两船追及的时间.

24. 某商店为举行店庆活动,花3 000元购买了一等奖和二等奖对应的奖品,则能确定购买的一等奖对应的奖品数量.

(1) 已知一等奖的均价、二等奖的均价.

(2) 一共购买了24件奖品.

25. 某大学共有大、中、小宿舍12间,每间大宿舍能住8人,每间中宿舍能住7人,每间小宿舍能住5人,则至少可以住84人.

(1) 大宿舍的间数不少于小宿舍间数的 2 倍.

(2) 大宿舍的间数最多.

◀ 参考答案 ▶

答案速查表

1～5	6～10	11～15	16～20	21～25
CDCCE	CBEDB	CBCDC	ADBDB	BCECA

一、问题求解

1.【解析】

第一步:定考点	行船问题
第二步:锁关键	两艇于途中相遇后,又经过 4 小时,甲艇到达乙艇的出发地
第三步:做运算	设水流速度为 v,则有两船的相遇时间为 $\dfrac{27}{(3.3-v)+(2.1+v)} = 5$(小时),因为两艇于途中相遇后,又经过 4 小时,甲艇到达乙艇的出发地,所以甲艇逆水行驶 27 千米需要 $5+4=9$(小时),故甲艇逆水行驶的速度为 $\dfrac{27}{9}=3$(千米 / 小时),因此水流速度为 $3.3-3=0.3$(千米 / 小时)
第四步:选答案	本题选 C
第五步:谈收获	① $v_{顺} = v_{船} + v_{水}$;$v_{逆} = v_{船} - v_{水}$. ② 有两个物体运动时,时间和水速无关,只有一个物体运动时,时间和水速有关

2.【解析】

第一步:定考点	比例问题
第二步:锁关键	又答完 27 道题,此时小王已答的题目和未答的题目比是 2∶1
第三步:做运算	依题可得最开始小王已答的题目和未答的题目比是 5∶4,即小王已答的题目占全部题目的 $\dfrac{5}{9}$,又答完 27 道题,小王已答的题目和未答的题目比是 2∶1,此时小王已答的题目占全部题目的 $\dfrac{2}{3}$,所以 27 道题对应的比例为 $\dfrac{2}{3} - \dfrac{5}{9} = \dfrac{1}{9}$,故题目总数为 $27 \div \dfrac{1}{9} = 243$
第四步:选答案	本题选 D
第五步:谈收获	总量 = 部分量 ÷ 部分量对应的比例

3.【解析】

第一步：定考点	集合问题
第二步：锁关键	在以上三科中恰有两个科目优秀的学生共21名,三科都优秀的学生人数为最小的质数
第三步：做运算	如图所示： 外语 a d e 2 b f c 数学　　计算机 $24+25+30=a+b+c+2(d+e+f)+3\times 2$,因为恰有两个科目优秀的学生有21名,所以 $d+e+f=21$,代入解得 $a+b+c=31$,故该班共有学生 $a+b+c+d+e+f+2=31+21+2=54$(名)
第四步：选答案	本题选 C
第五步：谈收获	集合问题的关键是锁定每个区域的值

4.【解析】

第一步：定考点	利润问题
第二步：锁关键	其中一套盈利25%,而另一套亏损25%
第三步：做运算	设一套成本为 m 元,则 $m(1+25\%)=210$,解得 $m=168$,另一套成本为 n 元,则 $n(1-25\%)=210$,解得 $n=280$,所以商店总盈亏为 $210\times 2-168-280=-28$(元)
第四步：选答案	本题选 C
第五步：谈收获	成本 = 售价 /(1＋利润率)

5.【解析】

第一步：定考点	直线型植树问题
第二步：锁关键	先根据步行速度求路程,再套公式求棵数
第三步：做运算	路段全长 $s=30\times 70\times 0.5=1\,050$(米),所以林荫道两侧共植树 $\left(\dfrac{1\,050}{50}+1\right)\times 2=44$(棵)
第四步：选答案	本题选 E

第五步:谈收获	① 本题需要注意单位换算和两侧植树.
	② 若两端都植树,则棵数＝(路长÷间隔＋1)×2

6.【解析】

第一步:定考点	抽屉原理
第二步:锁关键	题干出现"至少……才能保证……相同"
第三步:做运算	本题利用最不利原则分析,最糟糕的情况为第一种品牌摸3粒,第二种品牌摸3粒,第三种品牌摸3粒,第四种品牌摸3粒,第五种品牌摸3粒,所以至少摸出3＋3＋3＋3＋3＋1＝16(粒)果冻才能保证摸到4粒品牌相同的果冻
第四步:选答案	本题选C
第五步:谈收获	如果题干出现"至少……才能保证……相同",利用最不利原则分析

7.【解析】

第一步:定考点	直线相遇问题
第二步:锁关键	货车与轿车相遇20分钟后又遇见客车
第三步:做运算	设货车和轿车的相遇时间为t,依题可按照甲、乙两地距离相同列等量关系得$(60+75)t=(50+60)\left(t+\frac{1}{3}\right)$,解得$t=\frac{22}{15}$,所以甲、乙两地的距离为$(60+75)\times\frac{22}{15}=198$(千米)
第四步:选答案	本题选B
第五步:谈收获	本题已知速度,可以设时间找路程的等量关系,也可以设路程找时间的等量关系

8.【解析】

第一步:定考点	工程问题
第二步:锁关键	超哥把一些奥运冠军签名照分给A,B,C三个班,每人都能分到6张
第三步:做运算	设签名照的总数为单位"1",如果分给A,B,C三个班,每人都能分到6张,说明三个班的人数就是签名照的$\frac{1}{6}$;如果只分给B班,每人能得15张,说明B班的人数就是签名照的$\frac{1}{15}$;如果只分给C班,每人能得14张,说明C班的人数就是签名照的$\frac{1}{14}$,因此可得A班的人数是签名照的$\frac{1}{6}-\frac{1}{15}-\frac{1}{14}=\frac{1}{35}$,所以如果只分给$A$班,每人可以分到$1\div\frac{1}{35}=35$(张)签名照

续表

第四步:选答案	本题选 E
第五步:谈收获	总量未知,可以把总量看为单位"1"分析

9.【解析】

第一步:定考点	浓度问题
第二步:锁关键	再加入 300 克浓度为 20% 的盐水,则变成浓度为 30% 的盐水
第三步:做运算	设浓度为 45% 的盐水有 x 克,15% 的盐水有 y 克,依据混合前后溶质不变可列等量方程 $\begin{cases} 45\%x + 15\%y = 35\%(x+y), \\ 35\%(x+y) + 20\% \times 300 = 30\%(x+y+300), \end{cases}$ 解得 $\begin{cases} x = 400, \\ y = 200, \end{cases}$ 所以两者相差 $400 - 200 = 200$(克)
第四步:选答案	本题选 D
第五步:谈收获	溶液混合前后溶质、溶液总质量不变

10.【解析】

第一步:定考点	变速模型
第二步:锁关键	在距乙城还有 150 千米处因故障停留了半小时,因此需要平均每小时增加 10 千米才能按照预定时间到达乙城
第三步:做运算	设原来速度为 v 千米/小时,由变速模型可知 $v_1 = v, v_2 = v+10, \Delta t = \dfrac{1}{2}, \Delta v = 10, s = 150$,所以有 $v(v+10) = \dfrac{150}{\frac{1}{2}} \times 10$,解得 $v = 50$
第四步:选答案	本题选 B
第五步:谈收获	以 v_1 和 v_2 两个不同速度行驶同一段路程 s 会产生时间差 Δt 和速度差 Δv,必满足 $v_1 \cdot v_2 = \dfrac{s}{\Delta t} \cdot \Delta v$

11.【解析】

第一步:定考点	时间加倍模型
第二步:锁关键	各自到达 B,A 两地后立即沿原路返回
第三步:做运算	设 A,B 两地的距离为 s 千米,第一次相遇时两人路程之和为 s 千米,第二次相遇时两人路程之和为 $3s$ 千米,因为两人速度不变,路程变为 3 倍,则时间变为 3 倍,因为第一次相遇时甲走了 35 千米,所以第二次相遇时甲应该走了 $35 \times 3 = 105$(千米),依题可得第二次相遇时甲走了 $s+21$ 千米,故 $s+21 = 105$,解得 $s = 84$

续表

第四步:选答案	本题选 C
第五步:谈收获	多次往返相遇求距离,可用时间加倍原理求解

12.【解析】

第一步:定考点	起点处追及相遇模型
第二步:锁关键	两人同时从 A 点出发相向而行
第三步:做运算	时间相同,路程和速度成正比,根据起点处追及相遇模型可得 $\dfrac{v_甲}{v_乙}=\dfrac{5}{3}$,故当甲恰好在 A 点第一次与乙相遇时,甲跑了 5 圈,乙跑了 3 圈,则第三次在 A 点与乙相遇时,甲跑了 15 圈,乙跑了 9 圈
第四步:选答案	本题选 B
第五步:谈收获	速度的最简整数比就是第一次在起点处追及或相遇时各自跑的圈数之比

13.【解析】

第一步:定考点	工量倍数模型
第二步:锁关键	一项工程如果交给甲、乙两队共同施工,8 天能完成,如果交给甲、丙两队共同施工,10 天能完成,如果交给甲、丁两队共同施工,15 天能完成,如果交给乙、丙、丁三队共同施工,6 天就可以完成
第三步:做运算	可设工作总量为 8,10,15,6 的最小公倍数,即 120,设甲、乙、丙、丁的效率分别为 $v_甲,v_乙,v_丙,v_丁$,依题可得 $\begin{cases} v_甲+v_乙=\dfrac{120}{8}=15, \\ v_甲+v_丙=\dfrac{120}{10}=12, \\ v_甲+v_丁=\dfrac{120}{15}=8, \\ v_乙+v_丙+v_丁=\dfrac{120}{6}=20, \end{cases}$ 前三个式子相加再减去第四个式子后除以 3 可解得 $v_甲=5$,故甲单独施工需要 $\dfrac{120}{5}=24$(天)
第四步:选答案	本题选 C
第五步:谈收获	为方便计算,可以将工作总量设为工作效率或工作时间的最小公倍数

14.【解析】

第一步:定考点	"$L+O+V+E-3n$" 模型
第二步:锁关键	4 道题都对的同学至少有多少人

第三步:做运算	依题可得,4 道题都对的至少有 $37+25+40+39-3\times 45=6$(人)
第四步:选答案	本题选 D
第五步:谈收获	"$L+O+V+E-3n$"模型的本质是集合问题

15.【解析】

第一步:定考点	至少至多问题
第二步:锁关键	分店数量排名最后的城市至多有多少个分店
第三步:做运算	设分店数量排名最后的城市至多有 x 个分店,则依题可得 $16+15+14+13+12+(x+4)+(x+3)+(x+2)+(x+1)+x=100$,解得 $x=4$
第四步:选答案	本题选 C
第五步:谈收获	总量一定,求某部分至多(少)可分析反面至少(多)

16.【解析】

第一步:定考点	不定方程
第二步:锁关键	3 个未知数 2 个方程
第三步:做运算	设有 x 人捐款 100 元,y 人捐款 500 元,z 人捐款 2 000 元. 依题可得,$\begin{cases} x+y+z=100, \\ 100x+500y+2\,000z=19\,000 \end{cases} \Rightarrow \begin{cases} x+y+z=100, \\ x+5y+20z=190 \end{cases}$ 两式相减可得 $4y+19z=90$,由于 $4y$ 和 90 都是偶数,故 z 为偶数,讨论可得 $\begin{cases} y=13, \\ z=2 \end{cases}$
第四步:选答案	本题选 A
第五步:谈收获	3 个未知数 2 个方程,先消元化简为二元一次方程,再利用奇数偶数的组合性质、倍数特征、个位特征、质数特征等讨论求解

17.【解析】

第一步:定考点	变速模型
第二步:锁关键	可是当他到达乙地时,发现他从甲地到乙地的速度只有每小时 55 公里
第三步:做运算	设甲、乙两地之间的路程为 s 公里. 先分析去时,由变速模型可知 $v_1=60$ 公里/小时,$v_2=55$ 公里/小时,设时间差为 Δt,则有 $60\times 55=\dfrac{s}{\Delta t}\times(60-55)$,解得 $\dfrac{s}{\Delta t}=11\times 60$,再分析回时,由变速模型可知 $v_1=60$ 公里/小时,设 $v_2=v$ 公里/小时,则有 $60\times v=\dfrac{s}{\Delta t}\times(v-60)$,解得 $v=66$

続表

第四步:选答案	本题选 D
第五步:谈收获	以 v_1 和 v_2 两个不同速度行驶同一段路程 s 会产生时间差 Δt 和速度差 Δv,必满足 $v_1 \cdot v_2 = \dfrac{s}{\Delta t} \cdot \Delta v$

18.【解析】

第一步:定考点	时间加倍模型
第二步:锁关键	相遇后二人继续前进,走到对方出发点后立即返回
第三步:做运算	设 A,B 两地的距离为 s 千米,则第一次相遇时两人路程之和为 s 千米,第二次相遇时两人路程之和为 $3s$ 千米,因为两人速度不变,路程变为 3 倍,则时间变为 3 倍,所以第一次相遇时甲走了 4 千米,则第二次相遇时甲应该走 12 千米,依题可得第二次相遇时甲走了 $s+3$ 千米,故 $s+3=12$,解得 $s=9$,所以两次相遇地点之间的距离为 $9-4-3=2$(千米)
第四步:选答案	本题选 B
第五步:谈收获	多次往返相遇求距离,可用时间加倍原理求解

19.【解析】

第一步:定考点	相对速度问题
第二步:锁关键	复兴号车长 250 米,速度为 23 米/秒,和谐号车长 130 米,速度为 15 米/秒
第三步:做运算	依题可得两车从相遇到完全离开的路程为 $250+130=380$(米),两车相向行驶,所以相对速度为 $23+15=38$(米/秒),故需要的时间为 $\dfrac{380}{38}=10$(秒)
第四步:选答案	本题选 D
第五步:谈收获	在相对速度问题中,$v_{相向}=v_1+v_2$;$v_{同向}=v_1-v_2$

20.【解析】

第一步:定考点	等量溶液置换问题
第二步:锁关键	倒出 1 升后用水将容器注满,搅拌均匀后又倒出 1 升,再用水将容器注满
第三步:做运算	设容积为 v,则有 $90\% \cdot \dfrac{v-1}{v} \cdot \dfrac{v-1}{v}=40\%$,解得 $v=3$
第四步:选答案	本题选 B
第五步:谈收获	在等量溶液置换问题中(用水置换溶液),设溶液的体积为 v,第一次置换的量为 m,第二次置换的量为 n,则有原浓度 $\cdot \dfrac{v-m}{v} \cdot \dfrac{v-n}{v}=$ 现浓度

二、条件充分性判断

21.【解析】

第一步:定考点	路程问题
第二步:锁关键	若一位选手在距离 A 点 800 米,距离 B 点 2 200 米处突发心脏病
第三步:做运算	条件(1),值班医生的速度为 9 千米／小时,先换算单位可得值班医生的速度为 150 米／分钟,则 5 分钟可以走的路程为 150×5＝750＜800,所以不能在 5 分钟内赶到,故条件(1) 不充分;条件(2),救护车的速度为 45 千米／小时,先换算单位可得救护车的速度为 750 米／分钟,则 5 分钟可以走的路程为 750×5＝3 750＞2 200,所以能在 5 分钟内赶到,故条件(2) 充分
第四步:选答案	本题选 B
第五步:谈收获	路程 ＝ 速度×时间

22.【解析】

第一步:定考点	路程问题
第二步:锁关键	能确定 A 地与 B 地之间的距离
第三步:做运算	设计划速度为 v 千米／小时,计划时间为 t 小时,由条件(1),根据总路程相同有 $(v+20)\left(t-\dfrac{3}{4}\right)=vt$,此时无法确定 v,t 的值,所以无法确定两地的距离,条件(1) 不充分;由条件(2),根据总路程相同有 $(v-12)\left(t+\dfrac{3}{4}\right)=vt$,此时也无法确定 v,t 的值,所以无法确定两地的距离,条件(2) 也不充分;联合可得 $\begin{cases}(v+20)\left(t-\dfrac{3}{4}\right)=vt,\\(v-12)\left(t+\dfrac{3}{4}\right)=vt,\end{cases}$ 解得 $\begin{cases}v=60,\\t=3,\end{cases}$ 所以路程为 60×3＝180(千米),故联合充分
第四步:选答案	本题选 C
第五步:谈收获	路程 ＝ 速度×时间

23.【解析】

第一步:定考点	水速"设 0" 模型
第二步:锁关键	能确定水速
第三步:做运算	设两船速度分别为 v_1,v_2.条件(1),设两船相遇时间为 t,则 $10=(v_1+v_2)\cdot t$,无法确定水速;条件(2),设两船追及时间为 t,则 $10=(v_1-v_2)\cdot t$,也无法确定水速;联合也不能确定水速

续表

第四步:选答案	本题选 E
第五步:谈收获	有两个运动的物体时,时间和水速无关,所以两条件明显无法求出水速

24.【解析】

第一步:定考点	十字交叉模型
第二步:锁关键	花 3 000 元购买了一等奖和二等奖对应的奖品
第三步:做运算	设一等奖的均价为 a,二等奖的均价为 b,购买一等奖的数量为 x,购买二等奖的数量为 y,由条件(1),则有 $ax+by=3\,000$,已知 a,b 显然无法求出 x 的值,所以条件(1)不充分;由条件(2),则有 $ax+by=3\,000$,$x+y=24$,此时 a,b 未知,显然无法求出 x 的值,所以条件(2)也不充分;联合分析可得所有奖品的均价为 $3\,000\div24=125(元)$,根据十字交叉模型,已知一等奖的均价、二等奖的均价及所有奖品的均价,交叉减,大减小可以得到两部分数量比,又已知总共买了 24 件,所以可以确定购买的一等奖对应的奖品数量,联合充分
第四步:选答案	本题选 C
第五步:谈收获	当题干中出现一个整体按某个标准分为两类,求某类的具体数量,可利用十字交叉模型分析

25.【解析】

第一步:定考点	不定方程
第二步:锁关键	未知数个数大于方程个数
第三步:做运算	设大宿舍有 x 间,中宿舍有 y 间,小宿舍有 z 间,依题可得 $x+y+z=12$,需要证明 $8x+7y+5z\geqslant84$,等价变形可得 $8x+7y+5z=7(x+y+z)+(x-2z)\geqslant84$,因为 $x+y+z=12$,所以等价于证明 $x-2z\geqslant0$ 即 $x\geqslant2z$,故条件(1)充分.条件(2),可举反例:$x=5,y=3,z=4$,此时 $8x+7y+5z<84$,故条件(2)不充分
第四步:选答案	本题选 A
第五步:谈收获	在不定方程中,如果只需要求整体,则整体构造,多退少补即可

第五节　本章小结

考点 01:比例问题	① 统一不变量分析变量;② 注意基准量

续表

考点02:利润问题	① 利润率以进价为基准量;② 注意恢复原值方法
考点03:植树问题	① 直线型植树问题:直线长度为 l 米,每隔 k 米植1棵,则一共需要植树 $\frac{l}{k}+1$ 棵; ② 封闭环形植树问题:封闭环形周长为 l 米,每隔 k 米植1棵,则一共需要植树 $\frac{l}{k}$ 棵
考点04:年龄问题	① 两个人的年龄差始终不变; ② 随着年份的增加或减少,两个人的岁数同时增加或减少,且变化的值相同
考点05:路程问题	① 基本公式和比例关系的对应;② 相遇模型;③ 追及模型
考点06:工程问题	① 基本公式和比例关系的对应;② 注意工作总量怎么设
考点07:浓度问题	① 基本公式;② 默认溶液遵循均匀混合、物质守恒两大原则
考点08:集合问题	① 基本公式;② 画图法
11 技:双 v 秒杀模型	关键要搞清 $v_1 \cdot v_2 = \frac{s}{\Delta t} \cdot \Delta v$ 里的 s 具体代表哪部分
12 技:时间加倍模型	注意本方法要求两人同时返回
13 技:起点处追及相遇模型	$\frac{v_1}{v_2} = \frac{n_1}{n_2}$,第 n 次同步扩大 n 倍即可
14 技:多次往返相遇模型	① 两人从两端点出发,第一次迎面相遇,两人路程之和为 s;第二次迎面相遇,两人路程之和为 $3s$;第 n 次迎面相遇,两人路程之和为 $(2n-1)s$; ② 两人从同端点出发,第一次迎面相遇,两人路程之和为 $2s$;第二次迎面相遇,两人路程之和为 $4s$;第 n 次迎面相遇,两人路程之和为 $2ns$
15 技:水速"设0"模型	在行船问题中,如果有两个同时运动的物体,不管同向追及还是反向相遇,都与水速无关,所以可以把水速看为"0"进行分析
16 技:调和平均值模型	适用于等路程求平均速度,等间隔求发车时间问题
17 技:工量转化模型	前提是题干明确给出完成同一件工作的不同方式

续表

18 技:等量溶液置换模型	务必搞清楚用什么置换什么,前提是等量溶液置换
19 技:十字交叉模型	交叉减,大减小,得到的比值即为两部分的数量比(必须是两种混合)
20 技:"$L+O+V+E-3n$" 模型	明确每个参数代表的实际意义和数值
21 技:分蛋糕原理模型	前提是总量一定,本质是反面求解
22 技:抽屉原理模型	① 如果题干中出现"至少 …… 才能保证 …… 相同",利用最不利原则分析,即最糟糕的情况+1,其中最糟糕的情况就是离成功只差一步的情况; ② 如果题干中出现"至少 …… 完全相同",利用平均值原理,先平均分,再处理余数
23 技:极限取值模型	此类至少至多问题往往在边界点处取最值,所以此类题目可以取最极限的情况进行分析
24 技:不定方程模型	① 求具体量的值:利用奇偶、倍数、质数等特征讨论求解; ② 求某个整体的值:利用整体构造法求解

第三章 整式、分式与数列

第一节 考情解读

本章解读

整式和分式是代数中非常重要的概念,尤其在代数运算中起到了重要作用,在代数运算中,整式和分式可以用于多项式的因式分解、方程和不等式的求解、展开式系数的化简等.数列是代数的另一个核心,阐述了一列数所呈现出的规律,研究数列的本质就是研究规律.

本章概览

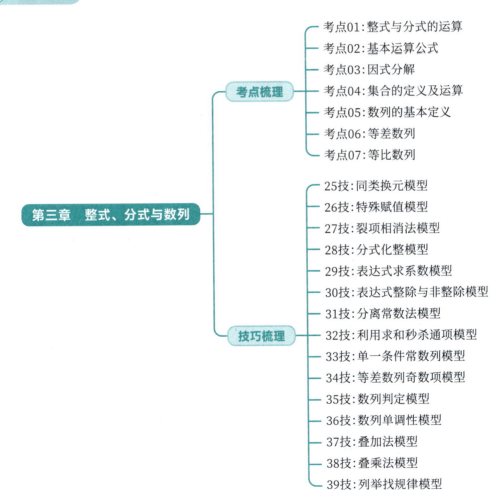

第二节　考点梳理

考点 01　整式与分式的运算

一、考点精析

1. 整式

（1）定义：整式为单项式和多项式的统称，是有理式的一部分，在有理式中可以包含加、减、乘、除、乘方五种运算，但在整式中除数不能含有字母．

（2）运算法则．

① 加减法则：单项式加减即合并同类项，也就是合并前后各同类项系数的和、字母不变，例如：$2a+5a=7a$，$11a-4a=7a$ 等．同时还要用到去括号法则和添括号法则，例如：$15a-a-2b=15a-(a+2b)$，$8a-(a-b)=7a+b$ 等．

② 乘法法则：单项式相乘，把它们的系数、相同字母分别相乘，对于只在一个单项式里含有的字母，则连同它的指数作为积的一个因式，例如：$3a\times 4a=12a^2$ 等．同时，如果同底数幂相乘，遵循底数不变、指数相加的原则，例如：$a^2\times a^3=a^{2+3}=a^5$ 等．

③ 除法法则：遵循同底数幂（次方）相除，底数不变、指数相减的原则，例如：$a^5\div a^3=a^{5-3}=a^2$ 等．

2. 分式

（1）定义：如果代数式的分母中含有字母，就是分式．一般地，如果 $A,B(B$ 不等于零$)$ 表示两个整式，且 B 中含有字母，那么式子 $\dfrac{A}{B}$ 就叫作分式，其中 A 称为分子，B 称为分母．分式是不同于整式的一类代数式，分式的值随分式中字母取值的变化而变化．

（2）运算法则．

① 加减法则：同分母的分式相加减，分母不变，把分子相加减，例如：$\dfrac{a}{m}+\dfrac{b}{m}=\dfrac{a+b}{m}$；异分母的分式相加减，先通分，转化为同分母分式，然后再加减，例如：$\dfrac{a}{m}+\dfrac{b}{n}=\dfrac{an}{mn}+\dfrac{bm}{mn}=\dfrac{an+bm}{mn}$．

② 乘法法则：分式乘分式，用分子的积作为积的分子，分母的积作为积的分母，例如：$\dfrac{a}{m}\times\dfrac{b}{n}=\dfrac{ab}{mn}$；分式乘方要把分子、分母各自乘方，用式子表示是 $\left(\dfrac{a}{b}\right)^n=\dfrac{a^n}{b^n}$（其中 n 是正整数）．

③ 除法法则：分式除以分式，把除式的分子、分母颠倒位置后，与被除式相乘，例如：$\dfrac{a}{m}\div\dfrac{b}{n}=\dfrac{a}{m}\times\dfrac{n}{b}=\dfrac{an}{bm}$．

二、例题解读

例1 若 $a+b=6, ab=3$，则 $3a^2b+3ab^2$ 的值为（　　）.

A. 27　　B. 36　　C. 48　　D. 54　　E. 64

【解析】

第一步：定考点	整式化简求值
第二步：锁关键	$a+b=6, ab=3$
第三步：做运算	因为 $a+b=6, ab=3$，故 $3a^2b+3ab^2=3ab(a+b)=3\times 3\times 6=54$
第四步：选答案	本题选 D
第五步：谈收获	$ma\pm mb=m(a\pm b)$

例2 当 $x=3$ 时，代数式 px^3+qx+3 的值是 127，则当 $x=-3$ 时，px^3+qx+3 的值是（　　）.

A. -127　　B. -124　　C. -121　　D. 121　　E. 124

【解析】

第一步：定考点	整式化简求值
第二步：锁关键	当 $x=3$ 时，代数式 px^3+qx+3 的值是 127
第三步：做运算	依题可得 $3^3p+3q+3=27p+3q+3=127$，所以 $27p+3q=124$，当 $x=-3$ 时，有 $p(-3)^3+q(-3)+3=-27p-3q+3=-(27p+3q)+3=-124+3=-121$
第四步：选答案	本题选 C
第五步：谈收获	$-m-n=-(m+n)$

例3 设 a,b 为有理数，若 $\dfrac{a+3b}{5}=\dfrac{8a+4b}{3b+a}=\dfrac{10}{b+2a}$，则 $a+b$ 的值为（　　）.

A. 3　　B. 4　　C. 5　　D. 6　　E. 7

【解析】

第一步：定考点	分式化简求值
第二步：锁关键	$\dfrac{a+3b}{5}=\dfrac{8a+4b}{3b+a}=\dfrac{10}{b+2a}$
第三步：做运算	设 $\dfrac{a+3b}{5}=\dfrac{8a+4b}{3b+a}=\dfrac{10}{b+2a}=k$，则 $\dfrac{a+3b}{5}\cdot\dfrac{8a+4b}{3b+a}\cdot\dfrac{10}{b+2a}=k^3=8$，解得 $k=2$，所以有 $\begin{cases}a+3b=10,\\ b+2a=5,\end{cases}$ 解得 $a=1, b=3$，则 $a+b=4$
第四步：选答案	本题选 B

续表

第五步:谈收获	见到连等式或连比可设 k 求解

例 4 若 a,b 均为不等于 -1 的实数,n 为正整数,则能确定 $\dfrac{1}{1+a^n}+\dfrac{1}{1+b^n}$ 的值.

(1) $ab=1$.

(2) $n\leqslant 12$.

【解析】

第一步:定考点	分式化简求值
第二步:锁关键	能确定 $\dfrac{1}{1+a^n}+\dfrac{1}{1+b^n}$ 的值
第三步:做运算	条件(1),$ab=1$,n 为正整数,所以 $a^n b^n=1$,因此 $b^n=\dfrac{1}{a^n}$,所以原式 $\dfrac{1}{1+a^n}+\dfrac{1}{1+b^n}=\dfrac{1}{1+a^n}+\dfrac{1}{1+\dfrac{1}{a^n}}=\dfrac{1}{1+a^n}+\dfrac{a^n}{1+a^n}=\dfrac{1+a^n}{1+a^n}=1$,条件(1)充分;条件(2),$n\leqslant 12$,$a,b$ 的值均未知,显然无法确定 $\dfrac{1}{1+a^n}+\dfrac{1}{1+b^n}$ 的值,所以条件(2)不充分
第四步:选答案	本题选 A
第五步:谈收获	确定表达式的取值,核心在于统一参数

考点 02　基本运算公式

一、考点精析

1. 完全平方式:$a^2\pm 2ab+b^2=(a\pm b)^2$

> **注意**
> 完全平方式的应用:
> (1) $(a+b)^2=(a-b)^2+4ab$.
> (2) $(a-b)^2=(a+b)^2-4ab$.
> (3) $a^2+b^2=(a+b)^2-2ab$.
> (4) $a^2+b^2=(a-b)^2+2ab$.

2. 平方差公式:$a^2-b^2=(a+b)(a-b)$

> **注意**
>
> 平方差公式的应用:
>
> (1) $\dfrac{1}{\sqrt{n+1}+\sqrt{n}}=\sqrt{n+1}-\sqrt{n}$.
>
> (2) 题干中出现 a^2,b^2 时,要想到作减法构造平方差公式.

3. 和立方、差立方公式

   (1) $(a+b)^3=a^3+3a^2b+3ab^2+b^3=a^3+b^3+3ab(a+b)$.

   (2) $(a-b)^3=a^3-3a^2b+3ab^2-b^3=a^3-b^3-3ab(a-b)$.

4. 立方和、立方差公式

   (1) $a^3+b^3=(a+b)(a^2-ab+b^2)$.

   (2) $a^3-b^3=(a-b)(a^2+ab+b^2)$.

二、例题解读

例 5 已知 $\dfrac{x}{x^2-3x+1}=\dfrac{1}{5}$,则 $2x^2-8x+\dfrac{1}{x^2}$ 的值为( ).

A. 1　　　B. 13　　　C. 22　　　D. 33　　　E. 61

【解析】

第一步:定考点	完全平方式
第二步:锁关键	$\dfrac{x}{x^2-3x+1}=\dfrac{1}{5}$,等价于 $\dfrac{1}{x+\dfrac{1}{x}-3}=\dfrac{1}{5}$
第三步:做运算	依题可得 $\dfrac{x}{x^2-3x+1}=\dfrac{1}{5}$,等价于 $\dfrac{1}{x+\dfrac{1}{x}-3}=\dfrac{1}{5}$,所以 $x+\dfrac{1}{x}=8$,即 $x^2-8x=-1$,$x^2+\dfrac{1}{x^2}=\left(x+\dfrac{1}{x}\right)^2-2=62$,因此 $2x^2-8x+\dfrac{1}{x^2}=(x^2-8x)+\left(x^2+\dfrac{1}{x^2}\right)=-1+62=61$
第四步:选答案	本题选 E
第五步:谈收获	化简表达式求值有两大常用思路:由因导果,执果索因

例 6 若 a,b,c 满足 $a^2+2b=7,b^2-2c=-1,c^2-6a=-17$,则 $a+b+c$ 的值为( ).

A. 2　　　B. 3　　　C. 4　　　D. 5　　　E. 6

【解析】

第一步:定考点	完全平方式

续表

第二步:锁关键	$a^2+2b=7, b^2-2c=-1, c^2-6a=-17$
第三步:做运算	依题可得 $a^2+2b+b^2-2c+c^2-6a=7-1-17$,将式子整理可得 $a^2-6a+b^2+2b+c^2-2c+11=0$,利用完全平方式配方可得 $(a-3)^2+(b+1)^2+(c-1)^2=0$,再利用非负性可得 $a=3,b=-1,c=1$,所以 $a+b+c=3$
第四步:选答案	本题选 B
第五步:谈收获	① $a^2\pm 2ab+b^2=(a\pm b)^2$. ② 若几个非负的量相加为零,则每个量都为零

例 7 已知 $a^2=a+1, b^2=b+1$,且 $a\neq b$,则 a^2+b^2 的值为( ).

A. 3　　　B. 4　　　C. 5　　　D. 6　　　E. 7

【解析】

第一步:定考点	平方差公式
第二步:锁关键	$a\neq b$
第三步:做运算	$a^2=a+1, b^2=b+1$,两式作差可得 $a^2-b^2=a-b$,利用平方差公式可得 $(a+b)\cdot(a-b)=a-b$,因为 $a\neq b$,所以 $a-b\neq 0$,因此左右两侧可以约掉 $a-b$,故有 $a+b=1$,所以 $a^2+b^2=a+b+2=3$
第四步:选答案	本题选 A
第五步:谈收获	表达式左右两侧约掉相同的因式时一定注意其是否为 0,只有因式不等于 0 时,才可以约掉,否则需要移项再提公因式化简

例 8 $\left(1-\dfrac{1}{2^2}\right)\left(1-\dfrac{1}{3^2}\right)\left(1-\dfrac{1}{4^2}\right)\cdots\left(1-\dfrac{1}{9^2}\right)\left(1-\dfrac{1}{10^2}\right)=$( ).

A. $\dfrac{11}{50}$　　　B. $\dfrac{11}{40}$　　　C. $\dfrac{11}{30}$　　　D. $\dfrac{11}{20}$　　　E. $\dfrac{11}{10}$

【解析】

第一步:定考点	平方差公式
第二步:锁关键	题干出现平方减平方
第三步:做运算	利用平方差公式化简,原式 $=\dfrac{3}{2}\times\dfrac{4}{3}\times\cdots\times\dfrac{11}{10}\times\dfrac{1}{2}\times\dfrac{2}{3}\times\cdots\times\dfrac{9}{10}=\dfrac{11}{20}$
第四步:选答案	本题选 D
第五步:谈收获	$a^2-b^2=(a+b)(a-b)$

例 9 设 x 是非零实数,则 $x^3+\dfrac{1}{x^3}=18$.

(1) $x+\dfrac{1}{x}=3$.

(2) $x^2+\dfrac{1}{x^2}=7$.

【解析】

第一步:定考点	立方和公式
第二步:锁关键	证明 $x^3+\dfrac{1}{x^3}=18$
第三步:做运算	由条件(1)可得 $x^2+\dfrac{1}{x^2}=\left(x+\dfrac{1}{x}\right)^2-2=7$,所以 $x^3+\dfrac{1}{x^3}=\left(x+\dfrac{1}{x}\right)\left(x^2+\dfrac{1}{x^2}-1\right)=3\times 6=18$,充分; 由条件(2)可得 $\left(x+\dfrac{1}{x}\right)^2=x^2+\dfrac{1}{x^2}+2=9$,所以 $x+\dfrac{1}{x}=\pm 3$,故 $x^3+\dfrac{1}{x^3}=\left(x+\dfrac{1}{x}\right)\left(x^2+\dfrac{1}{x^2}-1\right)=\pm 3\times 6=\pm 18$,不充分
第四步:选答案	本题选 A
第五步:谈收获	本题很多考生没有单独分析,直接联合,$x^3+\dfrac{1}{x^3}=\left(x+\dfrac{1}{x}\right)\left(x^2+\dfrac{1}{x^2}-1\right)=3\times 6=18$,所以误选了C,要注意在条件充分性判断题中,联合的前提是两条件单独均不充分,所以此类题目一定要先单独推导,两条件都不充分时,再联合分析

例 10 已知 $a+b=4,a^2+ab+b^2=13$,则 a^3+b^3 的值为(　　).

　A. 27　　　　B. 28　　　　C. 30　　　　D. 32　　　　E. 48

【解析】

第一步:定考点	立方和公式
第二步:锁关键	$a+b=4,a^2+ab+b^2=13$
第三步:做运算	$a^3+b^3=(a+b)(a^2-ab+b^2)$,所以本题的关键是求 a^2-ab+b^2.因为 $a+b=4$,左右平方可得 $a^2+2ab+b^2=16$,再结合 $a^2+ab+b^2=13$,两式相减可得 $ab=3$,所以 $a^2-ab+b^2=(a+b)^2-3ab=16-9=7$,故 $$a^3+b^3=(a+b)(a^2-ab+b^2)=4\times 7=28$$
第四步:选答案	本题选 B
第五步:谈收获	本题也可以取特值分析,令 $a=3,b=1$,可得 $a^3+b^3=28$

考点 03　因式分解

一、考点精析

1. 定义

　　把一个多项式化为几个整式的积的形式,这种式子变形叫作这个多项式的因式分解,也叫作把这个多项式分解因式.

2. 步骤

　　(1) 如果多项式的第一项是负的,一般要提出负号,使括号内第一项系数是正的.

　　(2) 如果一个多项式的各项有公因式,那么先提取这个公因式,再进一步分解因式. 提公因式时需要注意:多项式的某个整项是公因式时,提出这个公因式后,括号内切勿漏掉 1.

　　(3) 如果各项没有公因式,那么可尝试用公式法、十字相乘法来分解.

　　(4) 如果用上述方法不能分解,再尝试用分组、拆项、补项等方法来分解.

3. 常用方法

　　(1) 提公因式法.

　　如果一个多项式的各项有公因式,可以把这个公因式提出来,从而将多项式化成两个因式乘积的形式,这种分解因式的方法叫作提公因式法.

　　(2) 公式法.

　　利用完全平方公式、平方差公式、立方差公式、立方和公式等将多项式转化为几个式子的乘积的形式,这种分解因式的方法叫作公式法.

　　(3) 十字相乘法.

　　对于 $kx^2 + mx + n$ 型的式子,如果有 $k = ab, n = cd$,且有 $ad + bc = m$,则 $kx^2 + mx + n = (ax + c)(bx + d)$,这种分解因式的方法叫作十字相乘法.

二、例题解读

例 11　若 $a + b = 5, ab = -14$,则 $a^3 + a^2b + ab^2 + b^3$ 的值为(　　).

　　A. 225　　B. 236　　C. 254　　D. 265　　E. 325

【解析】

第一步:定考点	因式分解
第二步:锁关键	$a + b = 5, ab = -14$

续表

第三步:做运算	$a^3 + a^2b + ab^2 + b^3 = a^2(a+b) + b^2(a+b) = (a+b)(a^2+b^2) = (a+b) \cdot [(a+b)^2 - 2ab] = 5(25+28) = 265$
第四步:选答案	本题选 D
第五步:谈收获	对于本类题目,可以根据已知条件确定需要构造的公因式

例 12 以下表达式可以完成十字相乘因式分解的表达式有( )个.

①$x^2 - x - 56$;②$14x^2 + 3x - 27$;③$6y^2 + 19y + 15$;
④$10(x+2)^2 - 29(x+2) + 10$;⑤$2x^2 - 7xy + 3y^2$;
⑥$3x^2 + 5xy - 2y^2 + x + 9y - 4$.

A. 2　　　　B. 3　　　　C. 4　　　　D. 5　　　　E. 6

【解析】

第一步:定考点	因式分解
第二步:锁关键	可以完成十字相乘因式分解
第三步:做运算	①$x^2 - x - 56 = (x+7)(x-8)$; ②$14x^2 + 3x - 27 = (2x+3)(7x-9)$; ③$6y^2 + 19y + 15 = (2y+3)(3y+5)$; ④$10(x+2)^2 - 29(x+2) + 10 = [2(x+2)-5][5(x+2)-2] = (2x-1)(5x+8)$; ⑤$2x^2 - 7xy + 3y^2 = (2x-y)(x-3y)$; ⑥$3x^2 + 5xy - 2y^2 + x + 9y - 4 = (x+2y-1)(3x-y+4)$
第四步:选答案	本题选 E
第五步:谈收获	十字相乘的关键是要搞清需要分解哪些项

例 13 若$(x+a)(x+b) = x^2 + px + q$,且$p > 0, q < 0$,则$a,b$满足( ).

A. a,b 均为正　　　　B. a,b 均为负　　　　C. $a < 0, b > 0$
D. $a > 0, b < 0$　　　　E. a,b 异号且 | 正 | > | 负 |

【解析】

第一步:定考点	因式分解
第二步:锁关键	$p > 0, q < 0$
第三步:做运算	因为$(x+a)(x+b) = x^2 + (a+b)x + ab = x^2 + px + q$,所以有$a+b = p, ab = q$,又因为$p > 0, q < 0$,所以$\begin{cases} a+b > 0, \\ ab < 0, \end{cases}$故有$a,b$异号且	正	>	负	
第四步:选答案	本题选 E

续表

第五步:谈收获	因式分解的本质是加法运算转化为乘法运算,同时也要注意因式分解的逆运用

考点 04 集合的定义及运算

一、考点精析

1. 集合的概念

    (1) 集合:将能够确切指定的一些对象看成一个整体,这个整体叫作集合.

    (2) 元素:集合中各个对象叫作这个集合的元素.

2. 元素与集合的关系

    (1) 属于:如果 a 是集合 A 的元素,就说 a 属于 A,记作 $a \in A$.

    (2) 不属于:如果 a 不是集合 A 的元素,就说 a 不属于 A,记作 $a \notin A$.

3. 集合与集合的关系

    假设集合 $A = \{a_1, a_2, a_3, \cdots, a_n\}$(集合 A 中共有 n 个元素).

    (1) 子集:从集合 A 中一个元素都不取、任取一个元素、任取两个元素、$\cdots$、n 个元素都取而组成的集合,都叫集合 A 的子集,共有 2^n 个子集,通常用 $\subseteq$ 符号表示,比如 $A \subseteq B$,则称 A 是 B 的子集.

    > **注意**
    >
    > 空集是任意集合的子集.

    (2) 非空子集:从子集中除去一个元素都不取(即空集)的情况,共有 $2^n - 1$ 个非空子集.

    (3) 真子集:从子集中除去 n 个元素都取的情况,共有 $2^n - 1$ 个真子集,通常用 $\subsetneq$ 符号表示,比如 $A \subsetneq B$,则称 A 是 B 的真子集.

    (4) 非空真子集:从真子集中除去一个元素都不取(即空集)的情况,共有 $2^n - 2$ 个非空真子集.

4. 交集与并集

    (1) 交集:取两个集合的公共部分.

    (2) 并集:取两个集合的所有部分(去掉重复元素).

5. 集合的三大性质

    (1) 确定性:集合中的元素必须有明确的界限来区分,每一个元素都唯一确定.

    (2) 互异性:集合中不能有相同的元素.

    (3) 无序性:集合中的元素没有顺序,可任意排列.

二、例题解读

例 14 设集合 $A=\{1,a,3\}, B=\{1,a^2-a+1\}$,且 $B \subsetneqq A$,则 a 的值为( ).

A. -1 B. 0 C. ± 1 D. -1 或 2 E. ± 1 或 2

【解析】

第一步:定考点	集合与集合的关系
第二步:锁关键	$B \subsetneqq A$
第三步:做运算	因为 B 是 A 的真子集,所以 $a^2-a+1=3$ 或 $a^2-a+1=a$,解得 $a=-1,1,2$,逐一验证.当 $a=-1$ 时,集合 $A=\{1,-1,3\}, B=\{1,3\}$,符合题意;当 $a=1$ 时,集合 $A=\{1,1,3\}, B=\{1,1\}$,不满足集合的互异性,舍去;当 $a=2$ 时,集合 $A=\{1,2,3\}, B=\{1,3\}$,符合题意,故 a 的值为 -1 或 2
第四步:选答案	本题选 D
第五步:谈收获	集合具有确定性、互异性、无序性

例 15 设集合 $A=\{x \mid ax^2+x+1=0, x \in \mathbf{R}\}, B=\{2\}$,若 $A \subseteq B$,则 a 的取值范围为( ).

A. $a<1$ B. $a \geqslant 1$ C. $a<\dfrac{1}{4}$ D. $a>\dfrac{1}{4}$ E. $\dfrac{1}{4}<a<1$

【解析】

第一步:定考点	集合与集合的关系
第二步:锁关键	$A \subseteq B$
第三步:做运算	因为 A 是 B 的子集,所以分类讨论: 若集合 $A=\varnothing$,则 $a \neq 0, \Delta<0$,解得 $a>\dfrac{1}{4}$; 若集合 $A=\{2\}$,则 $a \neq 0, \Delta=0, 4a+2+1=0$,无解. 综上所述,$a>\dfrac{1}{4}$
第四步:选答案	本题选 D
第五步:谈收获	空集是任意集合的子集

例 16 设集合 $A=\{0,1,2\}$,集合 $B=\{x \mid x=a+b, a,b \in A$ 且 $a \neq b\}$,则有( ).

A. $A \cup B$ 有 2 个元素 B. $A \cup B$ 有 3 个元素

C. $A \cap B$ 有 3 个子集 D. $A \cap B$ 有 4 个子集

E. $A \cup B$ 有 8 个子集

【解析】

第一步:定考点	集合的运算
第二步:锁关键	$B = \{x \mid x = a+b, a, b \in A \text{ 且 } a \neq b\}$
第三步:做运算	依题可得集合 $B = \{1,2,3\}$,所以 $A \cup B = \{0,1,2,3\}$,有 4 个元素,16 个子集;$A \cap B = \{1,2\}$,有 2 个元素,4 个子集
第四步:选答案	本题选 D
第五步:谈收获	① 交集:取两个集合的公共部分; ② 并集:取两个集合的所有部分(去掉重复元素)

考点 05 数列的基本定义

一、考点精析

(1) 数列:按一定规律排列的一组数.

(2) 数列通项公式:主要研究第 n 项 a_n 与项数 n 之间的函数关系,即可表示为 $a_n = f(n)$.

(3) 数列前 n 项和公式:$S_n = a_1 + a_2 + \cdots + a_n$.

(4) 递推公式:主要研究第 n 项 a_n 与其前后项的关系式.

(5) 数列前 n 项和 S_n 与通项公式 a_n 的关系:$a_n = \begin{cases} S_1, & n = 1, \\ S_n - S_{n-1}, & n \geqslant 2. \end{cases}$

二、例题解读

例 17 数列 $\{a_n\}$ 的前 n 项和 $S_n = 5n^2 + 2n$,则 a_{10} 的值为(   ).

A. 52   B. 58   C. 62   D. 72   E. 97

【解析】

第一步:定考点	数列的定义
第二步:锁关键	数列 $\{a_n\}$ 的前 n 项和 $S_n = 5n^2 + 2n$
第三步:做运算	$a_{10} = S_{10} - S_9 = 520 - 423 = 97$
第四步:选答案	本题选 E
第五步:谈收获	$a_n = S_n - S_{n-1}(n \geqslant 2)$

例 18 $a_1 + a_2 + \cdots + a_{10} = 15$.

(1) 数列 $\{a_n\}$ 的通项公式是 $a_n = (-1)^n(3n-2)$.

(2) 数列 $\{a_n\}$ 的通项公式是 $a_n = (-1)^n(3n-1)$.

【解析】

第一步:定考点	数列的定义
第二步:锁关键	$a_1+a_2+\cdots+a_{10}=15$
第三步:做运算	由条件(1)可得 $a_1+a_2+\cdots+a_{10}=-1+4-7+10+\cdots-25+28=3\times 5=15$,所以条件(1)充分;由条件(2)可得 $a_1+a_2+\cdots+a_{10}=-2+5-8+11+\cdots-26+29=3\times 5=15$,所以条件(2)也充分
第四步:选答案	本题选 D
第五步:谈收获	已知通项公式求前 n 项和,如果项数多,可以先找规律再运算

例 19 S_n 为数列 $\{a_n\}$ 的前 n 项和,且 $a_n^2+2a_n=4S_n+3$,则能确定数列 $\{a_n\}$ 的通项公式.

(1) 已知 a_1 的值.

(2) 已知 $a_n>0$.

【解析】

第一步:定考点	数列的定义
第二步:锁关键	$a_n^2+2a_n=4S_n+3$
第三步:做运算	由 $a_n^2+2a_n=4S_n+3$,可知 $a_{n-1}^2+2a_{n-1}=4S_{n-1}+3(n\geqslant 2)$,两式相减得 $(a_n+a_{n-1})(a_n-a_{n-1})=2(a_n+a_{n-1})$.条件(1),已知 a_1 的值,无法推出 a_n+a_{n-1} 是否为零,所以不充分;条件(2),由 $a_n>0$ 可得 $a_n+a_{n-1}\neq 0$,故 $a_n-a_{n-1}=2(n\geqslant 2)$,$n=1$ 代入原式得 $a_1=3$ 或 -1(舍),所以可求得 $a_n=2n+1$,条件(2)充分
第四步:选答案	本题选 B
第五步:谈收获	数列前 n 项和 S_n 与通项公式 a_n 的关系:$a_n=\begin{cases}S_1, & n=1,\\ S_n-S_{n-1}, & n\geqslant 2\end{cases}$

考点 06 等差数列

一、考点精析

1. 等差数列的定义

后一项减去前一项是一个常数的数列叫等差数列,即 $a_{n+1}-a_n=d$(其中 d 叫公差).

2. 等差数列的通项公式

(1) $a_n=a_1+(n-1)d$. 作用:已知 a_1,d 及 n,可利用此公式求任意项.

(2) $a_n=a_m+(n-m)d$. 作用:已知任意两项可求公差,$d=\dfrac{a_n-a_m}{n-m}$.

(3) $a_n=dn+(a_1-d)$. 作用:判定数列,当公差 $d\neq 0$ 时,等差数列的通项公式可看为一次函数;当公差 $d=0$ 时,等差数列的通项公式可看为常函数.

3. 等差数列的求和公式

(1) $S_n = na_1 + \dfrac{n(n-1)}{2}d$. 作用:已知 a_1, d 及 n,可利用此公式求和.

(2) $S_n = \dfrac{n(a_1+a_n)}{2}$. 作用:已知 a_1, a_n 及 n,可利用此公式求和.

(3) $S_n = \dfrac{d}{2}n^2 + \left(a_1 - \dfrac{d}{2}\right)n$. 作用:判定数列,当公差 $d=0$ 时,等差数列的求和公式可看为不含常数项的一次函数;当公差 $d \neq 0$ 时,等差数列的求和公式可看为不含常数项的二次函数.

> **注意**
> 若 S_n 是含常数项的二次函数,则数列 $\{a_n\}$ 为分段数列,从第二项开始依然成等差数列.

4. 等差数列的性质

(1) 下角标性质:若 $m+n=k+l$,则 $a_m+a_n=a_k+a_l$(务必保证左、右项数相同).

(2) 等差中项性质:若 a, b, c 成等差数列,则 $2b=a+c$.

(3) 前 n 项和性质:若 $\{a_n\}$ 为等差数列,则 S_n, $S_{2n}-S_n$, $S_{3n}-S_{2n}$ 也成等差数列,新公差为 $n^2 d$.

二、例题解读

例 20 S_n 为等差数列 $\{a_n\}$ 的前 n 项和,若 $S_2 = S_6$, $a_4 = 1$,则 a_5 的值为( ).

A. -1 B. 0   C. 1   D. 2   E. 3

【解析】

第一步:定考点	等差数列
第二步:锁关键	$S_2 = S_6$, $a_4 = 1$
第三步:做运算	$S_2 = S_6$,则 $a_3+a_4+a_5+a_6=0$,由下角标性质可知 $a_3+a_6=a_4+a_5$,所以 $a_3+a_6=a_4+a_5=0$,因为 $a_4=1$,故 $a_5=-1$
第四步:选答案	本题选 A
第五步:谈收获	已知 S_n 求 a_n,可以将 S_n 用 a_n 表示

例 21 若等差数列 $\{a_n\}$ 满足 $a_1=8$,且 $a_2+a_4=a_1$,则 $\{a_n\}$ 前 n 项和的最大值为( ).

A. 16   B. 17   C. 18   D. 19   E. 20

【解析】

第一步:定考点	等差数列前 n 项和的最值
第二步:锁关键	$a_1=8$,且 $a_2+a_4=a_1$

第三步:做运算	由 $a_1=8, a_2+a_4=a_1$,解得 $d=-2$,所以 $S_n=-n^2+9n$,对称轴为 4.5,故在第四项或第五项取到最值,将 4 或 5 代入 $S_n=-n^2+9n$ 可得 S_n 的最大值为 20
第四步:选答案	本题选 E
第五步:谈收获	等差数列前 n 项和求最值时常用的思路有两个:若题干已知 S_n,则直接找对称轴;若题干已知 a_n,则找变号处.另外,由于在数列中默认 n 为正整数,所以若所求的对称轴不是正整数,则找最接近对称轴的整数,若所求的变号处不是正整数,则直接取该数的整数部分即可

例 22 若 S_n 为等差数列 $\{a_n\}$ 的前 n 项和,且 $\dfrac{S_3}{S_6}=\dfrac{1}{3}$,则 $\dfrac{S_6}{S_{12}}$ 的值为( ).

A. $\dfrac{2}{3}$ B. $\dfrac{3}{5}$ C. $\dfrac{5}{7}$ D. $\dfrac{2}{9}$ E. $\dfrac{3}{10}$

【解析】

第一步:定考点	等差数列
第二步:锁关键	已知 $\dfrac{S_3}{S_6}=\dfrac{1}{3}$,求 $\dfrac{S_6}{S_{12}}$
第三步:做运算	令 $S_3=1, S_6=3$,由等差数列前 n 项和性质可得,$S_3, S_6-S_3, S_9-S_6, S_{12}-S_9$ 也为等差数列,新公差为 1,所以 $S_9-S_6=3, S_{12}-S_9=4$,故 $S_9=6, S_{12}=10$,于是 $\dfrac{S_6}{S_{12}}=\dfrac{3}{10}$
第四步:选答案	本题选 E
第五步:谈收获	若 $\{a_n\}$ 为等差数列,则 $S_n, S_{2n}-S_n, S_{3n}-S_{2n}$ 也成等差数列,新公差为 $n^2 d$

例 23 若 $\{a_n\}$ 是等差数列,$a_1+a_2+a_3+a_4=21, a_{n-3}+a_{n-2}+a_{n-1}+a_n=67, S_n=286$,则 $n=($).

A. 20   B. 24   C. 25   D. 26   E. 27

【解析】

第一步:定考点	等差数列
第二步:锁关键	$a_1+a_2+a_3+a_4=21, a_{n-3}+a_{n-2}+a_{n-1}+a_n=67$
第三步:做运算	因为 $S_n=286$,所以 $\dfrac{n(a_1+a_n)}{2}=286$,由下角标性质可得 $a_1+a_n=a_2+a_{n-1}=a_3+a_{n-2}=a_4+a_{n-3}$,所以 $4(a_1+a_n)=88$,解得 $a_1+a_n=22$,所以有 $11n=286$,解得 $n=26$
第四步:选答案	本题选 D

续表

第五步:谈收获	在等差数列中,若 $m+n=k+l$,则 $a_m+a_n=a_k+a_l$

考点 07 等比数列

一、考点精析

1. 等比数列的定义

   后一项比前一项是一个非零常数的数列叫等比数列,即 $\dfrac{a_{n+1}}{a_n}=q$(其中 q 叫公比).

2. 等比数列的通项公式

   (1) $a_n = a_1 \cdot q^{n-1}$. 作用:已知 a_1, q 及 n 可利用此公式求任意项.

   (2) $a_n = a_m \cdot q^{n-m}$. 作用:已知任意两项可得公比的信息,$q^{n-m} = \dfrac{a_n}{a_m}$.

   (3) $a_n = \dfrac{a_1}{q} \cdot q^n$. 作用:当公比 $q \neq 1$ 时,等比数列的通项公式可看为指数函数;当公比 $q=1$ 时,等比数列的通项公式可看为常函数.

3. 等比数列求和公式

   (1) 正常等比数列求和.

   $$S_n = \begin{cases} na_1, & q=1, \\ \dfrac{a_1(1-q^n)}{1-q}, & q \neq 1. \end{cases}$$

   > **注意**
   >
   > 当 $q=1$ 时,等比数列前 n 项和 S_n 可看为不含常数项的一次函数;当 $q \neq 1$ 时,$S_n = \dfrac{a_1(1-q^n)}{1-q} = \dfrac{a_1(q^n-1)}{q-1} = \dfrac{a_1}{q-1} \cdot q^n - \dfrac{a_1}{q-1}$,$q^n$ 前边的系数与后边的常数项一定互为相反数,所以若 $Aq^n + B$ 表示等比数列前 n 项和,则必有 $A+B=0$.

   (2) 无穷递缩等比数列求和.

   当 $|q|<1$ 且 $q \neq 0$ 时,若 $n \to \infty$,则 $q^n \to 0$,所以 $S_n \to \dfrac{a_1}{1-q}$.

4. 等比数列的性质

   (1) 下角标性质:若 $m+n=k+l$,则 $a_m \cdot a_n = a_k \cdot a_l$(务必保证左右项数相同).

   (2) 等比中项性质:若 a, b, c 成等比数列,则 $b^2 = a \cdot c$.

   (3) 前 n 项和性质:若 $\{a_n\}$ 为等比数列,则 $S_n, S_{2n} - S_n, S_{3n} - S_{2n}$ 也成等比数列,新公比为 q^n.

二、例题解读

例 24 已知等比数列 $\{a_n\}$ 满足 $a_1=3, a_1+a_3+a_5=21$,则 $a_3+a_5+a_7=$(　　).

A. 21　　B. 32　　C. 42　　D. 63　　E. 84

【解析】

第一步:定考点	等比数列
第二步:锁关键	$a_1=3, a_1+a_3+a_5=21$
第三步:做运算	由于 $a_1+a_3+a_5=21$,则 $a_1+a_1q^2+a_1q^4=21$,又因为 $a_1=3$,所以 $1+q^2+q^4=7$, 解得 $q^2=2$,所以有 $$a_3+a_5+a_7=a_3(1+q^2+q^4)=a_1q^2(1+q^2+q^4)=3\times 2\times 7=42$$
第四步:选答案	本题选 C
第五步:谈收获	求解高次幂方程时注意整体代入法的使用

例 25 已知等比数列 $\{a_n\}$ 的前 n 项和为 S_n,且 $a_1+a_3=10, a_2+a_4=5$,则当 $n\to\infty$ 时, $S_n\to$(　　).

A. 16　　B. 18　　C. 24　　D. 36　　E. 45

【解析】

第一步:定考点	等比数列
第二步:锁关键	则 $n\to\infty$ 时,$S_n\to$(　　)
第三步:做运算	$q=\dfrac{a_2+a_4}{a_1+a_3}=\dfrac{5}{10}=\dfrac{1}{2}$,代入 $a_1+a_3=10$ 得 $a_1+a_1q^2=10$,代入 $q=\dfrac{1}{2}$,解得 $a_1=8$,所以当 $n\to\infty$ 时,$S_n\to\dfrac{a_1}{1-q}=\dfrac{8}{1-\dfrac{1}{2}}=16$
第四步:选答案	本题选 A
第五步:谈收获	当 $|q|<1$ 且 $q\neq 0$ 时,若 $n\to\infty$,则 $q^n\to 0$,所以 $S_n\to\dfrac{a_1}{1-q}$

例 26 在等差数列 $\{a_n\}$ 中,$a_3=2, a_{11}=6$,数列 $\{b_n\}$ 是等比数列,$b_2=a_3, b_3=\dfrac{1}{a_2}$,则满足 $b_n>\dfrac{1}{a_{26}}$ 最大的 n 是(　　).

A. 3　　B. 4　　C. 5　　D. 6　　E. 7

【解析】

第一步:定考点	等比数列

续表

第二步:锁关键	则满足 $b_n > \dfrac{1}{a_{26}}$ 最大的 n 是（　　）
第三步:做运算	依题可得，等差数列的公差 $d = \dfrac{a_{11} - a_3}{11 - 3} = \dfrac{1}{2}$，首项 $a_1 = 1, a_2 = \dfrac{3}{2}$，故 $b_2 = 2$，$b_3 = \dfrac{2}{3}$，可得等比数列的公比 $q = \dfrac{1}{3}$，首项 $b_1 = \dfrac{b_2}{q} = 6$，所以 $b_n = 6 \cdot \left(\dfrac{1}{3}\right)^{n-1}$，$a_{26} = a_{11} + 15d = \dfrac{27}{2}$，因此 $6 \cdot \left(\dfrac{1}{3}\right)^{n-1} > \dfrac{2}{27}$，化简可得 $\left(\dfrac{1}{3}\right)^{n-2} > \left(\dfrac{1}{3}\right)^3$，所以 $n - 2 < 3$，即 $n < 5$，故 n 最大为 4
第四步:选答案	本题选 B
第五步:谈收获	等比数列的公式是运算的重中之重，务必熟练掌握

例 27 若等比数列 $\{a_n\}$ 满足 $a_2a_4 + 2a_3a_5 + a_2a_8 = 25$，且 $a_1 > 0$，则 $a_3 + a_5 = (\quad)$．

A. 8　　　　B. 5　　　　C. 2　　　　D. 3　　　　E. ± 5

【解析】

第一步:定考点	等比数列
第二步:锁关键	$a_2a_4 + 2a_3a_5 + a_2a_8 = 25$
第三步:做运算	$a_2a_4 = a_3^2, a_2a_8 = a_5^2$，所以有 $a_3^2 + 2a_3a_5 + a_5^2 = 25$，因此 $a_3 + a_5 = \pm 5$，因为 $a_1 > 0$，所以 $a_3 > 0, a_5 > 0$，故 $a_3 + a_5 = 5$
第四步:选答案	本题选 B
第五步:谈收获	在等比数列中，所有奇数项同号，所有偶数项同号

第三节　技巧梳理

25 技 ▶ 同类换元模型

适用题型	题干多次出现相同或类似表达式
技巧说明	将相同部分统一设为字母代替，进行简化运算，有些题目相同部分不唯一，分别设不同字母换元即可

例 28 已知 $M = (a_1 + a_2 + \cdots + a_{n-1})(a_2 + a_3 + \cdots + a_n)$，$N = (a_1 + a_2 + \cdots + a_n)(a_2 + a_3 + \cdots + a_{n-1})$，则 $M > N$．

(1) $a_1 > 0$．

(2) $a_1 a_n > 0$.

【解析】

第一步:定考点	整式运算问题
第二步:锁关键	题干多次出现相同或类似表达式
第三步:做运算	令 $h = a_2 + a_3 + \cdots + a_{n-1}$，则 $M - N = (a_1 + h)(h + a_n) - (a_1 + h + a_n)h = a_1 a_n$，故若 $M - N > 0$，则需 $a_1 a_n > 0$. 显然条件(1)不能推出 $M > N$，不充分；条件(2)可以推出 $M > N$，充分
第四步:选答案	本题选 B
第五步:谈收获	① 题干多次出现相同或类似表达式可用换元法简化运算； ② 比大小常用的思路有作差和 0 比、作商和 1 比、找参照量比

例 29 已知 $x > 0$，$f(x) = \dfrac{\left(x + \dfrac{1}{x}\right)^6 - \left(x^6 + \dfrac{1}{x^6}\right) - 2}{\left(x + \dfrac{1}{x}\right)^3 + \left(x^3 + \dfrac{1}{x^3}\right)}$，则 $f(x)$ 的取值范围为（　　）.

A. $[3, 6]$　　B. $[3, 6)$　　C. $[3, +\infty)$　　D. $[6, +\infty)$　　E. $(6, +\infty)$

【解析】

第一步:定考点	分式运算问题
第二步:锁关键	题干多次出现相同或类似表达式
第三步:做运算	令 $\left(x + \dfrac{1}{x}\right)^3 = h$，$x^3 + \dfrac{1}{x^3} = c$，所以原式 $f(x) = \dfrac{h^2 - c^2}{h + c} = h - c$，因此 $f(x) = x^3 + 3x + 3\dfrac{1}{x} + \dfrac{1}{x^3} - x^3 - \dfrac{1}{x^3} = 3\left(x + \dfrac{1}{x}\right) \geqslant 3 \times 2 = 6$
第四步:选答案	本题选 D
第五步:谈收获	① 题干多次出现相同或类似表达式可用换元法简化运算； ② 当 $x > 0$ 时，$x + \dfrac{1}{x} \geqslant 2$

26 技 ▶ 特殊赋值模型

适用题型	题干限制条件较少或出现任意字样或很好取特值
技巧说明	先任意取满足题干前提条件的特值，再代入待求表达式求解

例 30 设实数 a, b 满足 $ab = 6$，$|a + b| + |a - b| = 6$，则 $a^2 + b^2 = $（　　）.

A. 10　　B. 11　　C. 12　　D. 13　　E. 14

【解析】

第一步:定考点	整式化简求值
第二步:锁关键	$ab=6, |a+b|+|a-b|=6$
第三步:做运算	此题可直接取特值分析,令 $a=3, b=2$,满足条件,则 $a^2+b^2=13$
第四步:选答案	本题选 D
第五步:谈收获	题干限制条件较少或出现任意字样或很好取特值时可取特值分析

例 31 设 a,b,c 为整数,且 $|a-b|^{20}+|c-a|^{41}=1$,则 $|a-b|+|a-c|+|b-c|=(\quad)$.

A. 0   B. 1   C. 2   D. 3   E. 4

【解析】

第一步:定考点	整式化简求值
第二步:锁关键	a,b,c 为整数,且 $|a-b|^{20}+|c-a|^{41}=1$
第三步:做运算	此题可直接取特值分析,令 $a=b=0, c=1$,故 $|a-b|+|a-c|+|b-c|=2$
第四步:选答案	本题选 C
第五步:谈收获	题干限制条件较少或出现任意字样或很好取特值时可取特值分析

27 技 ▶ 裂项相消法模型

适用题型	题目化简 $\dfrac{1}{n(n+k)}$ 或 $\dfrac{1}{\sqrt{n+k}+\sqrt{n}}$ 相关的表达式
技巧说明	① $\dfrac{1}{n(n+k)}=\dfrac{1}{k}\left(\dfrac{1}{n}-\dfrac{1}{n+k}\right)$,当 $k=1$ 时,则 $\dfrac{1}{n(n+1)}=\dfrac{1}{n}-\dfrac{1}{n+1}$. ② $\dfrac{1}{\sqrt{n+k}+\sqrt{n}}=\dfrac{1}{k}\left(\sqrt{n+k}-\sqrt{n}\right)$,当 $k=1$ 时,则 $\dfrac{1}{\sqrt{n+1}+\sqrt{n}}=\sqrt{n+1}-\sqrt{n}$

例 32 $\dfrac{1}{2}+\dfrac{1}{6}+\dfrac{1}{12}+\dfrac{1}{20}+\cdots+\dfrac{1}{9\,900}$ 的值为( ).

A. $\dfrac{49}{99}$ B. $\dfrac{49}{100}$ C. $\dfrac{99}{101}$ D. $\dfrac{99}{100}$ E. $\dfrac{100}{101}$

【解析】

第一步:定考点	长串表达式化简求值
第二步:锁关键	$\dfrac{1}{2}=\dfrac{1}{1\times 2}=1-\dfrac{1}{2},\cdots$

第三步:做运算	$\frac{1}{2}+\frac{1}{6}+\frac{1}{12}+\frac{1}{20}+\cdots+\frac{1}{9\,900}$ $=\frac{1}{1\times 2}+\frac{1}{2\times 3}+\frac{1}{3\times 4}+\frac{1}{4\times 5}+\cdots+\frac{1}{99\times 100}$ $=\left(1-\frac{1}{2}\right)+\left(\frac{1}{2}-\frac{1}{3}\right)+\left(\frac{1}{3}-\frac{1}{4}\right)+\cdots+\left(\frac{1}{99}-\frac{1}{100}\right)$ $=1-\frac{1}{100}$ $=\frac{99}{100}$
第四步:选答案	本题选 D
第五步:谈收获	$\frac{1}{n(n+1)}=\frac{1}{n}-\frac{1}{n+1}$

例 33 $\frac{1}{1+\sqrt{2}}+\frac{1}{\sqrt{2}+\sqrt{3}}+\cdots+\frac{1}{\sqrt{99}+\sqrt{100}}=($ $)$.

A. 9   B. 10   C. 11   D. $3\sqrt{11}-11$ E. $3\sqrt{11}$

【解析】

第一步:定考点	长串表达式化简求值
第二步:锁关键	$\frac{1}{1+\sqrt{2}}=\sqrt{2}-1,\cdots$
第三步:做运算	$\frac{1}{1+\sqrt{2}}+\frac{1}{\sqrt{2}+\sqrt{3}}+\cdots+\frac{1}{\sqrt{99}+\sqrt{100}}$ $=(\sqrt{2}-1)+(\sqrt{3}-\sqrt{2})+\cdots+(\sqrt{100}-\sqrt{99})$ $=-1+\sqrt{100}$ $=9$
第四步:选答案	本题选 A
第五步:谈收获	$\frac{1}{\sqrt{n+1}+\sqrt{n}}=\sqrt{n+1}-\sqrt{n}$

28 技 ▶ 分式化整模型

适用题型	题干出现 $\frac{a}{x}+\frac{b}{y}=1$ 或 $\frac{a}{x}-\frac{b}{y}=1$
技巧说明	$\frac{a}{x}+\frac{b}{y}=1\Rightarrow(x-a)(y-b)=ab;\frac{a}{x}-\frac{b}{y}=1\Rightarrow(x-a)(y+b)=-ab$

例 34 已知 m, n 是正整数，则能确定 $m+n$ 的值.

(1) $\dfrac{1}{m} + \dfrac{3}{n} = 1$.

(2) $\dfrac{1}{m} + \dfrac{2}{n} = 1$.

【解析】

第一步:定考点	分式化简求值
第二步:锁关键	m, n 是正整数
第三步:做运算	条件(1), $\dfrac{1}{m} + \dfrac{3}{n} = 1$ 可直接变形为 $(m-1)(n-3) = 3$, 因为 m, n 是正整数, 所以 $\begin{cases} m-1=1, \\ n-3=3 \end{cases}$ 或 $\begin{cases} m-1=3, \\ n-3=1, \end{cases}$ 解得 $\begin{cases} m=2, \\ n=6 \end{cases}$ 或 $\begin{cases} m=4, \\ n=4, \end{cases}$ 所以 $m+n=8$, 可唯一确定, 条件(1) 充分; 同理条件(2), $\dfrac{1}{m} + \dfrac{2}{n} = 1$ 可直接变形为 $(m-1)(n-2) = 2$, 因为 m, n 是正整数, 所以 $\begin{cases} m-1=1, \\ n-2=2 \end{cases}$ 或 $\begin{cases} m-1=2, \\ n-2=1, \end{cases}$ 解得 $\begin{cases} m=2, \\ n=4 \end{cases}$ 或 $\begin{cases} m=3, \\ n=3, \end{cases}$ 所以 $m+n=6$, 可唯一确定, 条件(2) 也充分
第四步:选答案	本题选 D
第五步:谈收获	若 $\dfrac{a}{x} + \dfrac{b}{y} = 1$, 则有 $(x-a)(y-b) = ab$

29 技 ▶ 表达式求系数模型

适用题型	表达式求系数问题
技巧说明	① 若干个式子相乘求系数可用搭配求系数法求解. ② 高次多项式展开求系数可用特值法求解

例 35 $ax^2 + bx + 1$ 与 $3x^2 - 4x + 5$ 的积不含 x 的一次方项和三次方项.

(1) $a : b = 3 : 4$.

(2) $a = \dfrac{3}{5}, b = \dfrac{4}{5}$.

【解析】

第一步:定考点	表达式求系数问题
第二步:锁关键	不含 x 的一次方项和三次方项即对应项系数为 0

第三步:做运算	$(ax^2+bx+1)(3x^2-4x+5)$ 展开得到一次项系数为 $5b-4$, 三次项系数为 $3b-4a$, 令上述两项的系数为0, 解得 $a=\dfrac{3}{5}, b=\dfrac{4}{5}$, 因此条件(1)不充分, 条件(2)充分
第四步:选答案	本题选 B
第五步:谈收获	两个不同式子相乘求系数可用搭配求系数法

例36 已知 $(1-x)^5 = a_0 + a_1 x + a_2 x^2 + a_3 x^3 + a_4 x^4 + a_5 x^5$, 则 $(a_0 + a_2 + a_4)(a_1 + a_3 + a_5)$ 的值为(　　).

A. -256　　B. 256　　C. 128　　D. -128　　E. 280

【解析】

第一步:定考点	高次多项式展开求系数
第二步:锁关键	$(1-x)^5 = a_0 + a_1 x + a_2 x^2 + a_3 x^3 + a_4 x^4 + a_5 x^5$
第三步:做运算	令 $f(x)=(1-x)^5 = a_0 + a_1 x + a_2 x^2 + a_3 x^3 + a_4 x^4 + a_5 x^5$, 当 $x=1$ 时, $0 = a_0 + a_1 + a_2 + a_3 + a_4 + a_5$, 当 $x=-1$ 时, $2^5 = a_0 - a_1 + a_2 - a_3 + a_4 - a_5$, 所以 $$a_0 + a_2 + a_4 = \dfrac{f(1)+f(-1)}{2} = \dfrac{0+32}{2} = 16,$$ $$a_1 + a_3 + a_5 = \dfrac{f(1)-f(-1)}{2} = \dfrac{0-32}{2} = -16,$$ 故 $(a_0 + a_2 + a_4)(a_1 + a_3 + a_5) = -256$
第四步:选答案	本题选 A
第五步:谈收获	高次多项式展开求系数可用特值法

30 技 ▶ 表达式整除与非整除模型

适用题型	表达式整除与非整除问题
技巧说明	(1)整除模型(因式定理):若 $f(x)$ 能被 $ax-b$ 整除或者 $f(x)$ 含有因式 $ax-b$, 则必有 $f\left(\dfrac{b}{a}\right) = 0$. (2)非整除模型(带余除法):若多项式 $f(x)$ 除以 $g(x)$ 的商为 $q(x)$, 余式为 $r(x)$, 则必有 $f(x) = g(x) \cdot q(x) + r(x)$

例37 $ax^3 - bx^2 + 23x - 6$ 能被 $(x-2)(x-3)$ 整除.

(1) $a=3, b=-16$.

(2) $a=3, b=16$.

【解析】

第一步:定考点	因式定理
第二步:锁关键	$ax^3 - bx^2 + 23x - 6$ 能被 $(x-2)(x-3)$ 整除
第三步:做运算	令 $f(x) = ax^3 - bx^2 + 23x - 6$,根据因式定理,有 $\begin{cases} f(2) = 8a - 4b + 40 = 0, \\ f(3) = 27a - 9b + 63 = 0, \end{cases}$ 解得 $\begin{cases} a = 3, \\ b = 16 \end{cases}$
第四步:选答案	本题选 B
第五步:谈收获	若 $f(x)$ 能被 $ax-b$ 整除或者 $f(x)$ 含有因式 $ax-b$,则必有 $f\left(\dfrac{b}{a}\right) = 0$

例 38 若 a,b 均为整数,函数 $f(x) = (ax+b)^3$,已知函数 $f(x)$ 除以 $x-2$ 恰好余 8,除以 $x+3$ 恰好余 -27,则 $a^3 + 3^b$ 的值为( ).

A. 0　　B. 1　　C. 2　　D. 8　　E. -27

【解析】

第一步:定考点	带余除法
第二步:锁关键	已知函数 $f(x)$ 除以 $x-2$ 恰好余 8,除以 $x+3$ 恰好余 -27
第三步:做运算	依题可得 $\begin{cases} f(x) = (x-2) \cdot g(x) + 8, \\ f(x) = (x+3) \cdot h(x) - 27, \end{cases}$ 根据带余除法可得 $\begin{cases} f(2) = 8, \\ f(-3) = -27, \end{cases}$ 代入函数可得 $\begin{cases} (2a+b)^3 = 8, \\ (-3a+b)^3 = -27, \end{cases}$ 解得 $\begin{cases} a = 1, \\ b = 0, \end{cases}$ 所以 $a^3 + 3^b = 1^3 + 3^0 = 2$
第四步:选答案	本题选 C
第五步:谈收获	若多项式 $f(x)$ 除以 $ax-b$ 的余式为 $r(x)$,则必有 $f\left(\dfrac{b}{a}\right) = r\left(\dfrac{b}{a}\right)$

31 技 ▶ 分离常数法模型

适用题型	题干出现分子分母均有变量的特征
技巧说明	若分式的分子和分母均有变量,可以在分子中构造分母,分离常数

例 39 若 $\dfrac{7+2m}{2m-1}$ 是整数,则整数 m 有( )种不同的取值.

A. 1　　B. 2　　C. 3　　D. 4　　E. 5

【解析】

第一步:定考点	分式化简求值
第二步:锁关键	分子分母均有变量
第三步:做运算	依题可得 $\dfrac{7+2m}{2m-1}=\dfrac{(2m-1)+8}{2m-1}=1+\dfrac{8}{2m-1}$ 为整数,因为1是整数,所以 $\dfrac{8}{2m-1}$ 是整数,因此 $2m-1$ 是8的约数,即 $2m-1=\pm1,\pm2,\pm4,\pm8$,又因为 m 是整数,所以 $m=0,1$
第四步:选答案	本题选 B
第五步:谈收获	若分式的分子和分母均有变量,可以在分子中构造分母,分离常数

32 技 ▶ 利用求和秒杀通项模型

适用题型	在等差数列中,已知 S_n 求 a_n
技巧说明	在等差数列中,若已知前 n 项和为 $S_n=an^2+bn$,则通项公式 $a_n=2an+(b-a)$

例40 若数列 $\{a_n\}$,$\{b_n\}$ 均为等差数列,其前 n 项和分别为 S_n,T_n,且 $\dfrac{S_n}{T_n}=\dfrac{n+2}{n+1}$,则 $\dfrac{a_6}{b_8}$ 的值为( ).

A. $\dfrac{13}{16}$ B. $\dfrac{13}{19}$ C. $\dfrac{16}{19}$ D. $\dfrac{21}{32}$ E. $\dfrac{7}{27}$

【解析】

第一步:定考点	等差数列
第二步:锁关键	已知和比求项比
第三步:做运算	因为 $\dfrac{S_n}{T_n}=\dfrac{n+2}{n+1}$,所以分子分母同乘 n 可得 $\dfrac{S_n}{T_n}=\dfrac{n^2+2n}{n^2+n}$,令 $S_n=n^2+2n,T_n=n^2+n$,则 $a_n=2n+1,b_n=2n$,故 $\dfrac{a_6}{b_8}=\dfrac{13}{16}$
第四步:选答案	本题选 A
第五步:谈收获	在等差数列中,若已知前 n 项和为 $S_n=an^2+bn$,则通项公式 $a_n=2an+(b-a)$

33 技 ▶ 单一条件常数列模型

适用题型	数列化简求值中题干只有一个限制条件
技巧说明	(1) 在等差数列中只有一个前提条件时,可令公差 $d=0$ 分析. (2) 在等比数列中只有一个前提条件时,可令公比 $q=1$ 分析.

例 41 等差数列 $\{a_n\}$ 满足 $5a_7 - a_3 - 12 = 0$,则 $\sum_{k=1}^{15} a_k = ($).

A. 15 B. 24 C. 30 D. 45 E. 60

【解析】

第一步:定考点	等差数列
第二步:锁关键	单一条件常数列法
第三步:做运算	令公差为 0,则该数列为常数列,故每一项均为 3,所以 $\sum_{k=1}^{15} a_k = 45$
第四步:选答案	本题选 D
第五步:谈收获	在等差数列题目中,若只有一个前提条件,则可令公差 $d=0$,用常数列法

例 42 已知等比数列 $\{a_n\}$ 的前 n 项积为 T_n,且满足 $\dfrac{T_7}{T_2} = 32$,则 $T_{10} = ($).

A. 1 024 B. 512 C. 256 D. 128 E. 64

【解析】

第一步:定考点	等比数列
第二步:锁关键	单一条件常数列法
第三步:做运算	题干只有一个条件,所以令 $q=1$,则数列为非零常数列,设每项均为 a,因为 $\dfrac{T_7}{T_2} = 32$,所以 $\dfrac{a^7}{a^2} = a^5 = 32$,即 $a=2$,故 $T_{10} = a^{10} = 2^{10} = 1\,024$
第四步:选答案	本题选 A
第五步:谈收获	在等比数列题目中,如果只有一个前提条件,则可令公比 $q=1$,用常数列法

34 技 ▶ 等差数列奇数项模型

适用题型	已知等差数列前 n 项和(n 为奇数)求和或求平均值
技巧说明	若 $\{a_n\}$ 为等差数列,则 $S_{奇} = 奇 \cdot a_{中间}$,$\dfrac{S_{奇}}{奇} = a_{中间}$

例 43 若 S_n 为等差数列 $\{a_n\}$ 前 n 项和,且 $S_3 = 15, S_7 = 49$,则 $S_9 = （　　）$.

A. 63　　　B. 66　　　C. 69　　　D. 72　　　E. 73

【解析】

第一步:定考点	等差数列
第二步:锁关键	下角标为奇数
第三步:做运算	因为 $S_3 = 15, S_7 = 49$,所以 $a_2 = 5, a_4 = 7$,故 $d = 1, a_5 = 8$,因此 $S_9 = 9a_5 = 72$
第四步:选答案	本题选 D
第五步:谈收获	若 $\{a_n\}$ 为等差数列,则 $S_{奇} = 奇 \cdot a_{中间}$,$\dfrac{S_{奇}}{奇} = a_{中间}$

35 技 ▶ 数列判定模型

适用题型	通过数列的通项公式或求和公式判定数列类型
技巧说明	① 若 a_n 为常函数或一次函数,则 $\{a_n\}$ 为等差数列; ② 若 S_n 为不含常数项的一次函数或不含常数项的二次函数,则 $\{a_n\}$ 为等差数列; ③ 若 a_n 为非零常函数或指数函数,则 $\{a_n\}$ 为等比数列; ④ 若 S_n 为不含常数项的一次函数或满足 $S_n = a \cdot q^n + b(a + b = 0)$,则 $\{a_n\}$ 为等比数列

例 44 若 S_n 为数列 $\{a_n\}$ 前 n 项和,则 $\{a_n\}$ 为等差数列.

(1) $a_n = \sqrt{4n^2 + 8n + 4}$.

(2) $S_n = 19n$.

【解析】

第一步:定考点	等差数列

续表

第二步:锁关键	根据数列的通项公式或求和公式判定数列类型
第三步:做运算	$\{a_n\}$为等差数列需要满足a_n为常函数或一次函数,S_n为不含常数项的一次函数或不含常数项的二次函数.条件(1),$a_n = \sqrt{4n^2+8n+4} = 2n+2$,充分;条件(2),$S_n = 19n$,也充分
第四步:选答案	本题选 D
第五步:谈收获	若公差$d=0$时,等差数列的通项公式可看为常函数,等差数列的求和公式可看为不含常数项的一次函数;若$d \neq 0$时,等差数列的通项公式可看为一次函数,等差数列的求和公式可看为不含常数项的二次函数

36 技 ▶ 数列单调性模型

适用题型	判定等差数列、等比数列的单调性问题
技巧说明	① 等差数列:当$d>0$,单调递增;当$d<0$,单调递减. ② 等比数列:当$a_1>0,q>1$或$a_1<0,0<q<1$,单调递增; 当$a_1>0,0<q<1$或$a_1<0,q>1$,单调递减

例 45 已知等比数列$\{a_n\}$的公比大于1,则$\{a_n\}$单调递减.

(1)a_1是方程$x^2-x-2=0$的根.

(2)a_1是方程$x^2+3x+2=0$的根.

【解析】

第一步:定考点	等比数列
第二步:锁关键	证明$\{a_n\}$单调递减
第三步:做运算	因为等比数列$\{a_n\}$的公比大于1,所以$\{a_n\}$要想单调递减,则必然有$a_1<0$.条件(1),a_1是方程$x^2-x-2=0$的根,则$a_1^2-a_1-2=0$,解得$a_1=2$或$a_1=-1$,所以条件(1)不充分;条件(2),a_1是方程$x^2+3x+2=0$的根,则$a_1^2+3a_1+2=0$,解得$a_1=-1$或$a_1=-2$,所以条件(2)充分
第四步:选答案	本题选 B
第五步:谈收获	在等比数列中: ① 当$a_1>0,q>1$或$a_1<0,0<q<1$,单调递增; ② 当$a_1>0,0<q<1$或$a_1<0,q>1$,单调递减

37 技 ▶ 叠加法模型

适用题型	题干出现 $a_{n+1} - a_n = f(n)$
技巧说明	先列举再叠加

例 46 若 $f(x)$ 为二次函数,且 $f(0) = 0, f(x+1) = f(x) + x + 1$,则 $f(10) = ($ $)$.

A. 52   B. 55   C. 56   D. 60   E. 100

【解析】

第一步:定考点	类等差数列
第二步:锁关键	$f(x+1) = f(x) + x + 1$
第三步:做运算	$f(x+1) = f(x) + x + 1$,所以 $f(x+1) - f(x) = x + 1$,列举可得,$f(1) - f(0) = 1, f(2) - f(1) = 2, \cdots, f(10) - f(9) = 10$,再用叠加法可得,$f(10) - f(0) = \dfrac{10(1+10)}{2}$,故 $f(10) = 55$
第四步:选答案	本题选 B
第五步:谈收获	出现类等差数列先列举再叠加

38 技 ▶ 叠乘法模型

适用题型	题干出现 $\dfrac{a_{n+1}}{a_n} = f(n)$
技巧说明	先列举再叠乘

例 47 设数列 $\{a_n\}$ 满足 $a_1 = 1, a_{n+1} = a_n \cdot 2^n (n \geq 1)$,则 $a_{10} = ($ $)$.

A. 2^{99} B. $2^{99} - 1$ C. $2^{99} - 2$ D. $2^{45} - 1$ E. 2^{45}

【解析】

第一步:定考点	类等比数列
第二步:锁关键	$\dfrac{a_{n+1}}{a_n} = 2^n (n \geq 1)$
第三步:做运算	$a_1 = 1, a_{n+1} = a_n \cdot 2^n (n \geq 1)$ 可变形为 $\dfrac{a_{n+1}}{a_n} = 2^n$,列举可得,$\dfrac{a_2}{a_1} = 2, \dfrac{a_3}{a_2} = 2^2, \cdots, \dfrac{a_{10}}{a_9} = 2^9$,左右分别相乘得 $\dfrac{a_{10}}{a_1} = 2^{1+2+3+\cdots+9} = 2^{45}$,因为 $a_1 = 1$,所以 $a_{10} = 2^{45}$
第四步:选答案	本题选 E

续表

第五步:谈收获	出现类等比数列先列举再叠乘

39 技 ▶ 列举找规律模型

适用题型	题干出现连续三项递推公式
技巧说明	列举找规律

例 48 设 $a_1=1, a_2=k, \cdots, a_{n+1}=|a_n-a_{n-1}|(n \geqslant 2)$，则 $a_{100}+a_{101}+a_{102}=2$.

(1) $k=2$.

(2) k 是小于 20 的正整数.

【解析】

第一步:定考点	周期数列
第二步:锁关键	$a_{n+1}=\|a_n-a_{n-1}\|(n \geqslant 2)$
第三步:做运算	条件(1), $k=2$, 此时数列为 $1,2,1,1,0,1,1,0,1,1,0,\cdots$, 从第 3 项开始每连续三项和均为 2, 充分; 条件(2), 此时数列为 $1,k,k-1,1,k-2,k-3,1,\cdots,1,1,0,1,1,0,\cdots,k=19$ 时 $1,1,0$ 循环出现的较晚, 从 a_{28} 开始出现, 即从第 28 项开始每连续三项和均为 2, 也充分
第四步:选答案	本题选 D
第五步:谈收获	题干出现连续三项递推公式要立即想到列举找规律

第四节 本章测评

一、问题求解

1. 已知 $2^{48}-1$ 能被 60 与 70 之间的两个整数整除，则这两个数的差为（　　）.

   A. 2　　　　B. 3　　　　C. 4　　　　D. 6　　　　E. 9

2. 若 $a, b, c \in \mathbf{R}, \dfrac{ab}{a+b}=\dfrac{1}{3}, \dfrac{bc}{b+c}=\dfrac{1}{4}, \dfrac{ac}{a+c}=\dfrac{1}{5}$，则 $\dfrac{abc}{ab+bc+ac}=$（　　）.

   A. $\dfrac{1}{2}$　　　B. $\dfrac{1}{3}$　　　C. $\dfrac{1}{4}$　　　D. $\dfrac{1}{5}$　　　E. $\dfrac{1}{6}$

3. 设实数 a, b 满足 $\dfrac{a+b}{a-b}=\dfrac{4}{3}$，则 $\dfrac{a^2+b^2}{ab}=$（　　）.

   A. 6　　　　B. 7　　　　C. $\dfrac{50}{7}$　　　D. $\dfrac{51}{8}$　　　E. $\dfrac{62}{9}$

4. 已知 $x + \dfrac{1}{x} = 9(0 < x < 1)$，则 $\sqrt{x} - \dfrac{1}{\sqrt{x}}$ 的值为（　　）.

  A. $-\sqrt{7}$ B. $-\sqrt{5}$ C. $\sqrt{7}$ D. $\sqrt{5}$ E. $\pm\sqrt{7}$

5. $f(x,y) = 5 - 2x^2 - 3y^2 + 4y(x+1)$ 的最大值是（　　）.

  A. 7   B. 8   C. 9   D. 10   E. 11

6. 若 S_n 为等差数列 $\{a_n\}$ 前 n 项和，已知 $a_5 = 5, S_4 = 0$，则 $a_{100} = (\quad)$.

  A. 95   B. 125   C. 145   D. 185   E. 195

7. 已知数列 $\{a_n\}$ 的通项公式为 $a_n = 3^n + 2^n + 2n - 1$，则前 5 项和为（　　）.

  A. 225   B. 350   C. 320   D. 450   E. 500

8. 已知 $\sqrt{x} + \dfrac{1}{\sqrt{x}} = \sqrt{5}$，则 $\dfrac{x^2 + x^{-2} - 6}{x + x^{-1} - 5}$ 的值为（　　）.

  A. $-\dfrac{1}{2}$ B. $\dfrac{1}{2}$ C. 2

  D. -2 E. 以上均不正确

9. 若 $(2x + \sqrt{3})^4 = a_0 + a_1 x + a_2 x^2 + a_3 x^3 + a_4 x^4$，则 $(a_0 + a_2 + a_4)^2 - (a_1 + a_3)^2$ 的值为（　　）.

  A. 0   B. 1   C. 2   D. -1 E. -2

10. 若 $|x-1| + (xy-2)^2 = 0$，则 $\dfrac{1}{(x+1)(y+1)} + \dfrac{1}{(x+2)(y+2)} + \cdots + \dfrac{1}{(x+100)(y+100)}$ 的值为（　　）.

  A. $\dfrac{13}{50}$ B. $\dfrac{13}{51}$ C. $\dfrac{25}{51}$ D. $\dfrac{25}{52}$ E. $\dfrac{17}{52}$

11. 已知等比数列 $\{a_n\}$ 的各项均为正数，且 $a_5 \cdot a_6 + a_4 \cdot a_7 = 18$，则 $\log_3 a_1 + \log_3 a_2 + \cdots + \log_3 a_{100} = (\quad)$.

  A. 64   B. 84   C. 96   D. 100   E. 101

12. 已知 $\{a_n\}$ 为等差数列，$a_1 + a_3 + a_5 = 105, a_2 + a_4 + a_6 = 99$，$S_n$ 表示 $\{a_n\}$ 的前 n 项和，则使得 S_n 达到最大值的 n 是（　　）.

  A. 21   B. 20   C. 19   D. 18   E. 22

13. 集合 $\left\{1, a, \dfrac{b}{a}\right\}$ 和集合 $\{0, a^2, a+b\}$ 相等，则 $a^{2\,024} + b^{2\,024}$ 的值为（　　）.

  A. -1 B. 0   C. 1   D. 4   E. 6

14. 若 a, b, c 均为自然数，且满足 $29a + 30b + 31c = 366$，则 $a + b + c = (\quad)$.

  A. 9   B. 10   C. 12   D. 14   E. 16

15. 以下表达式可以完成因式分解的有( )个.

① $5x^2 + 3x - 2$;

② $x^2 - 6xy + 8y^2$;

③ $4x + 6xy - 9y - 6$;

④ $x^2 - 3xy - 10y^2 + x + 9y - 2$.

A. 0　　　　B. 1　　　　C. 2　　　　D. 3　　　　E. 4

二、条件充分性判断

16. 若 a, b 为正整数,则能唯一确定 $a+b$ 的值.

(1) $\dfrac{a}{11} + \dfrac{b}{3} = \dfrac{31}{33}$.

(2) $\dfrac{a}{18} + \dfrac{b}{27} = \dfrac{1}{3}$.

17. 已知 p, q 为非零实数,则能确定 $\dfrac{p}{q(p-1)}$ 的值.

(1) $p + q = 1$.

(2) $\dfrac{1}{p} + \dfrac{1}{q} = 1$.

18. 若 x 为非零实数,则 $x^6 + \dfrac{1}{x^6} = 322$.

(1) $x + \dfrac{1}{x} = 3$.

(2) $x + \dfrac{1}{x} = -3$.

19. 已知数列 $\{a_n\}$ 中, $a_{n+2} = a_{n+1} - a_n$,则能确定 S_{2024} 的值.

(1) $a_1 = 3$.

(2) $a_2 = 6$.

20. 已知 a, b, c, d 是互不相等的非零实数,则 $ab(c^2 + d^2) + cd(a^2 + b^2) = 0$.

(1) $\dfrac{a}{b} = \dfrac{c}{d}$.

(2) $ac + bd = 0$.

21. 若 $a, b \in \mathbf{R}$,则 $a > b$.

(1) $a^2 > b^2$.

(2) $\min\{a, b\} > 0$.

22. 数列 $\{a_n\}$ 为等差数列,能确定 S_7 的值.

(1) $a_2 + a_5 + a_7 = 14$.

(2) $a_4 - 3a_7 + a_{10} = -7$.

23. 已知数列 $\{a_n\}$ 满足 $a_{n+1} = \dfrac{a_n + 2}{a_n + 1}(n = 1, 2, \cdots)$,则 $a_2 = a_3 = a_4$.

(1) $a_1 = \sqrt{2}$.

(2) $a_1 = -\sqrt{2}$.

24. 若 $m \in \mathbf{R}$,则 $\dfrac{m}{6}$ 为整数.

(1) n 为整数,且 $m = n^3 - n$.

(2) m 为正整数 a, b 之和,且 $\dfrac{1}{a} + \dfrac{2}{b} = 1$.

25. 若 S_n 为数列 $\{a_n\}$ 前 n 项和,则 $\{a_n\}$ 为等比数列.

(1) $S_n = 2^{n+1} - 2$.

(2) $S_n = 9n$.

◀ 参考答案 ▶

答案速查表				
1～5	6～10	11～15	16～20	21～25
AECAC	EDABC	DBCCE	ABDCB	CCDDD

一、问题求解

1.【解析】

第一步:定考点	平方差公式
第二步:锁关键	被 60 与 70 之间的两个整数整除
第三步:做运算	$2^{48} - 1$ $= (2^{24} + 1)(2^{24} - 1)$ $= (2^{24} + 1)(2^{12} + 1)(2^{12} - 1)$ $= (2^{24} + 1)(2^{12} + 1)(2^6 + 1)(2^6 - 1)$, $2^6 + 1 = 65, 2^6 - 1 = 63$,所以两数之差为 $65 - 63 = 2$
第四步:选答案	本题选 A
第五步:谈收获	出现高次幂要想到做降幂运算

2.【解析】

第一步:定考点	分式表达式化简求值
第二步:锁关键	分子乘法分母加法
第三步:做运算	将原式分别取倒数化简可得 $\dfrac{a+b}{ab}=\dfrac{1}{a}+\dfrac{1}{b}=3, \dfrac{b+c}{bc}=\dfrac{1}{b}+\dfrac{1}{c}=4, \dfrac{a+c}{ac}=\dfrac{1}{a}+\dfrac{1}{c}=5$,因此 $\dfrac{abc}{ab+bc+ac}=\dfrac{1}{\dfrac{1}{a}+\dfrac{1}{b}+\dfrac{1}{c}}=\dfrac{1}{6}$
第四步:选答案	本题选 E
第五步:谈收获	出现分子乘法分母加法可取倒数进行化简

3.【解析】

第一步:定考点	分式表达式化简求值
第二步:锁关键	题干只有一个限制条件
第三步:做运算	本题可用特值法求解,令 $a=7,b=1$,此时实数 a,b 满足 $\dfrac{a+b}{a-b}=\dfrac{4}{3}$,所以有 $\dfrac{a^2+b^2}{ab}=\dfrac{50}{7}$
第四步:选答案	本题选 C
第五步:谈收获	当题干限制条件较少时可利用特值法分析

4.【解析】

第一步:定考点	完全平方式
第二步:锁关键	$x+\dfrac{1}{x}=9(0<x<1)$
第三步:做运算	$\left(\sqrt{x}-\dfrac{1}{\sqrt{x}}\right)^2=x+\dfrac{1}{x}-2=7$,又因为 $0<x<1$,则 $\sqrt{x}-\dfrac{1}{\sqrt{x}}<0$,因此 $\sqrt{x}-\dfrac{1}{\sqrt{x}}=-\sqrt{7}$
第四步:选答案	本题选 A
第五步:谈收获	①$(a-b)^2=a^2+b^2-2ab$;②$(a+b)^2=a^2+b^2+2ab$

5.【解析】

第一步:定考点	完全平方式
第二步:锁关键	利用非负性求最值

第三步:做运算	$f(x,y)=5-2x^2-3y^2+4y(x+1)=-(2x^2-4xy+2y^2+y^2-4y+4)+9$,配方可得 $f(x,y)=-[2(x-y)^2+(y-2)^2]+9$,利用非负性可知,当 $x=y=2$ 时,原式可以取得最大值 9
第四步:选答案	本题选 C
第五步:谈收获	利用非负性求最值需要将表达式化简为常数±非负量

6.【解析】

第一步:定考点	等差数列
第二步:锁关键	已知 $a_5=5, S_4=0$,求 a_{100}
第三步:做运算	依题可得 $\begin{cases} S_4=4a_1+\frac{4\times 3}{2}d=0, \\ a_5=a_1+4d=5, \end{cases}$ 解得 $\begin{cases} a_1=-3, \\ d=2; \end{cases}$ 所以 $a_n=2n-5, a_{100}=2\times 100-5=195$
第四步:选答案	本题选 E
第五步:谈收获	数列的公式是数列运算的核心,务必熟练掌握

7.【解析】

第一步:定考点	数列的基本定义
第二步:锁关键	$a_n=3^n+2^n+2n-1$
第三步:做运算	$S_5=\frac{3(1-3^5)}{1-3}+\frac{2(1-2^5)}{1-2}+5\times 5=450$
第四步:选答案	本题选 D
第五步:谈收获	$3^n, 2^n$ 表示等比数列,$2n-1$ 表示等差数列

8.【解析】

第一步:定考点	完全平方式
第二步:锁关键	$\sqrt{x}+\frac{1}{\sqrt{x}}=\sqrt{5}$
第三步:做运算	$\sqrt{x}+\frac{1}{\sqrt{x}}=\sqrt{5}$,则 $x+\frac{1}{x}=3, x^2+\frac{1}{x^2}=7$,则 $\frac{x^2+x^{-2}-6}{x+x^{-1}-5}=-\frac{1}{2}$
第四步:选答案	本题选 A
第五步:谈收获	①$(a\pm b)^2=a^2\pm 2ab+b^2$;②$x^{-n}=\frac{1}{x^n}$

9.【解析】

第一步:定考点	高次多项式展开求系数
第二步:锁关键	$(2x+\sqrt{3})^4 = a_0 + a_1 x + a_2 x^2 + a_3 x^3 + a_4 x^4$
第三步:做运算	分别令 $x=1, x=-1$, 则 $\begin{cases} a_0 + a_1 + a_2 + a_3 + a_4 = (2+\sqrt{3})^4, \\ a_0 - a_1 + a_2 - a_3 + a_4 = (-2+\sqrt{3})^4, \end{cases}$ 即 $\begin{cases} (a_0 + a_2 + a_4) + (a_1 + a_3) = (2+\sqrt{3})^4, \\ (a_0 + a_2 + a_4) - (a_1 + a_3) = (-2+\sqrt{3})^4, \end{cases}$ 所以 $(a_0 + a_2 + a_4)^2 - (a_1 + a_3)^2 = (2+\sqrt{3})^4 \times (-2+\sqrt{3})^4 = 1$
第四步:选答案	本题选 B
第五步:谈收获	高次多项式展开求系数可用特值法

10.【解析】

第一步:定考点	分式化简求值
第二步:锁关键	$\|x-1\| + (xy-2)^2 = 0$
第三步:做运算	因为 $\|x-1\| + (xy-2)^2 = 0$, 所以 $x=1, y=2$, 故有 $\frac{1}{(x+1)(y+1)} + \frac{1}{(x+2)(y+2)} + \cdots + \frac{1}{(x+100)(y+100)}$ $= \frac{1}{2\times 3} + \frac{1}{3\times 4} + \cdots + \frac{1}{101\times 102}$ $= \frac{1}{2} - \frac{1}{3} + \frac{1}{3} - \frac{1}{4} + \cdots + \frac{1}{101} - \frac{1}{102}$ $= \frac{1}{2} - \frac{1}{102}$ $= \frac{25}{51}$
第四步:选答案	本题选 C
第五步:谈收获	$\frac{1}{n(n+1)} = \frac{1}{n} - \frac{1}{n+1}$

11.【解析】

第一步:定考点	等比数列
第二步:锁关键	$a_5 \cdot a_6 + a_4 \cdot a_7 = 18$
第三步:做运算	令 $q=1$, 则数列为非零常数列, 因为 $a_5 \cdot a_6 + a_4 \cdot a_7 = 18$, 所以每一项为 3, 故 $\log_3 a_1 + \log_3 a_2 + \cdots + \log_3 a_{100} = 1 + 1 + \cdots + 1 = 100$
第四步:选答案	本题选 D

| 第五步:谈收获 | 数列题目中只有一个限制条件时可以用单一条件常数列法分析 |

12.【解析】

第一步:定考点	等差数列求和公式
第二步:锁关键	$a_1+a_3+a_5=105, a_2+a_4+a_6=99$
第三步:做运算	由 $a_1+a_3+a_5=105$,得 $a_3=35$,由 $a_2+a_4+a_6=99$,得 $a_4=33$,则 $d=-2$,$a_n=a_4+(n-4)\times(-2)=41-2n$,由 $\begin{cases}a_n\geqslant 0,\\ a_{n+1}<0,\end{cases}$ 得 $n=20$
第四步:选答案	本题选 B
第五步:谈收获	等差数列前 n 和的最值问题有两个思路:① 找对称轴;② 找变号处

13.【解析】

第一步:定考点	集合的定义及性质
第二步:锁关键	集合 $\left\{1,a,\dfrac{b}{a}\right\}$ 和集合 $\{0,a^2,a+b\}$ 相等
第三步:做运算	由集合的三大性质可得,因为 $\dfrac{b}{a}$ 默认 $a\neq 0$,所以 $b=0$,进而有 $a^2=1$,因为第一个集合已经有元素 1,所以 $a=-1$,故 $a^{2024}+b^{2024}=1$
第四步:选答案	本题选 C
第五步:谈收获	集合具有确定性、互异性、无序性

14.【解析】

第一步:定考点	整式化简求值
第二步:锁关键	$29a+30b+31c=366$
第三步:做运算	法一:依题可得 $\begin{cases}29a+29b+29c\leqslant 366,\\ 31a+31b+31c\geqslant 366,\end{cases}$ 所以 $\dfrac{366}{31}\leqslant a+b+c\leqslant\dfrac{366}{29}$,因为 a,b,c 均为自然数,所以 $a+b+c=12$. 法二:依题可得 $30(a+b+c)+(c-a)=366$,利用带余除法可得 $366\div 30=12\cdots\cdots 6$,所以 $a+b+c=12$
第四步:选答案	本题选 C
第五步:谈收获	当题干出现一个式子等于某两个式子相乘加第三个式子可用带余除法分析

15.【解析】

第一步:定考点	因式分解
第二步:锁关键	因式分解
第三步:做运算	① $5x^2+3x-2=(5x-2)(x+1)$. ② $x^2-6xy+8y^2=(x-2y)(x-4y)$. ③ $4x+6xy-9y-6=(2+3y)(2x-3)$. ④ $x^2-3xy-10y^2+x+9y-2=(x-5y+2)(x+2y-1)$
第四步:选答案	本题选 E
第五步:谈收获	因式分解最常用的方法是十字相乘

二、条件充分性判断

16.【解析】

第一步:定考点	分式化简求值
第二步:锁关键	a,b 为正整数
第三步:做运算	条件(1), $\dfrac{a}{11}+\dfrac{b}{3}=\dfrac{31}{33}$,则 $3a+11b=31$,又 a,b 都是正整数,则有 $\begin{cases}a=3,\\b=2,\end{cases}$ 即 $a+b=5$,充分;条件(2), $\dfrac{a}{18}+\dfrac{b}{27}=\dfrac{1}{3}$,则 $3a+2b=18$,又 a,b 都是正整数,解得 $\begin{cases}a=4,\\b=3\end{cases}$ 或 $\begin{cases}a=2,\\b=6,\end{cases}$ 则 $a+b=7$ 或 8,不充分
第四步:选答案	本题选 A
第五步:谈收获	讨论不定方程的解最常用的方法是奇偶的组合性质、倍数整除

17.【解析】

第一步:定考点	分式化简求值
第二步:锁关键	能确定 $\dfrac{p}{q(p-1)}$ 的值
第三步:做运算	条件(1),由 $p+q=1$,则 $q=1-p$,从而 $\dfrac{p}{q(p-1)}=\dfrac{p}{-(p-1)^2}$,不能确定其值,不充分;条件(2),由 $\dfrac{1}{p}+\dfrac{1}{q}=1$,则 $p+q=pq$,从而 $\dfrac{p}{q(p-1)}=\dfrac{p}{pq-q}=\dfrac{p}{(p+q)-q}=1$,可以确定其值,充分
第四步:选答案	本题选 B
第五步:谈收获	$\dfrac{1}{p}+\dfrac{1}{q}=\dfrac{p+q}{pq}$

18.【解析】

第一步:定考点	分式化简求值
第二步:锁关键	$x^6 + \dfrac{1}{x^6} = 322$
第三步:做运算	设 $x + \dfrac{1}{x} = a$,有 $x^2 + \dfrac{1}{x^2} = a^2 - 2$,且 $x^4 + \dfrac{1}{x^4} = (a^2 - 2)^2 - 2$,根据立方和公式有 $x^6 + \dfrac{1}{x^6} = \left(x^2 + \dfrac{1}{x^2}\right)\left(x^4 - 1 + \dfrac{1}{x^4}\right) = (a^2 - 2)[(a^2 - 2)^2 - 2 - 1]$,将条件(1)、条件(2)代入均充分
第四步:选答案	本题选 D
第五步:谈收获	出现高次幂需要想到做降幂运算

19.【解析】

第一步:定考点	周期数列
第二步:锁关键	$a_{n+2} = a_{n+1} - a_n$
第三步:做运算	单独明显均不充分,联合分析可列举找规律. $a_1 = 3, a_2 = 6, a_{n+2} = a_{n+1} - a_n$,所以从第一项开始列举可得 $3, 6, 3, -3, -6, -3, 3, 6, 3, -3, -6, -3, 3, \cdots$,每 6 项一循环,因为 $2\,024 \div 6 = 337 \cdots\cdots 2$,所以 $S_{2\,024} = 337(3 + 6 + 3 - 3 - 6 - 3) + 3 + 6 = 9$,故联合充分
第四步:选答案	本题选 C
第五步:谈收获	出现连续三项递推公式要立即想到列举找规律

20.【解析】

第一步:定考点	整式化简求值
第二步:锁关键	已知 a, b, c, d 是互不相等的非零实数
第三步:做运算	依题可得, $$ab(c^2 + d^2) + cd(a^2 + b^2)$$ $$= abc^2 + abd^2 + a^2cd + b^2cd$$ $$= bc(ac + bd) + ad(bd + ac)$$ $$= (ac + bd)(bc + ad),$$ 条件(1),可得 $ad - bc = 0$,无法推出结论,所以不充分;条件(2), $ac + bd = 0$,则原式 $= 0$,所以充分
第四步:选答案	本题选 B
第五步:谈收获	此类题目可以先观察条件再决定变形方式

21.【解析】

第一步:定考点	整式比大小
第二步:锁关键	$a > b$
第三步:做运算	条件(1),$a^2 > b^2$,此时无法推出 $a > b$,比如 $(-5)^2 > 1^2$,但 $-5 > 1$ 不成立,所以条件(1)不充分;条件(2),$\min\{a,b\} > 0$,则 $a > 0$ 且 $b > 0$,此时无法确定 a,b 的大小关系,所以条件(2)也不充分;联合分析可得 $a > 0$ 且 $b > 0$ 且 $a^2 > b^2$,则 $a > b$,所以联合充分
第四步:选答案	本题选 C
第五步:谈收获	①$\min\{a,b\} > 0$,则 $a > 0$ 且 $b > 0$; ②$\max\{a,b\} > 0$,则 $a > 0$ 或 $b > 0$

22.【解析】

第一步:定考点	等差数列
第二步:锁关键	能确定 S_7 的值
第三步:做运算	$S_7 = 7a_4$,条件(1)无法求出 a_4,所以不充分;条件(2)仅可得 $a_7 = 7$,不充分;考虑联合得 $a_1 = 1, d = 1, S_7 = \dfrac{7 \times (7+1)}{2} = 28$
第四步:选答案	本题选 C
第五步:谈收获	在等差数列中,$S_奇 = 奇 \cdot a_{中间}$

23.【解析】

第一步:定考点	递推数列
第二步:锁关键	$a_{n+1} = \dfrac{a_n + 2}{a_n + 1}(n = 1, 2, \cdots)$
第三步:做运算	条件(1),$a_1 = \sqrt{2}$,代入 $a_{n+1} = \dfrac{a_n + 2}{a_n + 1}(n = 1, 2, \cdots)$ 中,则 $a_2 = \sqrt{2}, a_3 = \sqrt{2}, a_4 = \sqrt{2}$,充分;条件(2),$a_1 = -\sqrt{2}$,代入 $a_{n+1} = \dfrac{a_n + 2}{a_n + 1}(n = 1, 2, \cdots)$ 中,则 $a_2 = -\sqrt{2}$,$a_3 = -\sqrt{2}, a_4 = -\sqrt{2}$,也充分
第四步:选答案	本题选 D
第五步:谈收获	本题已经给定数列递推公式,所以只需要根据条件给的数值逐一验证即可

24.【解析】

第一步:定考点	分式化简求值

第二步:锁关键	则 $\frac{m}{6}$ 为整数
第三步:做运算	由条件(1)得 $m = n^3 - n = (n-1)n(n+1)$,所以 m 一定能被 $3! = 6$ 整除,故 $\frac{m}{6}$ 必然为整数,充分;由条件(2)得 $\frac{1}{a} + \frac{2}{b} = 1$,则 $(a-1)(b-2) = 2$,因为 a,b 为正整数,所以 $a-1$ 和 $b-2$ 要么为 1 和 2,解得 $a = 2, b = 4$;要么为 2 和 1,解得 $a = 3, b = 3$,又 m 为正整数 a,b 之和,所以 $m = 6$,则 $\frac{m}{6}$ 为整数,也充分
第四步:选答案	本题选 D
第五步:谈收获	① 连续 k 个整数的乘积一定能被 $k!$ 整除. ② $\frac{a}{x} + \frac{b}{y} = 1$,则 $(x-a)(y-b) = ab$

25.【解析】

第一步:定考点	等比数列的判定
第二步:锁关键	S_n 为数列 $\{a_n\}$ 前 n 项和
第三步:做运算	条件(1),$S_n = 2^{n+1} - 2 = 2 \times 2^n - 2$,因为 2^n 前面的系数和后面互为相反数,所以 $\{a_n\}$ 为等比数列,条件(1)充分;条件(2),$S_n = 9n$,所以数列为每项都是 9 的常数列,故条件(2)也充分
第四步:选答案	本题选 D
第五步:谈收获	若 S_n 为不含常数项的一次函数或满足 $S_n = a \cdot q^n + b(a + b = 0)$,则 $\{a_n\}$ 为等比数列

第五节　本章小结

考点 01:整式与分式的运算	运算法则
考点 02:基本运算公式	① 完全平方式;② 平方差公式
考点 03:因式分解	① 提公因式法;② 十字相乘法
考点 04:集合的定义及运算	① 集合性质;② 集合与集合的关系

续表

考点 05：数列的基本定义	数列前 n 项和 S_n 与通项公式 a_n 的关系：$$a_n = \begin{cases} S_1, & n = 1, \\ S_n - S_{n-1}, & n \geqslant 2 \end{cases}$$
考点 06：等差数列	① 定义；② 通项公式；③ 求和公式；④ 性质
考点 07：等比数列	① 定义；② 通项公式；③ 求和公式；④ 性质
25 技：同类换元模型	题干多次出现相同或类似表达式
26 技：特殊赋值模型	题干限制条件较少或出现任意字样或很好取特值
27 技：裂项相消法模型	出现长串分式表达式化简求值
28 技：分式化整模型	$\dfrac{a}{x} + \dfrac{b}{y} = 1 \Rightarrow (x-a)(y-b) = ab$
29 技：表达式求系数模型	① 若干个式子相乘求系数可用搭配求系数法求解；② 高次多项式展开求系数可用特值法求解
30 技：表达式整除与非整除模型	① 若 $f(x)$ 能被 $ax-b$ 整除或者 $f(x)$ 含有因式 $ax-b$，则必有 $f\left(\dfrac{b}{a}\right) = 0$；② 若 $f(x)$ 除以 $g(x)$ 的商为 $q(x)$，余式为 $r(x)$，则必有 $f(x) = g(x) \cdot q(x) + r(x)$
31 技：分离常数法模型	若分式的分子和分母均有变量，可以在分子中构造分母，分离常数
32 技：利用求和秒杀通项模型	在等差数列中，若已知前 n 项和为 $S_n = an^2 + bn$，则通项公式 $a_n = 2an + (b-a)$
33 技：单一条件常数列模型	数列化简求值中题干只有一个限制条件可取常数列分析
34 技：等差数列奇数项模型	若 $\{a_n\}$ 为等差数列，则 $S_奇 = 奇 \cdot a_{中间}$，$\dfrac{S_奇}{奇} = a_{中间}$
35 技：数列判定模型	牢记等差数列、等比数列通项公式和求和公式的外表特征
36 技：数列单调性模型	等差数列单调性只和公差有关系，等比数列单调性由首项和公比决定
37 技：叠加法模型	题干出现 $a_{n+1} - a_n = f(n)$，先列举再叠加
38 技：叠乘法模型	题干出现 $\dfrac{a_{n+1}}{a_n} = f(n)$，先列举再叠乘
39 技：列举找规律模型	题干出现连续三项递推公式，列举找规律分析

第四章　方程、不等式与函数

第一节　考情解读

本章解读

方程、不等式与函数是代数部分非常重要的研究内容,也是和我们生活关系较为密切的板块.本章考试内容以一元二次方程和不等式、分式方程和不等式、绝对值方程和不等式为主,在基本概念下也会衍生出很多基本定理,比如均值定理、韦达定理等,函数是为研究自变量和因变量而产生的概念,函数有三要素:定义域、值域、函数关系式.此外,本章的难点有三角不等式、均值定理、根的判定等.

本章概览

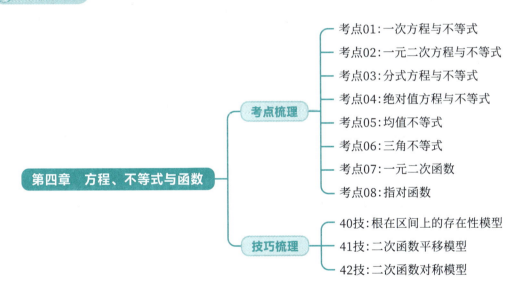

第二节　考点梳理

考点 01　一次方程与不等式

一、考点精析

1. 方程的定义

　　方程是指含有未知数的等式.它是表示两个数学式(如两个数、函数、量、运算)之间相等关系的一种等式.其中"元"表示未知数的数量,通常设未知数为 x,y,z,也可以设为别的字母,比如一元方程是指方程中只有一个未知数,二元方程是指方程中有两个未知数;方程的"次数"指的是含有未知数的项中未知数最高的次数;"解"指的是使方程两边相等的未知数的值,也叫方程的"根";解方程指的是求出方程的解的过程,也可以说是求方程中未知数的值的过程,或说明方程无解的过程.

> **注意**
> 解方程组常用的方法有代入消元法和加减消元法.

2. 不等式的定义

一般地,用">""<"或"≠"表示大小关系的式子叫作不等式.其中一元一次不等式是指含有一个未知数并且未知数的最高次数为1的不等式;二元一次不等式组是指含有两个未知数并且未知数的次数是1的不等式组.

> **注意**
> (1) 不等式两边相加或相减同一个数或式子,不等号的方向不变.
> (2) 不等式两边乘以或除以同一个正数,不等号的方向不变.
> (3) 不等式两边乘以或除以同一个负数,不等号的方向改变.

3. 不等式的性质

(1) 传递性:若 $a>b,b>c$,则 $a>c$.

(2) 同向可加性:若 $a>b,c>d$,则 $a+c>b+d$.

(3) 同向兼正可乘性:若 $a>b>0,c>d>0$,则 $ac>bd$.

(4) 同号取倒性:若 $a>b>0$,则 $\frac{1}{b}>\frac{1}{a}>0$;若 $a<b<0$,则 $\frac{1}{b}<\frac{1}{a}<0$.

二、例题解读

例 1 已知关于 x 的方程 $kx+8=2x+2k$ 的解为整数,则整数 k 有(　　)种不同的取值.

A. 2　　　　　B. 3　　　　　C. 4　　　　　D. 6　　　　　E. 8

【解析】

第一步:定考点	一元一次方程的基本运用
第二步:锁关键	关于 x 的方程 $kx+8=2x+2k$ 的解为整数
第三步:做运算	已知 $(k-2)x=2k-8$,所以 $x=\frac{2k-8}{k-2}=\frac{2(k-2)-4}{k-2}=2-\frac{4}{k-2}$,因为方程的解为整数,所以 $\frac{4}{k-2}$ 是整数,又 k 为整数,因此 $k-2=\pm1,\pm2,\pm4$,解得 $k=3$,$1,4,0,6,-2$

第四步:选答案	本题选 D
第五步:谈收获	① 若方程有整数解,则先解方程,最后保证解为整数即可. ② 若分子、分母都有参数,可以利用分离常数法将分子变为常数

例 2 若关于 x,y 的方程组 $\begin{cases} ax+3y=9, \\ 2x-y=1 \end{cases}$ 无解,则 a 的值为( ).

A. 1　　　　B. 2　　　　C. 6　　　　D. -2　　　　E. -6

【解析】

第一步:定考点	二元一次方程组的基本运用
第二步:锁关键	无解则表示两条直线平行
第三步:做运算	依题可得方程组无解,所以 $\dfrac{a}{2}=\dfrac{3}{-1}\neq\dfrac{9}{1}$,解得 $a=-6$
第四步:选答案	本题选 E
第五步:谈收获	① 若方程组 $\begin{cases} a_1x+b_1y=c_1 \\ a_2x+b_2y=c_2 \end{cases}$ 有无数组解,则 $\dfrac{a_1}{a_2}=\dfrac{b_1}{b_2}=\dfrac{c_1}{c_2}$. ② 若方程组 $\begin{cases} a_1x+b_1y=c_1 \\ a_2x+b_2y=c_2 \end{cases}$ 无解,则 $\dfrac{a_1}{a_2}=\dfrac{b_1}{b_2}\neq\dfrac{c_1}{c_2}$

例 3 已知 $x=2$ 是不等式 $(x-5)(ax-3a+2)\leqslant 0$ 的解,且 $x=1$ 不是这个不等式的解,则 a 的取值范围是( ).

A. $(-1,1)$　　　　B. $(-1,2)$　　　　C. $(1,2)$

D. $(1,2]$　　　　E. $(-\infty,1)\cup(2,+\infty)$

【解析】

第一步:定考点	一次不等式的基本运用
第二步:锁关键	$x=2$ 是不等式的解,$x=1$ 不是不等式的解
第三步:做运算	依题可得 $\begin{cases}(2-5)(2a-3a+2)\leqslant 0, \\ (1-5)(a-3a+2)>0,\end{cases}$ 化简得 $\begin{cases}-3(-a+2)\leqslant 0, \\ -4(-2a+2)>0,\end{cases}$ 所以有 $\begin{cases}-a+2\geqslant 0, \\ -2a+2<0,\end{cases}$ 解得 $1<a\leqslant 2$
第四步:选答案	本题选 D
第五步:谈收获	某个数是不等式的解说明满足不等式,某个数不是不等式的解说明不满足不等式(或可以理解为满足不等式的反面)

考点 02　一元二次方程与不等式

一、考点精析

1. 一元二次方程的定义

    形如 $ax^2 + bx + c = 0(a \neq 0)$.

2. 一元二次方程有无实根的判定

    利用 $\Delta = b^2 - 4ac$ 和 0 作比较.

    (1) $\Delta = b^2 - 4ac > 0$, 方程有两个不等的实根.

    (2) $\Delta = b^2 - 4ac = 0$, 方程有两个相等的实根.

    (3) $\Delta = b^2 - 4ac < 0$, 方程无实根.

3. 一元二次方程的求解方法

    (1) 十字相乘因式分解求根(首选方法).

    (2) 求根公式: $x_1, x_2 = \dfrac{-b \pm \sqrt{b^2 - 4ac}}{2a}$.

4. 韦达定理

    若 $ax^2 + bx + c = 0(a \neq 0)$ 的两个实根分别为 x_1, x_2, 则 $\begin{cases} x_1 + x_2 = -\dfrac{b}{a}, \\ x_1 \cdot x_2 = \dfrac{c}{a}. \end{cases}$

    (1) $\dfrac{1}{x_1} + \dfrac{1}{x_2} = -\dfrac{b}{c}$;

    (2) $|x_1 - x_2| = \dfrac{\sqrt{\Delta}}{|a|}$.

5. 一元二次不等式的定义

    含有一个未知数且未知数的最高次数为 2 的不等式叫作一元二次不等式, 即形如 $ax^2 + bx + c \geq 0(a \neq 0)$ 的不等式叫一元二次不等式.

6. 一元二次不等式的求解方法

    第一步: 求对应方程的根; 第二步: 利用函数图像确定区间, 若抛物线开口向上, 则大于取两边, 小于取中间, 若抛物线开口向下, 则大于取中间, 小于取两边.

7. 不等式、方程与函数的关系

判别式 $\Delta = b^2 - 4ac$	$\Delta > 0$	$\Delta = 0$	$\Delta < 0$
$y = ax^2 + bx + c\,(a > 0)$			
$ax^2 + bx + c = 0\,(a > 0)$	$x_1, x_2 = \dfrac{-b \pm \sqrt{b^2 - 4ac}}{2a}$	$x_1 = x_2 = -\dfrac{b}{2a}$	无实数根
$ax^2 + bx + c > 0\,(a > 0)$	$x < x_1$ 或 $x > x_2$	$x \neq -\dfrac{b}{2a}$	$x \in \mathbf{R}$
$ax^2 + bx + c < 0\,(a > 0)$	$x_1 < x < x_2$	$x \in \varnothing$	$x \in \varnothing$

二、例题解读

例 4 在以下方程中:①$(2x-1)^2 = 9$;②$2x^2 + 5x + 2 = 0$;③$x(x-7) + 2x - 14 = 0$;④$2x^2 - 5x - 4 = 0$,有两个不同的实数根的方程有( )个.

A. 0　　　　B. 1　　　　C. 2　　　　D. 3　　　　E. 4

【解析】

第一步:定考点	一元二次方程的求解
第二步:锁关键	求方程的根
第三步:做运算	① 开方法:$(2x-1)^2 = 9$,所以 $2x - 1 = \pm 3$,解得 $x = -1$ 或 2. ② 十字相乘法:$2x^2 + 5x + 2 = 0$,所以 $(2x+1)(x+2) = 0$,解得 $x = -\dfrac{1}{2}$ 或 -2. ③ 提公因式法:$x(x-7) + 2x - 14 = 0$,所以 $(x-7)(x+2) = 0$,解得 $x = -2$ 或 7. ④ 求根公式法:$2x^2 - 5x - 4 = 0$,所以 $x_1, x_2 = \dfrac{5 \pm \sqrt{25 + 32}}{4} = \dfrac{5 \pm \sqrt{57}}{4}$. 所以四个方程均有两个不同的实数根
第四步:选答案	本题选 E
第五步:谈收获	一元二次方程的求解方法:开方法、十字相乘法、提公因式法、求根公式法

例 5 关于 x 的方程 $(k-1)^2 x^2 + (2k+1)x + 1 = 0$ 有实数根,则 k 的取值范围是( ).

A. $k > \dfrac{1}{4}$ 且 $k \neq 1$　　　　B. $k \geqslant \dfrac{1}{4}$ 且 $k \neq 1$　　　　C. $k > \dfrac{1}{4}$

D. $k \geqslant \dfrac{1}{4}$　　　　E. $k \neq 1$

【解析】

第一步:定考点	根的判定
第二步:锁关键	$(k-1)^2x^2+(2k+1)x+1=0$ 有实数根
第三步:做运算	因为方程二次项的系数不确定,所以分类讨论: ① 当 $k-1=0$ 时,$k=1$,此时方程为 $3x+1=0$,方程有实数根; ② 当 $k-1\neq 0$ 时,$k\neq 1$,此时方程若有实数根,则 $\Delta=(2k+1)^2-4(k-1)^2\geq 0$,解得 $k\geq \frac{1}{4}$ 且 $k\neq 1$. 综上所述,$k\geq \frac{1}{4}$
第四步:选答案	本题选 D
第五步:谈收获	陷阱:在方程二次项的系数不确定的情况下,一定要分类讨论其是否为 0

例 6 已知 m,n 是一元二次方程 $x^2+5x+1=0$ 的两实根,则 $\sqrt{m^2}+\sqrt{n^2}+\sqrt{mn}$ 的值为(　　).

A. 1　　　　B. 2　　　　C. 5　　　　D. 6　　　　E. 11

【解析】

第一步:定考点	韦达定理
第二步:锁关键	m,n 是一元二次方程 $x^2+5x+1=0$ 的两实根
第三步:做运算	利用韦达定理可得 $m+n=-5$,$mn=1$,两根之和小于 0,两根之积大于 0,所以两根均为负数,因此 $\sqrt{m^2}+\sqrt{n^2}+\sqrt{mn}=-m-n+\sqrt{mn}=-(m+n)+\sqrt{mn}=6$
第四步:选答案	本题选 D
第五步:谈收获	① $\sqrt{a^2}=|a|$. ② 两根之和小于 0,两根之积大于 0,则两根均为负数

例 7 方程 $4x^2+(a-2)x+a-5=0$ 有两个不等的负实根.

(1) $5<a<6$.

(2) $a>15$.

【解析】

第一步:定考点	根的判定
第二步:锁关键	正负根的判定

续表

第三步:做运算	依题可得 $\begin{cases} \Delta = (a-2)^2 - 16(a-5) > 0, \\ x_1 + x_2 = \dfrac{2-a}{4} < 0, \\ x_1 x_2 = \dfrac{a-5}{4} > 0 \end{cases}$ $\Rightarrow \begin{cases} a < 6 \text{ 或 } a > 14, \\ a > 2, \\ a > 5 \end{cases}$ $\Rightarrow 5 < a < 6$ 或 $a > 14$,故两个条件单独均充分
第四步:选答案	本题选 D
第五步:谈收获	设一元二次方程 $ax^2 + bx + c = 0$ 的两根为 x_1, x_2,则两根均为负根: $\begin{cases} \Delta = b^2 - 4ac \geqslant 0, \\ x_1 + x_2 = -\dfrac{b}{a} < 0, \\ x_1 \cdot x_2 = \dfrac{c}{a} > 0 \end{cases}$

例 8 若不等式 $ax^2 + bx + c \geqslant 0$ 的解集是 $\left\{x \mid -\dfrac{1}{3} \leqslant x \leqslant 2\right\}$,则不等式 $cx^2 + bx + a < 0$ 的解集为（　　）.

A. $\left(-\dfrac{1}{2}, 3\right)$ B. $\left(-3, \dfrac{1}{2}\right)$ C. $\left(\dfrac{1}{2}, 3\right)$

D. $(-\infty, -3) \cup \left(\dfrac{1}{2}, +\infty\right)$ E. $\left(-\infty, \dfrac{1}{3}\right) \cup (2, +\infty)$

【解析】

第一步:定考点	一元二次不等式的求解
第二步:锁关键	$ax^2 + bx + c \geqslant 0$ 和 $cx^2 + bx + a < 0$
第三步:做运算	因为 $ax^2 + bx + c \geqslant 0$ 的解集是 $\left\{x \mid -\dfrac{1}{3} \leqslant x \leqslant 2\right\}$,所以 $-\dfrac{1}{3}$ 和 2 为方程 $ax^2 + bx + c = 0$ 的两根,因为 $ax^2 + bx + c \geqslant 0$ 的解集取中间,所以 $a < 0$,因为两根之积 $\dfrac{c}{a} = -\dfrac{2}{3} < 0$,所以 $c > 0$,再由根与系数的关系可知方程 $cx^2 + bx + a = 0$ 的两根为 -3 和 $\dfrac{1}{2}$,因为 $c > 0$,所以 $cx^2 + bx + a < 0$ 的解集取中间,为 $-3 < x < \dfrac{1}{2}$
第四步:选答案	本题选 B
第五步:谈收获	① 一元二次不等式解集端点处的值即为对应方程的根. ② 若 $ax^2 + bx + c = 0$ 的两根为 x_1 和 x_2,则 $ax^2 - bx + c = 0$ 的两根为 $-x_1$ 和 $-x_2$; $cx^2 + bx + a = 0$ 的两根为 $\dfrac{1}{x_1}$ 和 $\dfrac{1}{x_2}$; $cx^2 - bx + a = 0$ 的两根为 $-\dfrac{1}{x_1}$ 和 $-\dfrac{1}{x_2}$

例9 若不等式 $(k+3)x^2 - 2(k+3)x + k - 1 \geq 0$ 的解集为空集，则 k 的取值范围是（　　）.

A. $(-\infty, -3)$　　B. $(-\infty, -3]$　　C. $(-\infty, 3)$　　D. $(-\infty, 3]$　　E. $(-3, 3]$

【解析】

第一步：定考点	恒成立问题
第二步：锁关键	$(k+3)x^2 - 2(k+3)x + k - 1 \geq 0$ 的解集为空集
第三步：做运算	$(k+3)x^2 - 2(k+3)x + k - 1 \geq 0$ 的解集为空集等价于 $(k+3)x^2 - 2(k+3)x + k - 1 < 0$ 恒成立. ① 若 $k+3=0, k=-3$，则 $-3-1<0$ 恒成立. ② 若 $k+3 \neq 0$，则 $\begin{cases} k+3<0, \\ \Delta = 4(k+3)^2 - 4(k+3)(k-1) < 0, \end{cases}$ 解得 $k<-3$. 综上所述，$k \leq -3$
第四步：选答案	本题选 B
第五步：谈收获	① 碰到空集问题先转化为恒成立问题. ② 利用一元二次不等式分析恒成立问题时，如果二次项系数不确定，需讨论其是否为 0

考点 03　分式方程与不等式

一、考点精析

1. 分式方程的定义

　　分母里含有未知数或含有未知数整式的有理方程.

2. 分式方程的求解方法

　　第一步：去分母，方程两边同时乘以最简公分母，将分式方程化为整式方程；

　　第二步：移项，若有括号应先去括号，注意变号，合并同类项，把未知数的系数化为 1，求出未知数的值；

　　第三步：验根，验根时把整式方程的根代入最简公分母，如果最简公分母等于 0，这个根就是增根，否则，这个根就是原分式方程的根，若解出的根都是增根，则原方程无解.

3. 分式不等式的定义

　　分式不等式是不等式的一种，是指分母里含有未知数或含有未知数整式的有理不等式.

4. 分式不等式的求解方法

　　若分母的正负能确定，则直接左右同乘以最简公分母化为整式不等式分析；若分母的正负无法确定，则移项通分化为整式不等式分析.

二、例题解读

例10 若关于 x 的方程 $\dfrac{x+1}{x+2} - \dfrac{x}{x-1} = \dfrac{ax+2}{(x-1)(x+2)}$ 无解,则 a 有(　　)种不同的取值.

A. 1　　　　B. 2　　　　C. 3　　　　D. 4　　　　E. 5

【解析】

第一步:定考点	分式方程求解
第二步:锁关键	方程 $\dfrac{x+1}{x+2} - \dfrac{x}{x-1} = \dfrac{ax+2}{(x-1)(x+2)}$ 无解
第三步:做运算	左侧通分可得 $\dfrac{(x+1)(x-1)-x(x+2)}{(x+2)(x-1)} = \dfrac{ax+2}{(x-1)(x+2)}$,化简可得 $\dfrac{-2x-1}{(x+2)(x-1)} = \dfrac{ax+2}{(x-1)(x+2)}$,所以 $-2x-1 = ax+2$,解得 $x = -\dfrac{3}{a+2}$. 方程无解有以下 3 种情况:① $x = -\dfrac{3}{a+2}$ 无意义,此时 $a = -2$;② $x = -\dfrac{3}{a+2} = 1$,此时 $a = -5$;③ $x = -\dfrac{3}{a+2} = -2$,此时 $a = -\dfrac{1}{2}$. 所以 a 共有 3 种不同的取值
第四步:选答案	本题选 C
第五步:谈收获	分式方程无解并非表示未知数求不出来,而是求出来的解让方程没有意义

例11 设 $0 < x < 1$,则不等式 $\dfrac{3x^2-2}{x^2-1} > 1$ 的解集是(　　).

A. $\left(0, \dfrac{1}{\sqrt{2}}\right)$　　　　B. $\left(\dfrac{1}{\sqrt{2}}, 1\right)$　　　　C. $\left(0, \sqrt{\dfrac{2}{3}}\right)$

D. $\left(\sqrt{\dfrac{2}{3}}, 1\right)$　　　　E. 无法确定

【解析】

第一步:定考点	分式不等式求解
第二步:锁关键	$0 < x < 1$
第三步:做运算	因为 $0 < x < 1$,所以 $x^2 - 1 < 0$,故分式不等式化为整式不等式可得 $3x^2 - 2 < x^2 - 1$,解得 $0 < x < \dfrac{1}{\sqrt{2}}$
第四步:选答案	本题选 A
第五步:谈收获	分式不等式化为整式不等式时,一定要注意是否变号

例12 不等式 $\dfrac{x-2}{x+1} \geqslant 2$ 的解集为(　　).

A. $(-3,-1)$ B. $(-3,1)$ C. $[-4,-1)$

D. $(-3,1]$ E. $(-\infty,-4) \cup (-1,+\infty)$

【解析】

第一步:定考点	分式不等式求解
第二步:锁关键	$\dfrac{x-2}{x+1} \geqslant 2$
第三步:做运算	移项可得 $\dfrac{x-2}{x+1}-2 \geqslant 0$,通分可得 $\dfrac{x-2-2(x+1)}{x+1} \geqslant 0$,化为整式不等式可得 $(x+1)(-x-4) \geqslant 0$ 且 $x+1 \neq 0$,解得 $-4 \leqslant x < -1$
第四步:选答案	本题选 C
第五步:谈收获	解分式不等式时,若分母的正负无法确定,则移项通分化为整式不等式分析

考点 04　绝对值方程与不等式

一、考点精析

1. 定义

含绝对值符号的方程或不等式叫绝对值方程或不等式.

2. 方法说明

(1) 定义法:利用绝对值的定义去绝对值符号.

(2) 平方法:左右同时平方去绝对值符号.

(3) 画图法:利用绝对值函数图像分析.

二、例题解读

例 13　方程 $x^2-3|x-2|-4=0$ 的所有实根之和为(　　).

A. -4 B. -3 C. -2 D. -1 E. 0

【解析】

第一步:定考点	绝对值方程
第二步:锁关键	$x^2-3|x-2|-4=0$
第三步:做运算	本题可以分类讨论去绝对值符号: ① 当 $x \geqslant 2$ 时,方程可化为 $x^2-3x+2=0$,解得 $x_1=2,x_2=1$(舍去); ② 当 $x < 2$ 时,方程可化为 $x^2+3x-10=0$,解得 $x_1=-5,x_2=2$(舍去). 所以所求实根为 $2,-5$,其和为 -3
第四步:选答案	本题选 B

第五步:谈收获	去绝对值符号的常用方法: 平方法(注意要保证式子两侧大于等于0); 定义法(绝对值内部较为简单); 画图法(绝对值内部较为复杂)

例14 不等式$|x^2+2x+a|\leqslant 1$的解集为空集.

(1)$a<0$.

(2)$a>2$.

【解析】

第一步:定考点	恒成立问题
第二步:锁关键	证明$|x^2+2x+a|\leqslant 1$的解集为空集
第三步:做运算	$|x^2+2x+a|\leqslant 1$的解集为空集,即$|x^2+2x+a|>1$恒成立,所以有$x^2+2x+a>1$恒成立或$x^2+2x+a<-1$恒成立(舍去).由$x^2+2x+a>1$恒成立,且抛物线开口向上,故$\Delta=4-4(a-1)<0$,解得$a>2$,故条件(1)不充分,条件(2)充分
第四步:选答案	本题选B
第五步:谈收获	在代数方程或不等式中碰到空集问题一定要转化为恒成立问题分析

考点05 均值不等式

一、考点精析

1. 均值不等式的定义

若干个正数的算术平均值大于等于其几何平均值,即

$$\frac{x_1+x_2+x_3+\cdots+x_n}{n}\geqslant\sqrt[n]{x_1\cdot x_2\cdot x_3\cdot\cdots\cdot x_n}.$$

2. 均值不等式成立的条件

$x_1,x_2,x_3,\cdots,x_n\in \mathbf{R}^+$.

3. 均值不等式取到最值的条件

要想取到最值,需同时满足一正二定三相等,缺一不可.

(1) 一正:$x_1,x_2,x_3,\cdots,x_n\in \mathbf{R}^+$;

(2) 二定:和为定值则积有最大值,积为定值则和有最小值($x_1+x_2+x_3+\cdots+x_n$叫和,$x_1\cdot x_2\cdot x_3\cdot\cdots\cdot x_n$叫积);

(3) 三相等:$x_1=x_2=x_3=\cdots=x_n$.

4. 常考形式

(1) $a+b \geqslant 2\sqrt{ab}(a>0,b>0)$.

(2) $a+b+c \geqslant 3\sqrt[3]{abc}(a>0,b>0,c>0)$.

5. 恒成立的不等式

以下恒成立的不等式均用作差法和 0 作比较即可推导证明.

(1) $a^2+b^2 \geqslant 2ab$；

(2) $\left(\dfrac{a+b}{2}\right)^2 \geqslant ab$；

(3) $a^2+b^2 \geqslant \dfrac{(a+b)^2}{2}$；

(4) $a^2+b^2+c^2 \geqslant ab+bc+ac$.

二、例题解读

例 15 已知 $x>0,y>0$，且 $x+y=1$，则 $P=x+\dfrac{1}{x}+y+\dfrac{1}{y}$ 的最小值为（　　）.

A. 3　　　　B. 4　　　　C. 5　　　　D. 6　　　　E. 8

【解析】

第一步：定考点	均值不等式
第二步：锁关键	求 $P=x+\dfrac{1}{x}+y+\dfrac{1}{y}$ 的最小值
第三步：做运算	因为 $x>0,y>0$，且 $x+y=1$，由均值不等式可得 $P=x+\dfrac{1}{x}+y+\dfrac{1}{y}=1+\dfrac{x+y}{x}+\dfrac{x+y}{y}=3+\dfrac{y}{x}+\dfrac{x}{y} \geqslant 3+2\sqrt{1}=5$
第四步：选答案	本题选 C
第五步：谈收获	利用均值不等式求解最值时一定要注意三大前提是否同时满足

例 16 设函数 $f(x)=2x+\dfrac{a}{x^2}(a>0)$ 在 $(0,+\infty)$ 内的最小值为 $f(x_0)=12$，则 $x_0=$（　　）.

A. 5　　　　B. 4　　　　C. 3　　　　D. 2　　　　E. 1

【解析】

第一步：定考点	均值不等式
第二步：锁关键	$f(x)=2x+\dfrac{a}{x^2}(a>0)$ 在 $(0,+\infty)$ 内的最小值为 $f(x_0)=12$
第三步：做运算	依据均值不等式可得 $f(x)=2x+\dfrac{a}{x^2}=x+x+\dfrac{a}{x^2} \geqslant 3\sqrt[3]{a}$，所以 $3\sqrt[3]{a}=12$，解得 $\sqrt[3]{a}=4$，当且仅当 $x=\dfrac{a}{x^2}$ 时取到最小值，此时 $x_0=\sqrt[3]{a}=4$

第四步:选答案	本题选 B
第五步:谈收获	本题考查了利用均值不等式求最值的三大前提条件,本题的难点在于配凑定值,所以 $f(x)=2x+\dfrac{a}{x^2}=x+x+\dfrac{a}{x^2}\geqslant 3\sqrt[3]{a}$ 这一步变形是关键.一般情况下,我们都是通过加减运算配凑乘积为定值,通过乘除运算配凑和为定值

例 17 若 $x\in \mathbf{R}$,则 $\dfrac{x^2+3}{\sqrt{x^2+2}}$ 的最小值为( ).

A. 1 B. $\sqrt{2}$ C. $\sqrt{3}$ D. $\dfrac{3\sqrt{2}}{2}$ E. 3

【解析】

第一步:定考点	均值不等式
第二步:锁关键	求 $\dfrac{x^2+3}{\sqrt{x^2+2}}$ 的最小值
第三步:做运算	依题可得 $$\dfrac{x^2+3}{\sqrt{x^2+2}}=\dfrac{x^2+2+1}{\sqrt{x^2+2}}=\sqrt{x^2+2}+\dfrac{1}{\sqrt{x^2+2}},$$ 令 $t=\sqrt{x^2+2}\ (t\geqslant \sqrt{2})$,则 $h(t)=t+\dfrac{1}{t}$,该函数在 $[\sqrt{2},+\infty)$ 上单调递增,所以当 $t=\sqrt{2}$ 时取到最小值,最小值为 $h(\sqrt{2})=\sqrt{2}+\dfrac{1}{\sqrt{2}}=\dfrac{3\sqrt{2}}{2}$
第四步:选答案	本题选 D
第五步:谈收获	利用均值不等式求解最值时一定要注意三大前提是否同时满足

考点 06 三角不等式

一、考点精析

1. 三角不等式的定义

   $|a|-|b|\leqslant |a\pm b|\leqslant |a|+|b|$.

2. 三角不等式中等号成立的条件

   (1) $|a|-|b|=|a+b|$:$ab\leqslant 0$ 且 $|a|\geqslant |b|$.

   (2) $|a|-|b|=|a-b|$:$ab\geqslant 0$ 且 $|a|\geqslant |b|$.

   (3) $|a+b|=|a|+|b|$:$ab\geqslant 0$.

   (4) $|a-b|=|a|+|b|$:$ab\leqslant 0$.

3. 扩展

$$|x_1 \pm x_2 \pm x_3 \pm \cdots \pm x_n| \leqslant |x_1| + |x_2| + \cdots + |x_n|.$$

二、例题解读

例 18 已知 a,b 是实数,则 $|a| \leqslant 1, |b| \leqslant 1.$

(1) $|a+b| \leqslant 1.$

(2) $|a-b| \leqslant 1.$

【解析】

第一步:定考点	三角不等式
第二步:锁关键	$|a| \leqslant 1$ 且 $|b| \leqslant 1$
第三步:做运算	条件(1),举反例:$a=10, b=-9$,所以不充分;条件(2),举反例:$a=10, b=9$,所以不充分;联合分析,由三角不等式可得 $2|a|=|(a-b)+(a+b)| \leqslant |a-b|+|a+b| \leqslant 2 \Rightarrow |a| \leqslant 1$,同理,$2|b|=|(a-b)-(a+b)| \leqslant |a-b|+|a+b| \leqslant 2 \Rightarrow |b| \leqslant 1$,所以联合充分
第四步:选答案	本题选 C
第五步:谈收获	本题的难点是配凑 a, b,考试中可能会将 a, b 换为一次表达式,考生要学会识别

例 19 已知 $a \neq 3, b \neq 3$,则 $\dfrac{|a-b|}{|a-3|+|b-3|} < 1$ 成立.

(1) $a > 3, b > 3.$

(2) $a > b.$

【解析】

第一步:定考点	三角不等式
第二步:锁关键	$\dfrac{|a-b|}{|a-3|+|b-3|} < 1$ 成立
第三步:做运算	因为 $a \neq 3, b \neq 3$,所以 $\dfrac{|a-b|}{|a-3|+|b-3|} < 1$ 可变形为 $|a-b| < |a-3|+|b-3|$,再由三角不等式可得 $|a-b|=|(a-3)-(b-3)| \leqslant |a-3|+|b-3|$,当 $(a-3)(b-3) \leqslant 0$ 时取等号,所以当 $(a-3)(b-3) > 0$,即 $a>3, b>3$ 或 $a<3, b<3$ 时,$|(a-3)-(b-3)| < |a-3|+|b-3|$,故条件(1)充分,条件(2)不充分
第四步:选答案	本题选 A
第五步:谈收获	本题考查了三角不等式小于号的成立条件

考点 07 一元二次函数

一、考点精析

1. 定义

    形如 $y = ax^2 + bx + c(a \neq 0)$.

2. 核心参数的意义

    (1) a 决定开口方向,若 $a > 0$,则抛物线开口向上;若 $a < 0$,则抛物线开口向下.

    (2) a,b 决定对称轴的位置,抛物线的对称轴为 $x = -\dfrac{b}{2a}$.

    (3) c 决定抛物线在 y 轴上的截距,抛物线与 y 轴的交点坐标为 $(0,c)$.

3. 顶点坐标

    顶点坐标为 $\left(-\dfrac{b}{2a}, \dfrac{4ac-b^2}{4a}\right)$.

4. 最值本质

    越接近对称轴越接近最值.

5. 三种表现形式

    (1) 标准式:$y = ax^2 + bx + c$;

    (2) 零点式:$y = a(x - x_1)(x - x_2)$;

    (3) 顶点式:$y = a\left(x + \dfrac{b}{2a}\right)^2 + \dfrac{4ac-b^2}{4a}$.

6. 与 x 轴的交点个数

    利用 $\Delta = b^2 - 4ac$ 和 0 作比较.

    (1) $\Delta = b^2 - 4ac > 0$,抛物线与 x 轴有两个交点;

    (2) $\Delta = b^2 - 4ac = 0$,抛物线与 x 轴有一个交点;

    (3) $\Delta = b^2 - 4ac < 0$,抛物线与 x 轴没有交点.

7. 特殊的抛物线

    $y = ax^2 + bx + c(a \neq 0)$.

    (1) 若 $b = 0$,则 $y = ax^2 + c$,抛物线的对称轴为 y 轴;

    (2) 若 $c = 0$,则 $y = ax^2 + bx$,抛物线过原点;

    (3) 若 $b = c = 0$,则 $y = ax^2$,抛物线的对称轴为 y 轴且过原点.

二、例题解读

例 20 已知二次函数 $f(x) = ax^2 + bx + c$,则能确定 a,b,c 的值.

(1) 曲线 $y = f(x)$ 经过点 $(0,0)$ 和点 $(1,1)$.

(2) 曲线 $y=f(x)$ 与直线 $y=a+b$ 相切.

【解析】

第一步:定考点	一元二次函数
第二步:锁关键	要确定三个参数,需要三个方程
第三步:做运算	两条件明显单独均不充分,联合分析可得 $\begin{cases} c=0, \\ a+b=1, \\ \dfrac{4ac-b^2}{4a}=a+b, \end{cases}$ 解得 $\begin{cases} a=-1, \\ b=2, \\ c=0 \end{cases}$
第四步:选答案	本题选 C
第五步:谈收获	若抛物线与水平直线相切,则抛物线的顶点在该直线上

例 21 如图所示,已知二次函数 $y=ax^2+bx+c$,有下列 5 个结论:①$abc<0$;②$b<a+c$;③$4a+2b+c>0$;④$2c<3b$;⑤$a+b<m(am+b)(m\neq 1)$,则正确结论有( )个.

A. 1　　　　B. 2　　　　C. 3　　　　D. 4　　　　E. 5

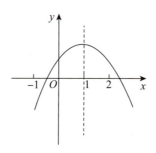

【解析】

第一步:定考点	一元二次函数
第二步:锁关键	明确 a,b,c 的具体意义
第三步:做运算	依题图可得抛物线开口向下,所以 $a<0$,对称轴为 $x=1$,所以 $-\dfrac{b}{2a}>0$,即 $b>0$,与 y 轴的交点在正半轴,所以 $c>0$,因此 $abc<0$,所以 ① 正确;依题图可得 $x=-1$ 处的函数值小于 0,所以 $a-b+c<0$,整理可得 $b>a+c$,所以 ② 错误;依题图可得 $x=2$ 处的函数值大于 0,因此 $4a+2b+c>0$,所以 ③ 正确;依题图可得 $-\dfrac{b}{2a}=1$,所以有 $a=-\dfrac{b}{2}$,又因为 $a-b+c<0$,所以 $-\dfrac{b}{2}-b+c<0$,化简得 $2c<3b$,所以 ④ 正确;依题图可得 $x=1$ 处的函数值为 $a+b+c$,点 $x=m$ 处的函数值为 am^2+bm+c,因为 $x=1$ 是抛物线的对称轴,且 $m\neq 1$,又抛物线开口向下,所以 $a+b+c>am^2+bm+c$,即 $a+b>m(am+b)(m\neq 1)$,所以 ⑤ 错误. 综上所述,正确结论一共有 3 个
第四步:选答案	本题选 C

第五步:谈收获	① 关注顶点、对称轴、坐标轴交点、特殊点的横纵坐标. ② 关注对称性. ③ 特殊点坐标的代数式整合化简

例22 设二次函数 $f(x)=ax^2+bx+c$，且 $f(2)=f(0)$，则 $\dfrac{f(3)-f(2)}{f(2)-f(1)}=$ （　　）.

A. 2　　　　B. 3　　　　C. 4　　　　D. 5　　　　E. 6

【解析】

第一步:定考点	一元二次函数
第二步:锁关键	$f(2)=f(0)$
第三步:做运算	因为 $f(2)=f(0)$，所以代入 $f(x)=ax^2+bx+c$ 可得 $4a+2b+c=c$，即 $b=-2a$，故有 $\dfrac{f(3)-f(2)}{f(2)-f(1)}=\dfrac{5a+b}{3a+b}=\dfrac{3a}{a}=3$
第四步:选答案	本题选 B
第五步:谈收获	二次函数 $f(x)=ax^2+bx+c$ 暗含 $a\neq 0$

例23 若 x,y,z 满足 $x-1=\dfrac{y+1}{2}=\dfrac{z-2}{3}$，则 $x^2+y^2+z^2$ 的最小值为（　　）.

A. 3　　　　B. $\dfrac{9}{4}$　　　　C. $\dfrac{9}{2}$　　　　D. $\dfrac{59}{14}$　　　　E. 6

【解析】

第一步:定考点	一元二次函数
第二步:锁关键	$x-1=\dfrac{y+1}{2}=\dfrac{z-2}{3}$
第三步:做运算	设 $x-1=\dfrac{y+1}{2}=\dfrac{z-2}{3}=k$，则 $x=k+1, y=2k-1, z=3k+2$，所以 $x^2+y^2+z^2=14k^2+10k+6$，故当 $k=-\dfrac{5}{14}$ 时，$x^2+y^2+z^2$ 取到最小值，为 $\dfrac{59}{14}$
第四步:选答案	本题选 D
第五步:谈收获	见到连比就设比值为 k

例24 已知 $f(x)=x^2+ax+b$，则 $0\leqslant f(1)\leqslant 1$.

(1) $f(x)$ 在区间 $[0,1]$ 中有两个零点.

(2) $f(x)$ 在区间 $[1,2]$ 中有两个零点.

【解析】

第一步:定考点	一元二次函数
第二步:锁关键	已知零点的范围求某点函数值的范围
第三步:做运算	设抛物线 $f(x)=x^2+ax+b$ 与 x 轴的两个交点分别为 x_1 和 x_2,则 $f(x)=(x-x_1)(x-x_2)$,那么 $f(1)=(1-x_1)(1-x_2)$. 条件(1),$f(x)$ 在区间$[0,1]$中有两个零点,所以 $0 \leqslant x_1 \leqslant 1, 0 \leqslant x_2 \leqslant 1$,从而 $0 \leqslant 1-x_1 \leqslant 1, 0 \leqslant 1-x_2 \leqslant 1$,两式相乘,则 $0 \leqslant f(1)=(1-x_1)(1-x_2) \leqslant 1$,所以条件(1)充分;条件(2),$f(x)$ 在区间 $[1,2]$ 中有两个零点,所以 $1 \leqslant x_1 \leqslant 2, 1 \leqslant x_2 \leqslant 2$,从而 $-1 \leqslant 1-x_1 \leqslant 0, -1 \leqslant 1-x_2 \leqslant 0$,两式相乘,则 $0 \leqslant f(1)=(1-x_1)(1-x_2) \leqslant 1$,所以条件(2)也充分
第四步:选答案	本题选 D
第五步:谈收获	$f(x)=ax^2+bx+c=a(x-x_1)(x-x_2)(a \neq 0)$,其中 x_1 和 x_2 为 $f(x)$ 与 x 轴的两个交点

考点 08 指对函数

一、考点精析

1. 指对函数的图像性质

	指数函数	对数函数
定义	形如 $y=a^x(a>0, a \neq 1)$	形如 $y=\log_a x(a>0, a \neq 1)$
图像		
性质	(1) 定义域:$\mathbf{R}$. (2) 值域:$(0,+\infty)$. (3) 恒过点$(0,1)$. (4) 当 $a>1$ 时,在 $\mathbf{R}$ 上是增函数; 当 $0<a<1$ 时,在 $\mathbf{R}$ 上是减函数	(1) 定义域:$(0,+\infty)$. (2) 值域:$\mathbf{R}$. (3) 恒过点$(1,0)$. (4) 当 $a>1$ 时,在 $(0,+\infty)$ 上是增函数; 当 $0<a<1$ 时,在 $(0,+\infty)$ 上是减函数

2. 指对函数的运算公式

指数函数的运算公式	对数函数的运算公式
(1) $a^m \cdot a^n = a^{m+n}$; (2) $a^m \div a^n = a^{m-n}$; (3) $(a^m)^n = (a^n)^m = a^{mn}$; (4) $a^m b^m = (ab)^m$; (5) $a^0 = 1, a^{-n} = \dfrac{1}{a^n}$	(1) $\log_a M + \log_a N = \log_a (MN)$; (2) $\log_a M - \log_a N = \log_a \dfrac{M}{N}$; (3) $\log_{a^n} b^m = \dfrac{m}{n} \log_a b$; (4) (换底公式) $\log_a N = \dfrac{\log_b N}{\log_b a}$; (5) $\log_a b \cdot \log_b a = 1$
指对互换: $a^b = N \Leftrightarrow \log_a N = b (a > 0, a \neq 1, N > 0)$	

二、例题解读

例 25 已知 $a = 4^{0.6}, b = \log_3 8, c = \ln 2$,则( ).

A. $a < c < b$ B. $c < a < b$ C. $b < c < a$ D. $c < b < a$ E. $b < a < c$

【解析】

第一步:定考点	指对函数
第二步:锁关键	利用单调性比大小
第三步:做运算	因为 $4^{0.6} > 4^{0.5} = 2$,所以 $a > 2$; 因为 $\log_3 3 < \log_3 8 < \log_3 9$,所以 $1 < b < 2$; 因为 $\ln 1 < \ln 2 < \ln e$,所以 $0 < c < 1$. 故有 $c < b < a$
第四步:选答案	本题选 D
第五步:谈收获	指对函数比大小最常用的方法就是利用单调性和特殊点处的函数值

例 26 已知集合 $A = \{x \mid \lg x < 0\}, B = \{x \mid 3^x < 1\}$,则( ).

A. $A \cap B = \{x \mid x < 0\}$　　B. $A \cap B = \{x \mid 0 < x < 1\}$　　C. $A \cup B = \mathbf{R}$

D. $A \cup B = \{x \mid x > 1\}$　　E. $A \cap B = \varnothing$

【解析】

第一步:定考点	指对函数、集合
第二步:锁关键	$A = \{x \mid \lg x < 0\}, B = \{x \mid 3^x < 1\}$
第三步:做运算	集合 $A = \{x \mid \lg x < 0\}$,由 $\lg 1 = 0$,得集合 $A = \{x \mid 0 < x < 1\}$;集合 $B = \{x \mid 3^x < 1\}$,由 $3^0 = 1$,得集合 $B = \{x \mid x < 0\}$. 故 $A \cap B = \varnothing, A \cup B = \{x \mid x < 1, x \neq 0\}$

续表

第四步:选答案	本题选 E
第五步:谈收获	指对函数比大小最常用的方法就是利用单调性和特殊点处的函数值

例 27 已知函数 $f(x)=2^x-x-1$,则不等式 $f(x)>0$ 的解集为（　　）.

A. $(-1,1)$　　　　B. $(-\infty,-1) \bigcup (1,+\infty)$　　　　C. $(0,1)$

D. $(-\infty,0) \bigcup (1,+\infty)$　　　　E. $\mathbf{R}$

【解析】

第一步:定考点	指数函数
第二步:锁关键	$f(x)=2^x-x-1$
第三步:做运算	不等式 $f(x)>0$ 等价于 $2^x>x+1$,分别作出 $y=2^x$,$y=x+1$ 的图像,如图所示. 两个函数图像的交点为 $(0,1)$,$(1,2)$,观察图像可知当 $x<0$ 或 $x>1$ 时,函数 $y=2^x$ 的图像在 $y=x+1$ 的上方,此时 $2^x>x+1$,故 $f(x)>0$ 的解集为 $(-\infty,0) \bigcup (1,+\infty)$
第四步:选答案	本题选 D
第五步:谈收获	指对函数比大小最常用的方法就是利用单调性和特殊点处的函数值

例 28 已知函数 $f(x)=\log_2(x^2+a)$,若 $f(3)=1$,则 $a=$（　　）.

A. 1　　　　B. -1　　　　C. 2　　　　D. -2　　　　E. -7

【解析】

第一步:定考点	对数函数
第二步:锁关键	$f(3)=1$
第三步:做运算	因为 $f(3)=1$,所以 $\log_2(3^2+a)=\log_2(9+a)=1$,因为 $\log_2 2=1$,所以 $9+a=2$,解得 $a=-7$
第四步:选答案	本题选 E
第五步:谈收获	本题也可以代入选项验证答案

第三节 技巧梳理

40 技 ▶ 根在区间上的存在性模型

适用题型	已知一元二次方程根的范围,反求参数的范围
技巧说明	如果函数 $f(x)$ 在区间 $[a,b]$ 上的图像是一条连续不断的曲线,并且满足 $f(a) \cdot f(b) < 0$,则函数 $f(x)$ 在区间 (a,b) 内有零点

例29 若关于 x 的二次方程 $mx^2-(m-1)x+m-5=0$ 有两个实根 α 和 β,且满足 $-1<\alpha<0$ 和 $0<\beta<1$,则 m 的取值范围是( ).

A. $3<m<4$ B. $4<m<5$ C. $5<m<6$

D. $m<5$ 或 $m>6$ E. $m<4$ 或 $m>5$

【解析】

第一步:定考点	根在区间上的存在性问题
第二步:锁关键	$-1<\alpha<0$ 和 $0<\beta<1$
第三步:做运算	设 $f(x)=mx^2-(m-1)x+m-5$,根据零点存在定理可得 $\begin{cases} f(-1)f(0)=(3m-6)(m-5)<0, \\ f(0)f(1)=(m-5)(m-4)<0, \end{cases}$ 解得 $4<m<5$
第四步:选答案	本题选 B
第五步:谈收获	如果函数 $f(x)$ 在区间 $[a,b]$ 上的图像是一条连续不断的曲线,并且满足 $f(a) \cdot f(b)<0$,则函数 $f(x)$ 在区间 (a,b) 内有零点

41 技 ▶ 二次函数平移模型

适用题型	二次函数所给参数的数值较大,无法直接计算
技巧说明	若 $f(x)$ 为二次函数,设 $g(x)=f(x+m), m \in \mathbf{R}$,则 $g(x)$ 为二次函数

例30 若 $f(x)$ 为二次函数,且 $f(2\,022)=1, f(2\,023)=2, f(2\,024)=7$,则 $f(2\,026)$ 的值为( ).

A. 11 B. 19 C. 21 D. 23 E. 29

【解析】

第一步:定考点	二次函数平移问题

续表

第二步:锁关键	$f(2\,022)=1, f(2\,023)=2, f(2\,024)=7$
第三步:做运算	$f(x)$ 为二次函数,设 $g(x)=f(x+2\,023)$,则 $g(x)$ 也为二次函数,设 $g(x)=ax^2+bx+c$,此时可看为 $\begin{cases}g(-1)=1,\\g(0)=2,\\g(1)=7,\end{cases}$ 所以有 $\begin{cases}a-b+c=1,\\c=2,\\a+b+c=7,\end{cases}$ 解得 $\begin{cases}a=2,\\b=3,\\c=2,\end{cases}$ 所以 $g(x)=2x^2+3x+2$,故可得 $f(2\,026)=g(3)=29$
第四步:选答案	本题选 E
第五步:谈收获	在二次函数中碰到较大的数或不容易算的数,可以通过平移简化运算

42 技 ▶ 二次函数对称模型

适用题型	在抛物线中出现 $f(m)=f(n)$
技巧说明	设 $f(x)=ax^2+bx+c$,若 $f(m)=f(n)$,且 $m\neq n$,则 $-\dfrac{b}{2a}=\dfrac{m+n}{2}$

例 31 设二次函数 $f(x)=x^2+bx+c$,若 $f(x_1)=f(x_2)(x_1\neq x_2)$,则能确定 $f(x_1+x_2)$ 的值.

(1) 已知 b 的值.

(2) 已知 c 的值.

【解析】

第一步:定考点	二次函数对称模型
第二步:锁关键	$f(x_1)=f(x_2)(x_1\neq x_2)$
第三步:做运算	依题可得 $f(x_1)=f(x_2)(x_1\neq x_2)$,所以 $-\dfrac{b}{2}=\dfrac{x_1+x_2}{2}$,因此 $x_1+x_2=-b$,所以 $f(x_1+x_2)=f(-b)=b^2-b^2+c=c$,故确定 $f(x_1+x_2)$ 的值只需要知道 c 的值即可,所以条件(1) 不充分,条件(2) 充分
第四步:选答案	本题选 B
第五步:谈收获	设 $f(x)=ax^2+bx+c$,若 $f(m)=f(n)$,且 $m\neq n$,则 $-\dfrac{b}{2a}=\dfrac{m+n}{2}$

第四节　本章测评

一、问题求解

1. 在解方程组 $\begin{cases} ax+y=-8, \\ bx-cy=5 \end{cases}$ 时，小王正确解得 $\begin{cases} x=3, \\ y=1, \end{cases}$ 而小李因看错 a 解得 $\begin{cases} x=7, \\ y=-1, \end{cases}$ 若两人的计算过程均没有错误，则 abc 的值为(　　).

   A. 1　　　　B. 6　　　　C. -12　　　　D. 24　　　　E. -36

2. 设函数 $f(x)=\log_a(x^2+2x-3)$，若 $f(2)>0$，则 $f(x)$ 的单调递减区间为(　　).

   A. $(1,+\infty)$　　B. $(-\infty,-1)$　　C. $(-\infty,-3)$　　D. $(3,+\infty)$　　E. $(1,3)$

3. 若函数 $f(x)$ 满足 $f(xy)=f(x)+f(y)$，且 $f(2)=3,f(3)=2$，则 $f(36)$ 的值为(　　).

   A. 10　　　　B. 13　　　　C. 25　　　　D. 37　　　　E. 42

4. 已知关于 x 的一元二次方程 $x^2-mx+2m-1=0$ 的两实根分别为 x_1,x_2，且 $x_1^2+x_2^2=7$，则 $x_1^2+x_2^2-2x_1x_2$ 的值是(　　).

   A. -11　　B. -9　　C. 9　　D. 13　　E. -11 或 13

5. 设二次方程 $ax^2+bx+c=0(ac\neq 0)$ 的两根之和为 S_1，两根的平方和为 S_2，则 $\dfrac{a}{c}(S_2-S_1^2)$ 的值是(　　).

   A. -2　　B. -1　　C. 0　　D. 1　　E. 2

6. 若 $f(x)=x+\dfrac{5}{x-3},x\in(3,+\infty)$，则 $f(x)$ 的最小值为(　　).

   A. $\sqrt{11}$　　B. $\sqrt{11}+3$　　C. $2\sqrt{5}$　　D. $2\sqrt{5}+3$　　E. 8

7. 已知 $a>0,b>0$ 且 $ab=1$，则 $\dfrac{1}{2a}+\dfrac{1}{2b}+\dfrac{8}{a+b}$ 的最小值为(　　).

   A. 1　　　　B. 2　　　　C. 3　　　　D. 4　　　　E. $2\sqrt{2}$

8. 若 $ax^2+bx+c>0$ 的解集为 $(-\infty,-2)\cup(4,+\infty)$，且 $f(x)=ax^2+bx+c$ 过点 $(0,-8)$，则 $f(x)$ 的最小值为(　　).

   A. -9　　B. -6　　C. -3　　D. 3　　E. 6

9. 设 α,β 是方程 $2x^2-3|x|-2=0$ 的两个实数根，则 $\dfrac{\alpha\beta}{|\alpha|+|\beta|}$ 的值为(　　).

   A. -1　　B. $-\dfrac{2}{3}$　　C. $-\dfrac{2}{5}$　　D. $\dfrac{2}{3}$　　E. $-\dfrac{1}{3}$

10. 若二次方程 $x^2 - px - q = 0 (p,q \in \mathbf{Z}^+)$ 的正根小于 3,则这样的二次方程有( )个.

   A. 4　　　B. 5　　　C. 6　　　D. 7　　　E. 8

11. 已知 $x > 0$,则函数 $y = \dfrac{6}{x} + 3x^2$ 的最小值为( ).

   A. 3　　　B. 6　　　C. 9　　　D. 15　　　E. 18

12. 已知方程 $x^2 - 2\,023x + 1 = 0$ 的两根分别为 x_1, x_2,则 $x_1^2 - \dfrac{2\,023}{x_2}$ 的值为( ).

   A. 0　　　B. 1　　　C. -1　　　D. 2 023　　　E. $-2\,023$

13. 已知 a,b,c,d 为正整数,且 $a+b=20, a+c=24, a+d=22$,设 $a+b+c+d$ 的最大值为 M,最小值为 N,则 $M-N$ 的值为( ).

   A. 20　　　B. 22　　　C. 24　　　D. 32　　　E. 36

14. 分式 $\dfrac{6x^2 + 12x + 10}{x^2 + 2x + 2}$ 可取得的最小值为( ).

   A. 2　　　B. 4　　　C. 6　　　D. 8　　　E. 12

15. 关于 x 的方程 $\dfrac{2kx+a}{3} = 2 + \dfrac{x-bk}{6}$,无论 k 取何值,方程的根总是 1,则 $a+b$ 的值为( ).

   A. 1　　　B. 2　　　C. $\dfrac{5}{2}$　　　D. 3　　　E. $\dfrac{7}{2}$

二、条件充分性判断

16. 方程 $\dfrac{a}{x^2-1} + \dfrac{1}{x+1} + \dfrac{1}{x-1} = 0$ 有实根.

   (1) 实数 $a \neq 2$.

   (2) 实数 $a \neq -2$.

17. 若 $f(x)$ 为二次函数,则必有 $f\left(-\dfrac{1}{4}\right) > f\left(\dfrac{11}{4}\right)$.

   (1) $f(x) = \dfrac{1}{2}x^2 - 3x + c$.

   (2) $f(x) = ax^2 + bx + c$ 对任意实数 x 都有 $f(x+3) = f(3-x)$.

18. 已知函数 $f(x) = -x^2 + 4x + a$,则 $f(x)$ 在所给区间内的最大值是 1.

   (1) 当 $x \in (1,3]$ 时,$f(x)$ 有最小值 -2.

   (2) 当 $x \in [0,1]$ 时,$f(x)$ 有最小值 -2.

19. 一元二次方程 $ax^2 + bx + c = 0$ 的两实根 x_1, x_2 满足 $x_1 \cdot x_2 < 0$.

   (1) $a+b+c = 0$,且 $abc > 0$.

   (2) $a+b+c = 0$,且 $abc < 0$.

20. 已知 m 是实数,则方程 $x^2-2mx+2m^2-1=0$ 有实数根.

   (1) 方程 $x^2-2x-m=0$ 有实数根.

   (2) 方程 $x^2-2x+m=0$ 有实数根.

21. 若抛物线 $f(x)=x^2+bx+c$ 与 x 轴交于 A,B 两点,则点 A,B 之间的距离为 4.

   (1) $b=4,c=0$.

   (2) $b^2-4c=16$.

22. 二次函数 $y=(2-a)x^2-x+\dfrac{1}{4}$ 的图像与 x 轴有交点.

   (1) $a<2$.

   (2) $a>1$.

23. 若二次函数 $f(x)=ax^2+bx+c$,则能确定 $\dfrac{2b}{a}$ 的值.

   (1) $f(x)>0$ 的解集为 $\{x\mid -1<x<2\}$.

   (2) $f(-x)<0$ 的解集为 $\{x\mid -2<x<1\}$.

24. 已知 a,b 为实数,则能确定 $\dfrac{a}{b}$ 的值.

   (1) $a,b,a+b$ 为等比数列.

   (2) $a(a+b)>0$.

25. 设 a,b 为实数,则能确定 $|a|+|b|$ 的值.

   (1) 已知 $|a+b|$ 的值.

   (2) 已知 $|a-b|$ 的值.

◀ **参考答案** ▶

答案速查表				
1～5	6～10	11～15	16～20	21～25
BCADA	DDAAD	CCFBC	CABEC	DCDEC

一、问题求解

1.【解析】

第一步:定考点	二元一次方程组的基本运用
第二步:锁关键	看清谁错谁没错是关键

续表

第三步:做运算	依题可得 $\begin{cases} 3a+1=-8, \\ 3b-c=5, \\ 7b+c=5, \end{cases}$ 解得 $\begin{cases} a=-3, \\ b=1, \\ c=-2, \end{cases}$ 所以 $abc=6$
第四步:选答案	本题选 B
第五步:谈收获	在错解问题中锁定有用信息,需要看错解影响的系数是哪些,和哪些系数无关

2.【解析】

第一步:定考点	对数函数
第二步:锁关键	$f(x)=\log_a(x^2+2x-3)$
第三步:做运算	$f(2)=\log_a 5>0=\log_a 1$,于是 $a>1$,所以函数 $y=\log_a x$ 单调递增. 令 $g(x)=x^2+2x-3$,要求真数 $g(x)>0$,解得 $x<-3$ 或 $x>1$. 根据同增异减原则,需求出 $g(x)$ 的单调递减区间,即 $x<-1$(由抛物线的对称轴易知). 综上,$x<-3$
第四步:选答案	本题选 C
第五步:谈收获	复合函数的单调性遵循同增异减的原则

3.【解析】

第一步:定考点	抽象函数
第二步:锁关键	$f(xy)=f(x)+f(y)$
第三步:做运算	依题得 $f(36)=f(6)+f(6)=2[f(2)+f(3)]=10$
第四步:选答案	本题选 A
第五步:谈收获	本类题目只需要根据所给的函数运算法则进行运算即可

4.【解析】

第一步:定考点	韦达定理
第二步:锁关键	$x^2-mx+2m-1=0$ 的两实根分别为 x_1,x_2
第三步:做运算	由韦达定理可得 $x_1+x_2=m,x_1x_2=2m-1$,所以 $x_1^2+x_2^2=m^2-2(2m-1)=7$,解得 $m=-1$ 或 $m=5$,又当 $m=5$ 时,$\Delta=m^2-4(2m-1)=-11<0$,故 $m=5$ 应舍去,则 $x_1^2+x_2^2-2x_1x_2=7-2(2m-1)=13$
第四步:选答案	本题选 D
第五步:谈收获	利用韦达定理求值时,如果答案不唯一,记得验证判别式

5.【解析】

第一步:定考点	韦达定理
第二步:锁关键	$ax^2+bx+c=0(ac\neq 0)$ 的两根之和为 S_1,两根的平方和为 S_2
第三步:做运算	设方程的两根分别为 x_1 和 x_2,则有 $x_1+x_2=-\dfrac{b}{a}$,$x_1x_2=\dfrac{c}{a}$,$S_1=x_1+x_2$,$S_2=x_1^2+x_2^2$,所以 $\dfrac{a}{c}(S_2-S_1^2)=\dfrac{a}{c}[(x_1^2+x_2^2)-(x_1+x_2)^2]=-2$
第四步:选答案	本题选 A
第五步:谈收获	韦达定理研究的是两根之积或两根之和与系数的关系,如果题干求的不是和与积,需要转化为和与积分析

6.【解析】

第一步:定考点	均值不等式
第二步:锁关键	求 $f(x)=x+\dfrac{5}{x-3}$,$x\in(3,+\infty)$ 的最小值
第三步:做运算	依据均值不等式得 $f(x)=x+\dfrac{5}{x-3}=x-3+\dfrac{5}{x-3}+3\geqslant 2\sqrt{5}+3(x>3)$,所以 $f(x)$ 的最小值为 $2\sqrt{5}+3$
第四步:选答案	本题选 D
第五步:谈收获	利用均值不等式求最值必须同时满足一正二定三相等

7.【解析】

第一步:定考点	均值不等式
第二步:锁关键	求 $\dfrac{1}{2a}+\dfrac{1}{2b}+\dfrac{8}{a+b}$ 的最小值
第三步:做运算	因为 $a>0$,$b>0$ 且 $ab=1$,所以 $\dfrac{1}{2a}+\dfrac{1}{2b}+\dfrac{8}{a+b}=\dfrac{ab}{2a}+\dfrac{ab}{2b}+\dfrac{8}{a+b}=\dfrac{a+b}{2}+\dfrac{8}{a+b}$,由均值不等式可得 $\dfrac{a+b}{2}+\dfrac{8}{a+b}\geqslant 2\sqrt{4}=4$,所以最小值为 4
第四步:选答案	本题选 D
第五步:谈收获	利用均值不等式求最值必须同时满足一正二定三相等

8.【解析】

第一步:定考点	一元二次不等式
第二步:锁关键	$ax^2+bx+c>0$ 的解集为 $(-\infty,-2)\cup(4,+\infty)$

续表

第三步:做运算	依题得 $\begin{cases} 4a-2b+c=0, \\ 16a+4b+c=0, \\ c=-8, \end{cases}$ 解得 $\begin{cases} a=1, \\ b=-2, \\ c=-8, \end{cases}$ 故 $f(x)=x^2-2x-8$,其最小值为 $f(1)=-9$
第四步:选答案	本题选 A
第五步:谈收获	一元二次不等式解集端点处的数值即为对应方程的根

9.【解析】

第一步:定考点	一元二次方程
第二步:锁关键	α,β 是方程 $2x^2-3|x|-2=0$ 的两个实数根
第三步:做运算	依题可得 $2|x|^2-3|x|-2=0$,因式分解 $(|x|-2)(2|x|+1)=0$,解得 $x=2$ 或 $x=-2$,由此得 $\alpha\beta=-4$,$|\alpha|+|\beta|=4$,所以 $\dfrac{\alpha\beta}{|\alpha|+|\beta|}=-1$
第四步:选答案	本题选 A
第五步:谈收获	十字相乘因式分解是求一元二次方程根的最常用的方法之一

10.【解析】

第一步:定考点	一元二次方程
第二步:锁关键	$x^2-px-q=0(p,q\in \mathbf{Z}^+)$ 的正根小于 3
第三步:做运算	设 $f(x)=x^2-px-q(p,q\in \mathbf{Z}^+)$,二次函数开口向上,要想使正根小于 3,则必须满足 $f(3)=9-3p-q>0$,即 $3p+q<9$,因为 $p,q\in\mathbf{Z}^+$,所以列举可得,当 $p=1$ 时,$q=1,2,3,4,5$;当 $p=2$ 时,$q=1,2$,共 7 种不同情况
第四步:选答案	本题选 D
第五步:谈收获	数形结合是数学的基本方法之一,很多函数相关的题目,通过画图可以更直观地发现题目的本质

11.【解析】

第一步:定考点	均值不等式
第二步:锁关键	$x>0$,求 $y=\dfrac{6}{x}+3x^2$ 的最小值

第三步:做运算	$y = \frac{6}{x} + 3x^2 = \frac{3}{x} + \frac{3}{x} + 3x^2 \geqslant 3\sqrt[3]{\frac{3}{x} \cdot \frac{3}{x} \cdot 3x^2} = 3\sqrt[3]{27} = 9$,即最小值为9,当且仅当$\frac{3}{x} = 3x^2$时取等号
第四步:选答案	本题选C
第五步:谈收获	利用均值不等式求最值必须同时满足一正二定三相等

12.【解析】

第一步:定考点	韦达定理
第二步:锁关键	方程$x^2 - 2\,023x + 1 = 0$的两根分别为x_1, x_2
第三步:做运算	依题可得$x_1^2 = 2\,023x_1 - 1$,所以$x_1^2 - \frac{2\,023}{x_2} = 2\,023x_1 - \frac{2\,023}{x_2} - 1 = 2\,023\left(x_1 - \frac{1}{x_2}\right) - 1 = 2\,023 \times \frac{x_1 x_2 - 1}{x_2} - 1$,由韦达定理可得$x_1 x_2 = 1$,所以原式$= 0 - 1 = -1$
第四步:选答案	本题选C
第五步:谈收获	利用韦达定理解题时,一定不能忘记原方程所蕴含的等量关系

13.【解析】

第一步:定考点	一次不等式的基本运用
第二步:锁关键	$a + b = 20, a + c = 24, a + d = 22$,四个字母三个方程
第三步:做运算	依题可得$b = 20 - a, c = 24 - a, d = 22 - a$,因为$a, b, c, d$为正整数,所以$\begin{cases} a \geqslant 1, \\ 20 - a \geqslant 1, \\ 24 - a \geqslant 1, \\ 22 - a \geqslant 1, \end{cases}$化简得$\begin{cases} a \geqslant 1, \\ a \leqslant 19, \\ a \leqslant 23, \\ a \leqslant 21, \end{cases}$解得$1 \leqslant a \leqslant 19$. 因为$a + b + c + d = a + 20 - a + 24 - a + 22 - a = 66 - 2a$,所以$28 \leqslant a + b + c + d \leqslant 64$,故最大值为64,最小值为28,则$M - N = 64 - 28 = 36$
第四步:选答案	本题选E
第五步:谈收获	当未知数的个数超过方程的个数时,可以先消元转化为用一个字母来表示,再依据该字母的范围求整个表达式的范围

14.【解析】

第一步:定考点	一元二次函数

续表

第二步:锁关键	分子分母均有变量
第三步:做运算	$\dfrac{6x^2+12x+10}{x^2+2x+2}=\dfrac{6(x^2+2x+2)-2}{x^2+2x+2}=6-\dfrac{2}{x^2+2x+2}$,利用二次函数顶点坐标可得分母 x^2+2x+2 的最小值为1,所以原分式的最小值为 $6-2=4$
第四步:选答案	本题选 B
第五步:谈收获	分子和分母都有未知量,可用分离常数法将其中一个转化为常数分析

15.【解析】

第一步:定考点	恒成立问题
第二步:锁关键	无论 k 取何值,方程的根总是1
第三步:做运算	将 $x=1$ 代入方程可得 $\dfrac{2k+a}{3}=2+\dfrac{1-bk}{6}$,左右两侧同时乘以6可得 $4k+2a=12+1-bk$,整理可得 $k(4+b)+2a-13=0$,令 $\begin{cases}4+b=0,\\2a-13=0,\end{cases}$ 解得 $\begin{cases}a=\dfrac{13}{2},\\b=-4,\end{cases}$ 所以 $a+b=\dfrac{5}{2}$
第四步:选答案	本题选 C
第五步:谈收获	无论 k 取何值,方程的根总是1,可以利用分离参数法分析

二、条件充分性判断

16.【解析】

第一步:定考点	分式方程求解
第二步:锁关键	方程 $\dfrac{a}{x^2-1}+\dfrac{1}{x+1}+\dfrac{1}{x-1}=0$ 有实根
第三步:做运算	原方程左右两侧同时乘以 $(x+1)(x-1)$ 化为整式方程,可得 $a+(x-1)+(x+1)=0$,解得 $x=-\dfrac{a}{2}$,因为方程有实根,所以分母不能为0,即 $x\neq\pm 1$,所以 $-\dfrac{a}{2}\neq\pm 1$,故 $a\neq\pm 2$,所以两条件单独均不充分,联合充分
第四步:选答案	本题选 C
第五步:谈收获	分式方程一定要注意验根

17.【解析】

第一步:定考点	一元二次函数比大小

续表

第二步:锁关键	$f\left(-\dfrac{1}{4}\right) > f\left(\dfrac{11}{4}\right)$
第三步:做运算	由条件(1)可得 $f(x)$ 的对称轴为 $x=3$,开口向上,所以 x 值越接近3函数值越小,离3越远函数值越大,所以必然有 $f\left(-\dfrac{1}{4}\right) > f\left(\dfrac{11}{4}\right)$,因此条件(1)充分;条件(2)无法确定开口方向,所以无法比大小,不充分
第四步:选答案	本题选 A
第五步:谈收获	一元二次函数比大小,只和开口方向、对称轴有关系

18.【解析】

第一步:定考点	一元二次函数
第二步:锁关键	$f(x) = -x^2 + 4x + a$
第三步:做运算	$f(x) = -(x-2)^2 + a + 4$. 条件(1),当 $x \in (1,3]$ 时,$f(x)$ 有最小值 -2,所以 $f_{\min}(x) = f(3) = 3 + a = -2$,解得 $a = -5$,故 $f(x) = -(x-2)^2 - 5 + 4 = -(x-2)^2 - 1$,在 $x = 2$ 时,取得最大值,为 -1,不充分;条件(2),当 $x \in [0,1]$ 时,$f(x)$ 有最小值 -2,$f_{\min}(x) = f(0) = a = -2$,故 $f(x) = -(x-2)^2 - 2 + 4 = -(x-2)^2 + 2$,在 $x = 1$ 时,取得最大值,为1,充分
第四步:选答案	本题选 B
第五步:谈收获	抛物线开口向上,越接近对称轴越接近最小值,离对称轴越远函数值越大,反之,抛物线开口向下,越接近对称轴越接近最大值,离对称轴越远函数值越小

19.【解析】

第一步:定考点	韦达定理
第二步:锁关键	$x_1 \cdot x_2 < 0$
第三步:做运算	由韦达定理可得 $x_1 \cdot x_2 = \dfrac{c}{a} < 0$,即 $ac < 0$. 条件(1),$a + b + c = 0$ 且 $abc > 0$,此时 a,c 正负无法判定,所以条件(1)不充分,同理条件(2)也不充分,两条件矛盾,无法联合分析
第四步:选答案	本题选 E
第五步:谈收获	① $a + b + c = 0$,且 $abc > 0$,则 a,b,c 必满足1正2负. ② $a + b + c = 0$,且 $abc < 0$,则 a,b,c 必满足2正1负

20.【解析】

第一步:定考点	一元二次方程
第二步:锁关键	方程 $x^2-2mx+2m^2-1=0$ 有实数根
第三步:做运算	方程 $x^2-2mx+2m^2-1=0$ 有实数根,则 $(-2m)^2-4(2m^2-1)\geqslant 0$,解得 $-1\leqslant m\leqslant 1$。由条件(1)得 $\Delta=4+4m\geqslant 0$,即 $m\geqslant -1$,不充分;由条件(2)得 $\Delta=4-4m\geqslant 0$,即 $m\leqslant 1$,不充分;联合分析可得 $-1\leqslant m\leqslant 1$,充分
第四步:选答案	本题选 C
第五步:谈收获	判定二次方程有无实根,利用判别式和 0 作比较

21.【解析】

第一步:定考点	韦达定理
第二步:锁关键	$f(x)=x^2+bx+c$ 与 x 轴交于 A,B 两点
第三步:做运算	设两交点横坐标分别为 x_1,x_2,由韦达定理可得 $x_1+x_2=-b,x_1x_2=c$,所以有 $\|x_1-x_2\|=\sqrt{(x_1+x_2)^2-4x_1x_2}=\sqrt{b^2-4c}$. 条件(1),$b=4,c=0$,所以 $\|x_1-x_2\|=\sqrt{16-0}=4$,充分; 条件(2),$b^2-4c=16$,所以 $\|x_1-x_2\|=\sqrt{16}=4$,充分
第四步:选答案	本题选 D
第五步:谈收获	$\|x_1-x_2\|=\dfrac{\sqrt{\Delta}}{\|a\|}$

22.【解析】

第一步:定考点	一元二次函数
第二步:锁关键	二次函数 $y=(2-a)x^2-x+\dfrac{1}{4}$ 的图像与 x 轴有交点
第三步:做运算	由题意知 $a\neq 2$,当 $\Delta\geqslant 0$ 时,该函数图像与 x 轴有交点,即 $1-(2-a)\geqslant 0$,解得 $a\geqslant 1$。故需要满足条件 $a\geqslant 1$ 且 $a\neq 2$,才可以推出结论,故条件(1)和条件(2)单独均不充分,联合充分
第四步:选答案	本题选 C
第五步:谈收获	当二次函数的二次项系数不确定时,一定要注意系数是否为 0

23.【解析】

第一步:定考点	一元二次不等式
第二步:锁关键	已知解集求参数

第三步:做运算	由条件(1)可得 -1 和 2 是方程 $ax^2+bx+c=0$ 的两个根,所以 $-\dfrac{b}{2a}=\dfrac{-1+2}{2}=\dfrac{1}{2}$,即 $\dfrac{b}{a}=-1$,所以 $\dfrac{2b}{a}=-2$,条件(1)充分;由条件(2)可得 -2 和 1 是方程 $ax^2-bx+c=0$ 的两个根,所以 $\dfrac{b}{2a}=\dfrac{-2+1}{2}=-\dfrac{1}{2}$,即 $\dfrac{b}{a}=-1$,所以 $\dfrac{2b}{a}=-2$,条件(2)充分
第四步:选答案	本题选 D
第五步:谈收获	在一元二次函数 $f(x)=ax^2+bx+c$ 中,若 $f(m)=f(n)$,且 $m\neq n$,则对称轴为 $x=\dfrac{m+n}{2}$

24.【解析】

第一步:定考点	等比数列与二次方程
第二步:锁关键	能确定 $\dfrac{a}{b}$ 的值
第三步:做运算	条件(1),$a,b,a+b$ 为等比数列,所以 $b^2=a(a+b)$,整理可得 $a^2+ab-b^2=0$,等式左右两侧同除以 b^2 可得 $\left(\dfrac{a}{b}\right)^2+\dfrac{a}{b}-1=0$,因为二次方程的判别式 $\Delta=5>0$,所以 $\dfrac{a}{b}$ 的值有两个,因此不能确定 $\dfrac{a}{b}$ 的值,故条件(1)不充分;条件(2),$a(a+b)>0$,只知道正负关系是无法确定数量关系的,所以条件(2)不充分;联合分析,因为 $b^2=a(a+b)$ 暗含 $a(a+b)>0$,所以联合也不充分
第四步:选答案	本题选 E
第五步:谈收获	当题干出现 $a^2+ab-b^2=0$ 时,一定要立即想到"同除以"a^2 或 b^2 进行化简求值

25.【解析】

第一步:定考点	三角不等式
第二步:锁关键	能确定 $|a|+|b|$ 的值
第三步:做运算	条件(1),已知 $|a+b|$ 的值,此时可以举反例分析,若 $|a+b|=1$,则 a,b 有无数组解,比如 $a=1,b=0$;$a=-1,b=2$ 等,显然不能确定 $|a|+|b|$ 的值,所以条件(1)不充分;条件(2),同理也不充分;联合分析,由三角不等式可得,当 $ab\geqslant 0$ 时,$|a-b|\leqslant|a+b|=|a|+|b|$;当 $ab\leqslant 0$ 时,$|a+b|\leqslant|a-b|=|a|+|b|$,所以联合可确定 $|a|+|b|$ 的值,故联合充分
第四步:选答案	本题选 C

续表

第五步:谈收获	本题联合起来可以囊括所有情况:当$ab \geqslant 0$时,$\lvert a+b \rvert = \lvert a \rvert + \lvert b \rvert$;当$ab \leqslant 0$时,$\lvert a-b \rvert = \lvert a \rvert + \lvert b \rvert$. 因为$a,b$要么同号,要么异号,只能存在一种情况,所以结论可以唯一确定

第五节　本章小结

考点01:一次方程与不等式	① 求解;② 不等式的性质
考点02:一元二次方程与不等式	① 有无实根的判定;② 求解;③ 韦达定理
考点03:分式方程与不等式	注意变号陷阱
考点04:绝对值方程与不等式	分类讨论去绝对值符号
考点05:均值不等式	取最值条件:一正二定三相等
考点06:三角不等式	① 定义;② 取等条件
考点07:一元二次函数	① 定义;② 性质;③ 最值
考点08:指对函数	① 图像性质;② 运算公式
40技:根在区间上的存在性模型	已知一元二次方程根的范围,反求参数的范围
41技:二次函数平移模型	若$f(x)$为二次函数,设$g(x)=f(x+m),m \in \mathbf{R}$,则$g(x)$为二次函数
42技:二次函数对称模型	设$f(x)=ax^2+bx+c$,若$f(m)=f(n)$,且$m \neq n$,则$-\dfrac{b}{2a}=\dfrac{m+n}{2}$

第五章　平面几何

第一节　考情解读

本章解读

本章主要研究平面图形的形状、长度和面积，考试中以三角形、四边形和圆与扇形为载体进行出题，其中三角形和圆与扇形是考核的重点.三角形内容很多，包括三角形的角边关系、面积公式及应用、全等与相似、四心五线等；四边形考试时会着重考查特殊四边形，所以考生在学习本章时一定要牢记各类特殊四边形的性质和相关定理；圆与扇形相对较为简单，考试中以求与圆弧相关的面积为主.此外，考试中也曾出现中线定理、切割线定理等创新考点.

本章概览

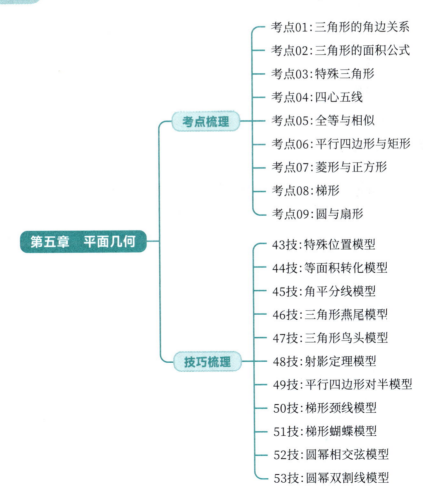

第二节 考点梳理

考点 01 三角形的角边关系

一、考点精析

1. 内角与外角

    (1) 内角:三角形的内角和为 $180°$.

    (2) 外角:三角形的外角等于与之不相邻的两个内角之和,外角和为 $360°$.

2. 三角形的边关系(设三边为 a,b,c)

    (1) 任意两边之和大于第三边.

    ① $\begin{cases} a+b>c, \\ a+c>b, \\ b+c>a; \end{cases}$ ② $a+b>c$ 且 c 为最长边.

    (2) 任意两边之差小于第三边.

    ① $\begin{cases} |a-b|<c, \\ |a-c|<b, \\ |b-c|<a; \end{cases}$ ② $|a-b|<c$ 且 c 为最短边.

    (3) 若 a,b,c 可构成三角形,则

    $$\text{另两边之差} < \text{任意一边} < \text{另两边之和}.$$

3. 三角形的角边关系(设三个顶点为 A,B,C,对应的边分别为 a,b,c,如图所示)

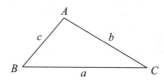

    (1) 正弦定理:$\dfrac{a}{\sin A} = \dfrac{b}{\sin B} = \dfrac{c}{\sin C} = 2R$($R$ 是三角形外接圆半径).

    (2) 余弦定理:① $\cos A = \dfrac{b^2+c^2-a^2}{2bc}$;② $\cos B = \dfrac{a^2+c^2-b^2}{2ac}$;③ $\cos C = \dfrac{a^2+b^2-c^2}{2ab}$.

    (3) 正比定理:大角对大边,小角对小边,等角对等边.

4. 常见角度所对应的正弦值、余弦值、正切值

角度(α)	0°	30°	45°	60°	90°	120°	135°	150°	180°
弧度	0	$\dfrac{\pi}{6}$	$\dfrac{\pi}{4}$	$\dfrac{\pi}{3}$	$\dfrac{\pi}{2}$	$\dfrac{2\pi}{3}$	$\dfrac{3\pi}{4}$	$\dfrac{5\pi}{6}$	π

续表

sin α	0	$\frac{1}{2}$	$\frac{\sqrt{2}}{2}$	$\frac{\sqrt{3}}{2}$	1	$\frac{\sqrt{3}}{2}$	$\frac{\sqrt{2}}{2}$	$\frac{1}{2}$	0
cos α	1	$\frac{\sqrt{3}}{2}$	$\frac{\sqrt{2}}{2}$	$\frac{1}{2}$	0	$-\frac{1}{2}$	$-\frac{\sqrt{2}}{2}$	$-\frac{\sqrt{3}}{2}$	-1
tan α	0	$\frac{\sqrt{3}}{3}$	1	$\sqrt{3}$	不存在	$-\sqrt{3}$	-1	$-\frac{\sqrt{3}}{3}$	0

二、例题解读

例 1 从 20 以内的质数中任取三个数作边长组成三角形,则可以组成( )个不同的三角形.

A. 14　　　　B. 15　　　　C. 16　　　　D. 17　　　　E. 56

【解析】

第一步:定考点	三角形的边关系
第二步:锁关键	从 20 以内的质数中任取三个数作边长组成三角形
第三步:做运算	20 以内的质数:2,3,5,7,11,13,17,19. 要想保证取出的三个数满足三角形的边关系,可列举讨论(列举标准为固定最短边,让另两边之差小于最短边即可): ① 若最短边为 2,此时另两边无满足要求的数; ② 若最短边为 3,此时另两边可以为(5,7),(11,13),(17,19); ③ 若最短边为 5,此时另两边可以为(7,11),(11,13),(13,17),(17,19); ④ 若最短边为 7,此时另两边可以为(11,13),(11,17),(13,17),(13,19),(17,19); ⑤ 若最短边为 11,此时另两边可以为(13,17),(13,19),(17,19); ⑥ 若最短边为 13,此时另两边可以为(17,19). 综上所述,共可组成 3+4+5+3+1=16(个) 不同的三角形
第四步:选答案	本题选 C
第五步:谈收获	给定一些线段,求可以组成多少个不同的三角形有两大思路: ① 固定最短边,让另两边之差小于最短边即可; ② 固定最长边,让另两边之和大于最长边即可

例 2 如图所示,若 $AB \parallel CE, CE = DE$,且 $y = 45°$,则 $x = ($).

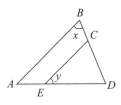

A. 45°　　　　B. 60°　　　　C. 67.5°　　　　D. 112.5°　　　　E. 135°

【解析】

第一步:定考点	三角形的角关系
第二步:锁关键	$AB \parallel CE, CE = DE$,且 $y = 45°$
第三步:做运算	因为 $AB \parallel CE, CE = DE$,所以 $\angle EDC = \angle ECD = x$,又因为 $y = 45°$,所以 $2x + 45° = 180°$,解得 $x = 67.5°$
第四步:选答案	本题选 C
第五步:谈收获	本类题目建议直接用量角器测量即可

例3 在 $\triangle ABC$ 中,$\angle B = 60°$,a, b, c 分别为 $\angle A, \angle B, \angle C$ 所对的边,则 $\dfrac{c}{a} > 2$.

(1) $\angle C < 90°$.

(2) $\angle C > 90°$.

【解析】

第一步:定考点	三角形的角边关系
第二步:锁关键	已知角关系,求边关系
第三步:做运算	由于 $\angle B = 60°$,故当 $\angle C = 90°$ 时,$\dfrac{c}{a} = 2$;当 $\angle C > 90°$ 时,$\dfrac{c}{a} > 2$;当 $\angle C < 90°$ 时,$\dfrac{c}{a} < 2$. 因此条件(1)不充分,条件(2)充分
第四步:选答案	本题选 B
第五步:谈收获	在三角形中,大角对大边,小角对小边,等角对等边

例4 三条长度分别为 a, b, c 的线段能构成一个三角形.

(1) $a + b > c$.

(2) $b - c < a$.

【解析】

第一步:定考点	三角形的边关系
第二步:锁关键	线段 a, b, c 能构成一个三角形
第三步:做运算	构成三角形需要满足任意两边之和大于第三边或任意两边之差小于第三边,即需要三个条件同时成立:$a + b > c, a + c > b, b + c > a$,因此条件(1),条件(2)单独都不充分,联合起来也不充分. 本题也可以举反例分析,令 $a = 2, b = 1, c = 1$ 即可
第四步:选答案	本题选 E
第五步:谈收获	三条线段若要构成三角形,必须满足任意两边之和大于第三边

例 5 三角形 ABC 中，$AB=4$，$AC=6$，$BC=8$，D 为 BC 的中点，则 $AD=$（　　）.

A. $\sqrt{11}$　　　　B. $\sqrt{10}$　　　　C. 3　　　　D. $2\sqrt{2}$　　　　E. $\sqrt{7}$

【解析】

第一步：定考点	平面几何求长度
第二步：锁关键	D 为 BC 的中点
第三步：做运算	本题可以利用余弦定理求 AD 的长度，如图所示，$\triangle ABD$ 和 $\triangle ABC$ 有一个公共角 $\angle B$，所以利用余弦定理可得 $$\cos B = \frac{AB^2+BD^2-AD^2}{2AB \cdot BD} = \frac{AB^2+BC^2-AC^2}{2AB \cdot BC},$$ 将题干信息代入可得 $\frac{4^2+4^2-AD^2}{2\times 4\times 4} = \frac{4^2+8^2-6^2}{2\times 4\times 8}$，解得 $AD=\sqrt{10}$
第四步：选答案	本题选 B
第五步：谈收获	解根不如验根，当方程的根不容易求时，直接代入选项验证即可

考点 02　三角形的面积公式

一、考点精析

1. $S_\triangle = \dfrac{1}{2}ah$（$a$ 为底，h 为高）

   （1）两三角形同底时，其面积之比等于高之比.

   （2）两三角形等高时，其面积之比等于底之比.

   （3）两三角形同底等高时，其面积相等.

2. $S_\triangle = \dfrac{1}{2}ab\sin C$（$a$，$b$ 为三角形两边，$\angle C$ 为 a，b 两边夹角）

   （1）已知两边及其夹角求面积.

   （2）判定三角形形状.

   （3）鸟头定理（两三角形有一个角为同角、等角或互为补角时，其面积之比等于该角两夹边乘积之比）.

3. 海伦公式：$S_\triangle = \sqrt{p(p-a)(p-b)(p-c)}$（$a$，$b$，$c$ 为三角形三边，$p = \dfrac{a+b+c}{2}$）

   （1）已知三边求面积.

(2) 求解三角形面积的最值(利用均值不等式求最值).

4. $S_\triangle = \frac{1}{2}r(a+b+c)$ (a,b,c 为三角形三边,r 为三角形内切圆半径)

(1) 对于任意三角形,$r = \frac{2S_\triangle}{a+b+c}$.

(2) $S_\triangle = Rr(\sin A + \sin B + \sin C)$,其中 R 为三角形外接圆半径.

5. $S_\triangle = \frac{abc}{4R}$ (a,b,c 为三角形三边,R 为三角形外接圆半径)

(1) 对于任意三角形,$R = \frac{abc}{4S_\triangle}$.

(2) $S_\triangle = 2R^2\sin A\sin B\sin C$.

二、例题解读

例 6 已知 $\triangle ABC$ 的面积为 1,如图所示,现将其三边分别延长 1 倍、2 倍、3 倍得到 $\triangle A'B'C'$,则 $\triangle A'B'C'$ 的面积为(   ).

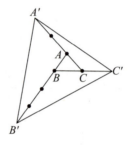

A. 16　　　　B. 18　　　　C. 22　　　　D. 24　　　　E. 32

【解析】

第一步:定考点	三角形的面积公式
第二步:锁关键	$S_\triangle = \frac{1}{2}ah$
第三步:做运算	连接 $A'B$ 和 AC',$\triangle ABC$ 和 $\triangle ACC'$ 等高,则面积之比等于底之比,故 $S_{\triangle ACC'} = 1$;$\triangle AA'C'$ 和 $\triangle ACC'$ 等高,所以面积之比等于底之比,故 $S_{\triangle AA'C'} = 2$;同理,$S_{\triangle AA'B} = 2$,$S_{\triangle BB'A'} = 6$,$S_{\triangle BB'C'} = 6$,所以 $S_{\triangle A'B'C'} = 18$
第四步:选答案	本题选 B
第五步:谈收获	两三角形等高时,其面积之比等于底之比

例 7 如图所示,在 $\triangle ABC$ 中,$\angle ABC = 30°$,将线段 AB 绕点 B 旋转至 DB,使 $\angle DBC = 60°$,则 $\triangle DBC$ 和 $\triangle ABC$ 的面积之比为(   ).

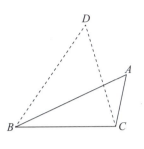

A. 1   B. $\sqrt{2}$ C. 2   D. $\dfrac{\sqrt{3}}{2}$ E. $\sqrt{3}$

【解析】

第一步:定考点	三角形的面积公式
第二步:锁关键	$S_\triangle = \dfrac{1}{2}ab\sin C$
第三步:做运算	依三角形面积公式可得 $\dfrac{S_{\triangle DBC}}{S_{\triangle ABC}} = \dfrac{\dfrac{1}{2}\cdot BD\cdot BC\cdot \sin 60°}{\dfrac{1}{2}\cdot AB\cdot BC\cdot \sin 30°} = \sqrt{3}$
第四步:选答案	本题选 E
第五步:谈收获	① 已知边长之比求面积之比可用 $S_\triangle = \dfrac{1}{2}ab\sin C$ 求解. ② 考生需要熟记特殊角的正弦值和余弦值

例 8 若 a,b,c 为三角形三边,则能确定该三角形的面积.

(1) $a+b+c = 18$ 且内切圆半径为 4.

(2) $abc = 48$ 且外接圆半径为 6.

【解析】

第一步:定考点	三角形的面积公式
第二步:锁关键	已知内切圆半径或外接圆半径求三角形的面积
第三步:做运算	根据三角形面积公式 $S_\triangle = \dfrac{1}{2}r(a+b+c)$,知条件(1)充分;根据三角形面积公式 $S_\triangle = \dfrac{abc}{4R}$,知条件(2)也充分
第四步:选答案	本题选 D
第五步:谈收获	$S_\triangle = \dfrac{1}{2}r(a+b+c)$,$S_\triangle = \dfrac{abc}{4R}$

考点 03　特殊三角形

一、考点精析

1. 直角三角形

    设直角三角形的边长分别为 $a,b,c(c$ 为斜边$)$.

    (1) 勾股定理：$a^2+b^2=c^2$.

> **注意**
>
> 常用勾股数有 $(1,\sqrt{2},\sqrt{3}),(3,4,5),(5,12,13),(7,24,25),(8,15,17)$，在此 5 组数据的基础上扩大或缩小若干倍均满足勾股定理.

    (2) 直角三角形斜边上的中线等于斜边的一半.

    (3) 等腰直角三角形(腰记作 a,底边记作 c)三边之比 $a:a:c=1:1:\sqrt{2}$，$S_\triangle=\dfrac{a^2}{2}=\dfrac{c^2}{4}$.

    (4) 内角为 $30°,60°,90°$ 的直角三角形三边之比 $a:b:c=1:\sqrt{3}:2$，其中 $30°$ 所对的直角边等于斜边的一半.

2. 等边三角形

    设等边三角形的边长为 a,高为 h.

    (1) $h=\dfrac{\sqrt{3}}{2}a$，$S_\triangle=\dfrac{\sqrt{3}}{4}a^2$.

    (2) 四心合一，四线合一.

3. 顶角为 $120°$ 的等腰三角形

    若腰记作 a,底边记作 c.

    (1) 三边之比为 $a:a:c=1:1:\sqrt{3}$，$S_\triangle=\dfrac{\sqrt{3}}{4}a^2$.

    (2) 底边上四线合一.

二、例题解读

例 9　如图所示,已知 $\triangle ABC$ 为等腰直角三角形,$\triangle BDC$ 为等边三角形,设 $\triangle ABC$ 的周长为 $2\sqrt{2}+4$,则 $\triangle BDC$ 的面积是(　　).

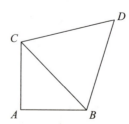

A. $3\sqrt{2}$	B. $6\sqrt{2}$	C. 12	D. $2\sqrt{3}$	E. $4\sqrt{3}$	

【解析】

第一步:定考点	三角形相关长度和面积问题
第二步:锁关键	△ABC 为等腰直角三角形,△BDC 为等边三角形
第三步:做运算	等腰直角三角形 ABC 的周长为 $2\sqrt{2}+4$,可得 $AB=AC=2, BC=2\sqrt{2}$,所以 $S_{\triangle BDC}=\frac{\sqrt{3}}{4}(2\sqrt{2})^2=2\sqrt{3}$
第四步:选答案	本题选 D
第五步:谈收获	等腰直角三角形三边为 a,a,c,则有 $\begin{cases} a:a:c=1:1:\sqrt{2}, \\ S_\triangle=\frac{1}{2}a^2=\frac{1}{4}c^2. \end{cases}$ 等边三角形三边均为 a,则有 $\begin{cases} h=\frac{\sqrt{3}}{2}a, \\ S_\triangle=\frac{\sqrt{3}}{4}a^2. \end{cases}$

例10 如图所示,已知 △ABC,△ACD,△ADE,△AEF 均为等腰直角三角形,若它们的总面积为 30 cm²,则 △BDF 的面积为(   )cm².

A. 24   B. 22   C. 20   D. 18   E. 16

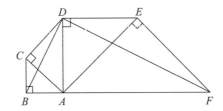

【解析】

第一步:定考点	特殊三角形
第二步:锁关键	先判定三角形形状,再套面积公式求解
第三步:做运算	由题可得 $\angle BAD=90°$. 设 AB 的长度为 a,则 AC, AD, AE, AF 长度分别为 $\sqrt{2}a, 2a, 2\sqrt{2}a, 4a$,所以 △ABC,△ACD,△ADE,△AEF 的面积分别为 $\frac{1}{2}a^2, a^2, 2a^2, 4a^2$,因为总面积为 30 cm²,故 $\frac{1}{2}a^2+a^2+2a^2+4a^2=30$,解得 $a^2=4$,所以 $S_{\triangle BDF}=\frac{1}{2}BF\cdot AD=\frac{1}{2}\cdot 5a\cdot 2a=5a^2=20(\text{cm}^2)$
第四步:选答案	本题选 C
第五步:谈收获	等腰直角三角形(腰记作 a,底边记作 c)三边之比 $a:a:c=1:1:\sqrt{2}$,$S_\triangle=\frac{a^2}{2}=\frac{c^2}{4}$

例 11 如图所示,在 $\triangle ABC$ 中,$AB = AC$,$\angle BAC = 120°$,$DA = DB = 2$,则 CD 的值为( ).

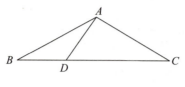

A. 2　　　　B. $2\sqrt{3}$　　　　C. 4　　　　D. $4\sqrt{3}$　　　　E. 6

【解析】

第一步:定考点	特殊三角形
第二步:锁关键	顶角为 120° 的等腰三角形
第三步:做运算	因为 $AB = AC$,$\angle BAC = 120°$,所以 $\angle B = 30°$. 又因为 $DA = DB = 2$,所以 $\angle BDA = 120°$,于是 $AB = \sqrt{3}DA = 2\sqrt{3}$,$BC = \sqrt{3}AB = 6$,因此 $CD = BC - BD = 6 - 2 = 4$
第四步:选答案	本题选 C
第五步:谈收获	顶角为 120° 的等腰三角形(腰记作 a,底边记作 c)三边之比为 $a:a:c = 1:1:\sqrt{3}$,$S_\triangle = \dfrac{\sqrt{3}}{4}a^2$

例 12 在直角三角形 ABC 中,三边分别为 a,b,c,且 $a,b,c \in \mathbf{Z}^+$,则能确定 $\triangle ABC$ 的面积.

(1) b 为直角边且 $b = 3$.

(2) c 为斜边且 $c = 5$.

【解析】

第一步:定考点	直角三角形
第二步:锁关键	$a,b,c \in \mathbf{Z}^+$
第三步:做运算	条件(1),设 a 为另一条直角边,则由勾股定理可得 $a^2 + 3^2 = c^2$,移项得 $c^2 - a^2 = 9$,再由平方差公式可得 $(c+a)(c-a) = 9$,因为 $a,b,c \in \mathbf{Z}^+$,所以 $c+a = 9$,$c-a = 1$,解得 $c = 5$,$a = 4$,故 $S_{\triangle ABC} = 6$,条件(1) 充分;条件(2),由勾股定理可得 $a^2 + b^2 = 5^2$,因为 $a,b,c \in \mathbf{Z}^+$,所以 $a = 3,b = 4$ 或 $a = 4,b = 3$,故 $S_{\triangle ABC} = 6$,条件(2) 充分
第四步:选答案	本题选 D
第五步:谈收获	① 若 m,n 为整数,则 $m+n,m-n$ 奇偶性相同. ② 式中出现两个平方,可往勾股定理或者平方差公式的方向思考

考点 04 四心五线

一、考点精析

1. 四心及四线

名称	图像及定义	性质
内心	三角形三条角平分线的交点	设 $\triangle ABC$ 的三边分别为 a,b,c，内切圆半径记为 r，则有以下结论： (1) 内心到三角形三边的距离相等，均为内切圆半径 r. (2) 对于任意三角形：$r = \dfrac{2S_\triangle}{a+b+c}$； 对于直角三角形：$r = \dfrac{a+b-c}{2}$（$c$ 为斜边）； 对于等边三角形：$r = \dfrac{\sqrt{3}}{6}a$
外心	三角形三条中垂线的交点	设 $\triangle ABC$ 的三边分别为 a,b,c，外接圆半径记为 R，则有以下结论： (1) 外心到三角形三个顶点的距离相等，均为外接圆半径 R. (2) 对于任意三角形：$R = \dfrac{1}{2} \cdot \dfrac{a}{\sin A}$； 对于直角三角形：$R = \dfrac{c}{2}$（$c$ 为斜边）； 对于等边三角形：$R = \dfrac{\sqrt{3}}{3}a$
重心	三角形三条中线的交点	设 $\triangle ABC$ 三边中点分别为 D,E,F，连接 AD,BE,CF 交于点 O，$A(x_1,y_1),B(x_2,y_2),C(x_3,y_3)$，则有以下结论： (1) 重心将中线分为长度比为 $2:1$ 的两段，连接顶点的占 2 份，连接底边的占 1 份. (2) $S_{\triangle AOB} = S_{\triangle AOC} = S_{\triangle BOC} = \dfrac{1}{3}S_{\triangle ABC}$. (3) 重心 $O\left(\dfrac{x_1+x_2+x_3}{3}, \dfrac{y_1+y_2+y_3}{3}\right)$. (4) 重心到三顶点距离的平方和最小

续表

名称	图像及定义	性质
垂心	![垂心图] 三角形三条高线的交点	(1) 垂心 O 关于三边的对称点均在 $\triangle ABC$ 的外接圆上. (2) 锐角三角形的垂心到三顶点的距离之和等于其内切圆与外接圆半径之和的 2 倍

2. 中位线

名称	图像及定义	性质
中位线	![中位线图] 连接三角形两边中点的线段	(1) 中位线平行于底边且等于底边的一半. (2) $S_{\triangle ADE}=S_{\triangle BDF}=S_{\triangle DEF}=S_{\triangle CEF}$. (3) $\triangle ADE$ 和 $\triangle ABC$ 相似,相似比为 $1:2$

3. 特殊三角形的四心五线

(1) 等边三角形四心(内心、外心、重心、垂心)合一,任意两心合一的三角形必为等边三角形.

(2) 等腰三角形底边上的四线(角平分线、中垂线、中线、高线)合一,任意两线合一的三角形必为等腰三角形.

二、例题解读

例 13 如图所示,在 $\triangle ABC$ 中,$\angle B=90°$,$BC=8$,$AB=6$,圆 O 内切于 $\triangle ABC$,则阴影部分的面积为( ).

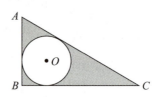

A. $16+2\pi$ B. $24-2\pi$ C. $24-4\pi$ D. $20-4\pi$ E. $30-4\pi$

【解析】

第一步:定考点	四心五线
第二步:锁关键	内心
第三步:做运算	在 $\triangle ABC$ 中,$\angle B = 90°$,$BC = 8$,$AB = 6$,所以 $\triangle ABC$ 为直角三角形,$AC = 10$,内切圆半径 $r = \dfrac{6+8-10}{2} = 2$,所以 $$S_{阴影} = S_{\triangle ABC} - S_{圆} = \dfrac{6\times 8}{2} - \pi \times 2^2 = 24 - 4\pi$$
第四步:选答案	本题选 C
第五步:谈收获	对于直角三角形,内切圆半径 $r = \dfrac{a+b-c}{2}$(c 为斜边)

例 14 如图所示,$\triangle ABC$ 中,G 为重心,$\triangle ABC$ 的面积为 3,则四边形 $GECD$ 的面积为(　　).

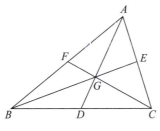

A. 1　　　　B. 1.25　　　　C. 1.5　　　　D. 1.75　　　　E. 2

【解析】

第一步:定考点	四心五线
第二步:锁关键	重心
第三步:做运算	三角形的重心把三角形分成面积相等的三个小三角形,所以 $\triangle BCG$ 的面积为 1,又因为 D 为中点,所以 $\triangle CDG$ 的面积为 $\triangle BCG$ 面积的一半,等于 $\dfrac{1}{2}$. 同理,$\triangle CEG$ 的面积也等于 $\dfrac{1}{2}$,所以四边形 $GECD$ 的面积为 1
第四步:选答案	本题选 A
第五步:谈收获	三角形的重心连接三个顶点可以将三角形分为面积相等的三部分

例 15 等腰直角三角形的外接圆的面积和内切圆的面积的比值为(　　).

A. $1+\sqrt{2}$　　B. 2.5　　C. 3　　D. $2+2\sqrt{3}$　　E. $3+2\sqrt{2}$

【解析】

第一步:定考点	四心五线

续表

第二步:锁关键	内心与外心
第三步:做运算	设等腰直角三角形三边为 $1,1,\sqrt{2}$,所以内切圆半径为 $r=\dfrac{1+1-\sqrt{2}}{2}$,外接圆半径为 $R=\dfrac{\sqrt{2}}{2}$.因为两圆面积比为半径比的平方,所以外接圆面积和内切圆面积的比值为 $\dfrac{1}{3-2\sqrt{2}}=3+2\sqrt{2}$
第四步:选答案	本题选 E
第五步:谈收获	对于直角三角形: $r=\dfrac{a+b-c}{2}$ (c 为斜边), $R=\dfrac{c}{2}$ (c 为斜边)

考点 05 全等与相似

一、考点精析

1. 全等

定义	经过翻转、平移、旋转后能够完成重合的两个三角形
题眼	折叠、旋转产生全等
证明	①SSS(边边边):三边对应相等的两个三角形全等. ②SAS(边角边):两边及其夹角对应相等的两个三角形全等. ③ASA(角边角):两角及其夹边对应相等的两个三角形全等. ④AAS(角角边):两角及其一角的对边对应相等的两个三角形全等. ⑤HL(斜边、直角边):斜边及一条直角边对应相等的两个直角三角形全等
结论	① 两个三角形全等,则对应角均相等. ② 两个三角形全等,则对应高、边长、周长、面积均相等

2. 相似

定义	两个三角形对应角相等,对应边成比例
题眼	平行产生相似
证明	① 有两组对应角相等的两个三角形相似. ② 两组对应边成比例且夹角对应相等的两个三角形相似. ③ 三组对应边成比例的两个三角形相似. ④ 任意两组边对应成比例的两个直角三角形相似

续表	
结论	① 两个三角形相似,则对应高、边长、周长之比等于相似比. ② 两个三角形相似,则对应面积之比等于相似比的平方

二、例题解读

例 16 如图所示,在 $\triangle ABC$ 中,$\angle ABC = 90°$,DE 垂直平分 AC,垂足为 O,$AD \parallel BC$,且 $AB = 3$,$BC = 4$,则 AD 的长为( ).

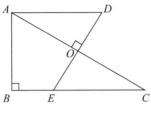

A. $\dfrac{25}{4}$ B. $\dfrac{25}{8}$ C. $\dfrac{15}{4}$ D. $\dfrac{15}{8}$ E. 5

【解析】

第一步:定考点	相似
第二步:锁关键	利用相似求长度
第三步:做运算	在 Rt$\triangle ABC$ 中,$AB = 3$,$BC = 4$,所以 $AC = 5$.因为 DE 垂直平分 AC,垂足为 O,所以 $OA = \dfrac{1}{2}AC = \dfrac{5}{2}$.因为 $AD \parallel BC$,所以 $\angle CAD = \angle C$.又因为 $\angle AOD = \angle B = 90°$,所以 $\triangle AOD$ 相似于 $\triangle CBA$,因此 $\dfrac{AD}{AC} = \dfrac{OA}{BC}$,即 $\dfrac{AD}{5} = \dfrac{\frac{5}{2}}{4}$,解得 $AD = \dfrac{25}{8}$
第四步:选答案	本题选 B
第五步:谈收获	有两组对应角相等的两个三角形相似

例 17 在直角 $\triangle ABC$ 中,D 为斜边 AC 的中点,以 AD 为直径的圆交 AB 于 E,若 $\triangle ABC$ 的面积为 8,则 $\triangle AED$ 的面积为( ).

A. 1 B. 2 C. 3 D. 4 E. 6

【解析】

第一步:定考点	相似
第二步:锁关键	D 为斜边 AC 的中点,以 AD 为直径的圆交 AB 于 E

第三步:做运算	如图所示,AD 为直径,所以 $\angle AED$ 为直角. 因为 D 是 AC 的中点,且 $\triangle ABC$ 为直角三角形,所以 DE 是 $\triangle ABC$ 的中位线,因此 $\triangle AED$ 和 $\triangle ABC$ 相似,相似比为 $1:2$,故面积之比为 $1:4$. 又因为 $\triangle ABC$ 的面积为 8,所以 $\triangle AED$ 的面积为 2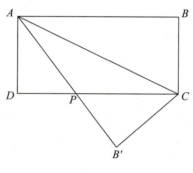
第四步:选答案	本题选 B
第五步:谈收获	① 平行产生相似. ② 两个三角形相似,面积之比为相似比的平方

例 18 如图所示,矩形 $ABCD$ 长为 8,宽为 4,将 $\triangle ABC$ 沿对角线 AC 折叠,得到 $\triangle AB'C$,AB' 交 CD 于 P,则 $\triangle ADP$ 的面积为( ).

A. 6   B. 8   C. 10   D. 12   E. 14

【解析】

第一步:定考点	全等
第二步:锁关键	全等的证明
第三步:做运算	由题意可得 $\begin{cases} B'C = DA, \\ \angle B' = \angle D, \\ \angle CPB' = \angle APD \end{cases} \Rightarrow \triangle B'CP \cong \triangle DAP.$ 设 $DP = x$,则 $CP = AP = 8 - x$,利用勾股定理可得 $4^2 + x^2 = (8-x)^2 \Rightarrow x = 3 \Rightarrow S_{\triangle ADP} = \dfrac{1}{2} \times 3 \times 4 = 6$
第四步:选答案	本题选 A
第五步:谈收获	全等的证明方法有边边边、边角边、角边角、角角边等

考点 06 平行四边形与矩形

一、考点精析

1. 平行四边形（见图）

    (1) 定义：有两组对边分别平行的四边形称为平行四边形.

    (2) 面积公式：$S_{\square ABCD} = ah$（a 为底，h 为高）.

    (3) 性质.

    ① 对角线互相平分（$AE = CE, BE = DE$）.

    ② 两条对角线将平行四边形分为四个三角形，且上、下三角形全等，左、右三角形全等（$\triangle ABE \cong \triangle CDE, \triangle AED \cong \triangle CEB$）.

    ③ $S_{\triangle ABE} = S_{\triangle ADE} = S_{\triangle BCE} = S_{\triangle CDE}$.

    ④ 过点 E 的任意直线都能将平行四边形分为面积相等的两部分.

> **注意**
> 依次连接四边形各边中点所得的四边形称为中点四边形，不管原四边形的形状怎样，中点四边形的形状总是平行四边形.

2. 矩形（见图）

    (1) 定义：有一个角是直角的平行四边形称为矩形.

    (2) 面积公式：$S_{\square ABCD} = ab$（a 为长，b 为宽）.

    (3) 性质.

    ① 矩形具有平行四边形的所有性质.

    ② 对角线相等（$AC = BD$）.

    ③ 既是轴对称图形，又是中心对称图形.

二、例题解读

例 19 如图所示，平行四边形 $ABCD$ 的面积为 30，E 为 AD 边延长线上的一点，EB 与 DC 交于 F 点，如果三角形 FBC 的面积比三角形 FDE 的面积大 9，且 $AD = 5$，则 $DE = ($ $)$.

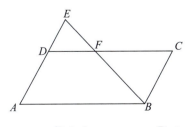

A. 2   B. 3   C. 3.5   D. 4   E. 4.2

【解析】

第一步:定考点	平行四边形
第二步:锁关键	三角形 FBC 的面积比三角形 FDE 的面积大 9
第三步:做运算	从 B 点向 AE 作垂线交 AE 于 H,设 $S_{\triangle DEF}=x$,因为平行四边形 $ABCD$ 的面积为 30,三角形 FBC 的面积比三角形 FDE 的面积大 9,所以 $S_{\triangle FBC}=x+9$,$S_{梯形ABFD}=21-x$,所以 $S_{\triangle ABE}=21$. 因为 $S_{\square ABCD}=AD\cdot BH$,$AD=5$,所以 $BH=6$. 又 BH 同时为 $\triangle ABE$ 的高,所以 $AE=7$,故 $DE=2$
第四步:选答案	本题选 A
第五步:谈收获	已知面积求长度,可利用高线作桥梁

例 20 如图所示,阴影部分占长方形 A 面积的 $\dfrac{4}{9}$,占长方形 B 面积的 $\dfrac{3}{7}$,则 A,B 两个长方形空白面积之比为( ).

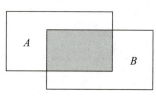

A. $\dfrac{15}{16}$ B. $\dfrac{16}{15}$ C. $\dfrac{7}{8}$ D. $\dfrac{8}{9}$ E. $\dfrac{4}{5}$

【解析】

第一步:定考点	矩形
第二步:锁关键	阴影部分占长方形 A 面积的 $\dfrac{4}{9}$,占长方形 B 面积的 $\dfrac{3}{7}$
第三步:做运算	依题可得,长方形 A 面积的 $\dfrac{4}{9}$ 与长方形 B 面积的 $\dfrac{3}{7}$ 相等,所以长方形 A 与长方形 B 的面积比为 27:28,所以 A,B 两个长方形空白面积之比为 $\dfrac{\dfrac{5}{9}\times 27}{\dfrac{4}{7}\times 28}=\dfrac{15}{16}$
第四步:选答案	本题选 A
第五步:谈收获	已知重叠面积求比例,重叠部分是桥梁

考点 07　菱形与正方形

一、考点精析

1. 菱形(见图)

　　(1) 定义:有一组邻边相等的平行四边形称为菱形.

　　(2) 面积公式:$S_{菱形ABCD} = \dfrac{1}{2} \cdot AC \cdot BD$.

　　(3) 性质.

　　① 菱形具有平行四边形的所有性质.

　　② 对角线互相垂直平分且平分每一组对角.

　　③ 对角线把菱形分成四个全等的直角三角形.

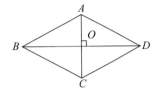

> **注意**
>
> (1) 任意对角线垂直的四边形 $ABCD$ 的面积均为 $S_{四边形ABCD} = \dfrac{1}{2} \cdot AC \cdot BD$.
>
> (2) 菱形的中点四边形一定为矩形.

2. 正方形(见图)

　　(1) 定义:有一组邻边相等,并且有一个角是直角的平行四边形称为正方形.

　　(2) 性质.

　　① 两组对边分别平行,四条边都相等,邻边互相垂直.

　　② 正方形的两条对角线把正方形分成四个全等的等腰直角三角形.

　　③ 正方形具有平行四边形、矩形、菱形的一切性质.

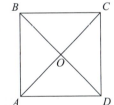

二、例题解读

例 21　校园内有一个由两个全等的正六边形(边长为 4 m)围成的花坛,现将这个花坛在原有的基础上扩建为如图所示的一个菱形区域,则扩建后菱形区域的面积为(　　)m².

A. $32\sqrt{3}$　　　B. $42\sqrt{3}$　　　C. $54\sqrt{3}$　　　D. $64\sqrt{3}$　　　E. $72\sqrt{3}$

【解析】

| 第一步:定考点 | 菱形 |

续表

第二步:锁关键	由两个全等的正六边形扩建为菱形
第三步:做运算	将两个全等的正六边形扩建为菱形,所以菱形的两个顶角分别为 $60°$ 和 $120°$,所以此菱形的边长为 $3\times 4 = 12$(m).因为菱形的一个顶角为 $60°$,所以此菱形的面积相当于两个边长为 12 m 的等边三角形的面积,故扩建后菱形区域的面积为 $2\times \dfrac{\sqrt{3}}{4}\times 12^2 = 72\sqrt{3}$(m²)
第四步:选答案	本题选 E
第五步:谈收获	① 正六边形每个顶角为 $120°$. ② 当菱形一个顶角为 $60°$,另一个顶角为 $120°$ 时,菱形的面积等于两个同边长的等边三角形的面积之和

例 22 如图所示,在 $\triangle ABC$ 中,BD 和 CE 分别是 AC 和 AB 边上的中线,并且 $BD \perp CE$,$BD = 8$,$CE = 12$,则 $\triangle ABC$ 的面积为(   ).

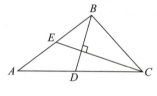

A. 32　　　B. 48　　　C. 52　　　D. 64　　　E. 81

【解析】

第一步:定考点	特殊四边形与三角形
第二步:锁关键	$BD \perp CE$,$BD = 8$,$CE = 12$
第三步:做运算	连接 DE,因为 BD 和 CE 分别是 AC 和 AB 边上的中线,所以 DE 为 $\triangle ABC$ 的中位线,因此 $DE \parallel BC$ 且 $DE = \dfrac{1}{2}BC$,所以 $\triangle ADE$ 和 $\triangle ACB$ 相似,相似比为 $1:2$,故有 $\dfrac{S_{\triangle ADE}}{S_{\triangle ACB}} = \dfrac{1}{4}$.又因为 $BD \perp CE$,$BD = 8$,$CE = 12$,所以 $S_{四边形DEBC} = \dfrac{1}{2}\times 8\times 12 = 48$.因为 $\dfrac{S_{\triangle ADE}}{S_{四边形DEBC}} = \dfrac{1}{3}$,所以 $S_{\triangle ADE} = 16$,故有 $S_{\triangle ABC} = 64$
第四步:选答案	本题选 D
第五步:谈收获	① 任意对角线垂直的四边形 $ABCD$ 面积均为 $S_{四边形ABCD} = \dfrac{1}{2}\cdot AC\cdot BD$. ② 三角形中位线平行于底边并且等于底边的一半

例23 已知点 E,F,G,H 是正方形 $ABCD$ 对应边的中点（见图），则能确定正方形的面积.

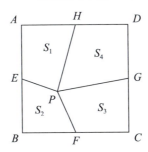

(1) 已知 S_1 与 S_3 的值.
(2) 已知 $S_2 + S_4$ 的值.

【解析】

第一步:定考点	正方形
第二步:锁关键	E,F,G,H 是正方形 $ABCD$ 对应边的中点
第三步:做运算	连接 PA,PB,PC,PD,因为点 E,F,G,H 是正方形 $ABCD$ 对应边的中点,所以 $S_{\triangle PAE}=S_{\triangle PBE}, S_{\triangle PBF}=S_{\triangle PCF}, S_{\triangle PCG}=S_{\triangle PDG}, S_{\triangle PDH}=S_{\triangle PAH}$,故有 $S_1+S_3=S_2+S_4=\frac{1}{2}S_{四边形ABCD}$,所以两条件单独均充分
第四步:选答案	本题选 D
第五步:谈收获	两个等底同高的三角形面积相等

考点08 梯形

一、考点精析

(1) 定义:只有一组对边平行的四边形称为梯形.

(2) 面积公式: $S_{梯形ABCD}=\frac{(a+b)h}{2}$, 其中 a 为上底, b 为下底, h 为高（见图）.

(3) 性质.

① 对角线分成的上、下三角形相似（$\triangle ABE$ 相似于 $\triangle CDE$）.

② 对角线分成的左、右三角形面积相等（$S_{\triangle ADE}=S_{\triangle BCE}$）.

二、例题解读

例24 如图所示,在梯形 $ABCD$ 中, E 为 AD 上一点,连接 BE 和 CE,其中上底 $AD=8$ cm,高为 10 cm,则阴影部分的面积为（　　）cm^2.

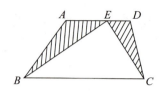

A. 30   B. 35   C. 38   D. 40   E. $\dfrac{80}{3}$

【解析】

第一步:定考点	梯形
第二步:锁关键	上底 $AD = 8$ cm,高为 10 cm
第三步:做运算	连接 BD,因为 $\triangle DEB$ 和 $\triangle DEC$ 同底等高,所以有 $S_{\triangle DEB} = S_{\triangle DEC}$,所以阴影部分的面积等于 $\triangle ABD$ 的面积. 又因为梯形上底 $AD = 8$ cm,高为 10 cm,所以 $S_{\triangle ABD} = \dfrac{1}{2} \times 8 \times 10 = 40 (\text{cm}^2)$
第四步:选答案	本题选 D
第五步:谈收获	梯形上下底平行,所以上下底之间的高相同

考点 09 圆与扇形

一、考点精析

1. 圆

(1) 定义:平面内到定点的距离等于定长的点的集合称为圆.

(2) 角度与弧度的相互转化.

角度	30°	45°	60°	90°	120°	180°	360°
弧度	$\dfrac{\pi}{6}$	$\dfrac{\pi}{4}$	$\dfrac{\pi}{3}$	$\dfrac{\pi}{2}$	$\dfrac{2\pi}{3}$	π	2π

(3) 周长与面积(圆的半径为 r).

① 周长为 $C = 2\pi r$.

② 面积是 $S = \pi r^2$.

(4) 圆周角与圆心角.

① 圆周角:顶点在圆周上且两边都与圆相交的角.

② 圆心角:顶点在圆心上的角.

(5) 性质.

① 同弧或等弧所对的圆周角相等.

② 同弧所对的圆周角等于圆心角的一半.

③ 直径所对的圆周角为直角.

2. 扇形

(1) 定义：一条圆弧和经过这条圆弧两端的两条半径所围成的图形称为扇形.

(2) 扇形弧长：$l = \dfrac{\alpha°}{360°} \cdot 2\pi r = \theta r$，其中 α 为扇形角的角度，θ 为扇形角的弧度，r 为扇形半径.

(3) 扇形面积：$S = \dfrac{\alpha°}{360°} \cdot \pi r^2 = \dfrac{1}{2} lr$，其中 α 为扇形角的角度，l 为扇形弧长，r 为扇形半径.

(4) 弓形：弓形的面积 = 扇形的面积 − 三角形的面积.

二、例题解读

例 25 如图所示，AB 是圆 O 的直径，点 C 为圆上的一点，$AC = 3$，$\angle ABC$ 的角平分线交 AC 于点 D，$CD = 1$，则圆 O 的面积为（　　）.

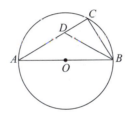

A. π　　　　B. $\sqrt{2}\pi$　　　　C. $\sqrt{3}\pi$　　　　D. 2π　　　　E. 3π

【解析】

第一步：定考点	圆
第二步：锁关键	点 C 为圆上的一点，$\angle ABC$ 的角平分线交 AC 于点 D
第三步：做运算	因为 BD 是 $\angle ABC$ 的角平分线，所以有 $\dfrac{BC}{AB} = \dfrac{CD}{AD}$. 因为 $AC = 3, CD = 1$，所以 $AD = 2$，所以有 $\dfrac{BC}{AB} = \dfrac{CD}{AD} = \dfrac{1}{2}$. 又因为直径所对的圆周角为直角，所以在直角三角形 ACB 中，BC 是 AB 的一半，即 $\angle BAC = 30°$，所以直角三角形 ACB 三边之比为 $1 : \sqrt{3} : 2$. 因为 $AC = 3$，所以 $AB = 2\sqrt{3}$，即外接圆半径 $R = \sqrt{3}$，所以外接圆 O 的面积为 3π
第四步：选答案	本题选 E
第五步：谈收获	① 在三角形 ABC 中，若 BD 是 $\angle ABC$ 的角平分线，则有 $\dfrac{BC}{AB} = \dfrac{CD}{AD}$. ② 直径所对的圆周角为直角

例 26 如图所示，以 AC，AD 和 AF 为直径作三个圆，已知 AB，BC，CD，DE 和 EF 的长度相等，则小圆 X、弯月 Y 以及弯月 Z 三部分的面积之比为（　　）.

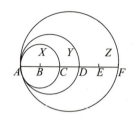

A. $4:5:16$　　B. $4:5:14$　　C. $4:7:12$　　D. $4:7:14$　　E. $4:7:15$

【解析】

第一步：定考点	圆
第二步：锁关键	已知 AB,BC,CD,DE 和 EF 的长度相等
第三步：做运算	设 $AB=2$，则小圆的半径为 2，中圆的半径为 3，大圆的半径为 5，所以三个圆的面积之比为 $4:9:25$，故圆 X、弯月 Y 以及弯月 Z 三部分的面积之比为 $4:5:16$
第四步：选答案	本题选 A
第五步：谈收获	求比值可以用特值法简化运算

例 27 如图所示，$\odot O$ 是 $\triangle ABC$ 的外接圆，$\angle BAC=60°$，若 $\odot O$ 的半径 OC 为 2，则弦 BC 的长为（　）．

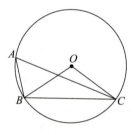

A. 4　　B. 3　　C. $2\sqrt{3}$　　D. $\sqrt{3}$　　E. $3\sqrt{2}$

【解析】

第一步：定考点	圆
第二步：锁关键	$\odot O$ 是 $\triangle ABC$ 的外接圆
第三步：做运算	因为同弧所对的圆周角是圆心角的一半，且 $\angle BAC=60°$，所以 $\angle BOC=120°$，即 $\triangle BOC$ 是顶角为 $120°$ 的等腰三角形，故三边之比为 $1:1:\sqrt{3}$，又因为半径 OC 为 2，所以弦 BC 的长为 $2\sqrt{3}$
第四步：选答案	本题选 C
第五步：谈收获	① 同弧所对的圆周角是圆心角的一半． ② 顶角为 $120°$ 的等腰三角形三边之比为 $1:1:\sqrt{3}$

例28　如图所示,等边三角形 ABC 的边长为3厘米,现将三角形 ABC 沿着一条直线翻滚,当翻滚到第三次时, A 点经过的路线长为(　　)厘米.

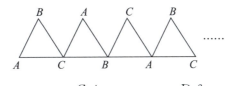

A. 2π　　　B. 3π　　　C. 4π　　　D. 6π　　　E. 9π

【解析】

第一步:定考点	扇形
第二步:锁关键	求弧长
第三步:做运算	当翻滚到第三次时,点 A 恰好走过了两个以120度为圆心角,以3厘米为半径的弧长,故 A 点经过的路线长为 $2 \times \dfrac{2\pi}{3} \times 3 = 4\pi$(厘米)
第四步:选答案	本题选 C
第五步:谈收获	扇形弧长: $l = \dfrac{\alpha°}{360°} \cdot 2\pi r = \theta r$

第三节　技巧梳理

43 技 ▶ 特殊位置模型

适用题型	题干出现某点为某边上任意一点
技巧说明	为方便运算,此点可以直接取特殊点、边界点分析

例29　如图所示,矩形 $ABCD$ 的面积为32, E,F,G 为各边中点, H 为 AD 边上任意一点,则阴影部分的面积是(　　).

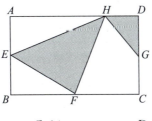

A. 12　　　B. 13　　　C. 14　　　D. 15　　　E. 16

【解析】

第一步:定考点	矩形、三角形面积比例转化

续表

第二步:锁关键	H 为 AD 边上任意一点
第三步:做运算	已知 H 为 AD 边上任意一点,所以取 H 和 D 重合,此时阴影部分的面积为三角形 EDF 的面积,因为 E,F,G 为各边中点,所以 $S_{\triangle ADE}=\frac{1}{4}S_{矩形}$,$S_{\triangle BEF}=\frac{1}{8}S_{矩形}$,$S_{\triangle CDF}=\frac{1}{4}S_{矩形}$,故 $S_{\triangle EDF}=\frac{3}{8}S_{矩形}=\frac{3}{8}\times32=12$
第四步:选答案	本题选 A
第五步:谈收获	"任意一点"可取特殊点分析(中点或顶点)

44 技 ▶ 等面积转化模型

适用题型	题干出现某几部分面积相等
技巧说明	等面积转化模型的核心在于转化后将不可求变为可求,不规则变为规则,转换的方法有基本公式、基本定理、割补法等

例 30 如图所示,长方形 $ABCD$ 的两条边长分别为 8 m 和 6 m,四边形 $OEFG$ 的面积是 4 m²,则阴影部分的面积为(　　).

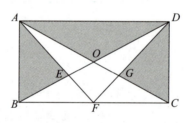

A. 32 m²　　　B. 28 m²　　　C. 24 m²　　　D. 20 m²　　　E. 16 m²

【解析】

第一步:定考点	平面几何求面积
第二步:锁关键	四边形 $OEFG$ 的面积是 4 m²
第三步:做运算	本题可用等面积转化法求解,因为四边形 $AFCD$ 为梯形,因此 $S_{\triangle ACF}=S_{\triangle DCF}$,所以 $S_{\triangle AFG}=S_{\triangle CDG}$,故阴影部分的面积 $=S_{\triangle ABD}+S_{四边形OEFG}=\frac{1}{2}\times8\times6+4=28(m^2)$
第四步:选答案	本题选 B
第五步:谈收获	本题的核心是要识别出四边形 $AFCD$ 为梯形,所以有 $S_{\triangle AFG}=S_{\triangle CDG}$

例31 如图所示，△ABC 是等腰直角三角形，以 A 为圆心的圆弧交 AC 于 D，交 BC 于 E，交 AB 的延长线于 F，若曲边三角形 CDE 与 BEF 的面积相等，则 $\dfrac{AD}{AC}=$（   ）.

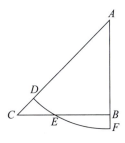

A. $\dfrac{\sqrt{3}}{2}$　　B. $\dfrac{2}{\sqrt{5}}$　　C. $\sqrt{\dfrac{3}{\pi}}$　　D. $\dfrac{\sqrt{\pi}}{2}$　　E. $\sqrt{\dfrac{2}{\pi}}$

【解析】

第一步:定考点	与圆弧相关的面积
第二步:锁关键	曲边三角形 CDE 与 BEF 的面积相等
第三步:做运算	因为曲边三角形 CDE 与 BEF 的面积相等，所以扇形 ADF 的面积与等腰直角三角形 ABC 的面积相等，因此有 $\dfrac{1}{8}\pi AD^2=\dfrac{1}{4}AC^2$，化简可得 $\dfrac{AD^2}{AC^2}=\dfrac{\frac{1}{4}}{\frac{1}{8}\pi}$，即 $\dfrac{AD}{AC}=\sqrt{\dfrac{2}{\pi}}$
第四步:选答案	本题选 E
第五步:谈收获	① 本题的核心是通过割补法将不规则图形转化为规则图形； ② 等腰直角三角形的面积为 $\dfrac{1}{4}\times$ 斜边的平方

45 技 ▶ 角平分线模型

适用题型	题干出现角平分线或者一个角被某直线截成两个相等的角
技巧说明	如图所示，若 AD 为 ∠BAC 的角平分线，则 ① $AD^2=AB\cdot AC-BD\cdot CD$； ② $\dfrac{AB}{AC}=\dfrac{BD}{CD}$

例 32　如图所示，AB 是圆 O 的直径，点 C 是圆上一点，BD 平分 $\angle ABC$，交 AC 于 D，且 $AC=6$，$CD=2$，则圆 O 的面积为（　　）．

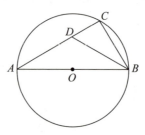

A. 48π　　　B. 36π　　　C. 24π　　　D. 12π　　　E. 6π

【解析】

第一步：定考点	角平分线模型
第二步：锁关键	BD 平分 $\angle ABC$
第三步：做运算	由角平分线模型可得 $\dfrac{CD}{AD}=\dfrac{BC}{AB}$．又因为 $AC=6,CD=2$，所以有 $\dfrac{CD}{AD}=\dfrac{BC}{AB}=\dfrac{1}{2}$．再根据 AB 是圆 O 的直径，则有 $AC^2+BC^2=AB^2$，故有 $BC=2\sqrt{3},AB=4\sqrt{3}$，所以圆 O 的面积为 $\pi\times(2\sqrt{3})^2=12\pi$
第四步：选答案	本题选 D
第五步：谈收获	本题也考到了特殊三角形的边关系，需牢记特殊三角形性质

46 技 ▶ 三角形燕尾模型

适用题型	题干出现对应模型图
技巧说明	如图所示，D 为 BC 上的某点，连接 AD，E 为 AD 上的某点，连接 BE,CE，则 $S_{\triangle ABE}:S_{\triangle ACE}=BD:CD$． 注意：面积之比只和 D 点位置有关，和 E 点位置无关

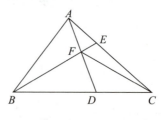

例 33　如图所示，$AE:CE=1:2$，$BD:CD=3:2$，$S_{\triangle AEF}=1$，则 $S_{\triangle ABF}=$（　　）．

A. 3.5　　　B. 4　　　C. 4.5　　　D. 5　　　E. 5.5

【解析】

第一步:定考点	三角形燕尾模型
第二步:锁关键	已知边的比例求面积
第三步:做运算	△AEF 和 △CEF 等高,所以面积之比等于底之比,因为 $AE:CE=1:2$,$S_{\triangle AEF}=1$,所以 $S_{\triangle CEF}=2$,由三角形燕尾模型可知,$S_{\triangle ABF}:S_{\triangle ACF}=BD:CD=3:2$,因为 $S_{\triangle ACF}=3$,故 $S_{\triangle ABF}=4.5$
第四步:选答案	本题选 C
第五步:谈收获	出现相邻三角形和边的比例关系可联想三角形燕尾模型

47 技 ▶ 三角形鸟头模型

适用题型	题干出现对应模型图
技巧说明	如图所示,当两三角形出现同角、等角或补角时,其面积之比等于该角两夹边乘积之比,即 $\dfrac{S_{\triangle ADE}}{S_{\triangle ABC}}=\dfrac{AD \cdot AE}{AB \cdot AC}$

例 34 如图所示,在三角形 ABC 中,AB 是 AD 的 5 倍,AC 是 AE 的 3 倍,如果三角形 ADE 的面积等于 1,那么三角形 ABC 的面积是( ).

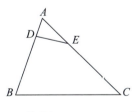

A. 10　　　　B. 12　　　　C. 14　　　　D. 15　　　　E. 16

【解析】

第一步:定考点	三角形的面积
第二步:锁关键	已知夹边比例求面积

续表

第三步:做运算	因为 AB 是 AD 的 5 倍,AC 是 AE 的 3 倍,由 $S_\triangle = \dfrac{1}{2}ab\sin C$ 面积公式可得 $$\dfrac{S_{\triangle ADE}}{S_{\triangle ABC}} = \dfrac{\dfrac{1}{2}AD \cdot AE \cdot \sin A}{\dfrac{1}{2}AB \cdot AC \cdot \sin A} = \dfrac{AD \cdot AE}{AB \cdot AC} = \dfrac{1}{5} \cdot \dfrac{1}{3} = \dfrac{1}{15},$$ 又因为三角形 ADE 的面积等于 1,所以三角形 ABC 的面积是 15
第四步:选答案	本题选 D
第五步:谈收获	三角形鸟头模型(两三角形出现同角、等角或补角时,其面积之比等于该角两夹边乘积之比)

48 技 ▶ 射影定理模型

适用题型	题干出现直角三角形和斜边上的高线
技巧说明	如图所示,在直角三角形 ABC 中,$\angle ACB = 90°$,CD 是斜边 AB 上的高,则 ① $AC^2 = AD \cdot AB$; ② $BC^2 = BD \cdot AB$; ③ $CD^2 = AD \cdot BD$ 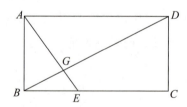

例 35 如图所示,在矩形 $ABCD$ 中,点 E 是 BC 边上的点,AE 与 BD 交于点 G,且 $AE = 8$,$EG = 2$,则能确定矩形的面积.

(1) $AE \perp BD$.

(2) $AE = CE$.

【解析】

第一步:定考点	相似三角形
第二步:锁关键	特殊四边形产生相似

续表

第三步:做运算	条件(1),$AE \perp BD$,由射影定理可得 $AB^2 = AG \cdot AE$, $BE^2 = EG \cdot AE$,因为 $AE = 8$, $EG = 2$,所以 $AB = 4\sqrt{3}$, $BE = 4$,又因为 $\triangle BGE$ 和 $\triangle DGA$ 相似,所以 $\frac{EG}{AG} = \frac{BE}{DA} = \frac{2}{6} = \frac{1}{3}$,所以可求得 $AD = 12$,因此矩形的面积为 $AB \cdot AD = 48\sqrt{3}$,条件(1)充分;条件(2),$AE = CE$,因为 $\triangle BGE$ 和 $\triangle DGA$ 相似,所以 $\frac{EG}{AG} = \frac{BE}{DA} = \frac{2}{6} = \frac{1}{3}$,因此 $\frac{BE}{BC} = \frac{1}{3}$,又因为 $AE = CE = 8$,所以 $BE = 4$, $BC = 12$,在直角三角形 ABE 中,由勾股定理可得 $AB = \sqrt{AE^2 - BE^2} = \sqrt{8^2 - 4^2}$,所以条件(2)也充分
第四步:选答案	本题选 D
第五步:谈收获	此模型图中,上下两个三角形一定相似

49 技 ▶ 平行四边形对半模型

适用题型	题干出现对应模型图
技巧说明	如图所示.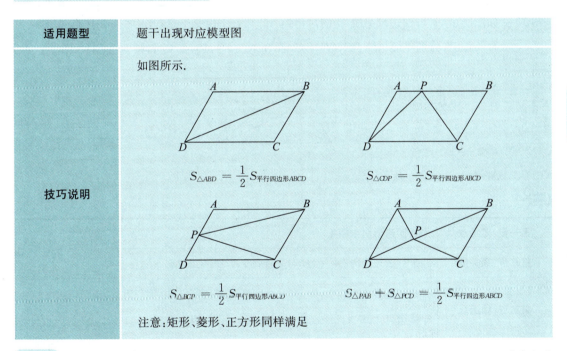$S_{\triangle ABD} = \frac{1}{2} S_{\text{平行四边形}ABCD}$ $S_{\triangle CDP} = \frac{1}{2} S_{\text{平行四边形}ABCD}$ $S_{\triangle BCP} = \frac{1}{2} S_{\text{平行四边形}ABCD}$ $S_{\triangle PAB} + S_{\triangle PCD} = \frac{1}{2} S_{\text{平行四边形}ABCD}$ 注意:矩形、菱形、正方形同样满足

例 36 如图所示,四边形 $ABCD$ 是平行四边形,$S_{\triangle AQE} = 2$, $S_{\text{四边形}QDPF} = 5$, $S_{\triangle PCG} = 2$,则四边形 $EFGB$ 的面积为(   ).

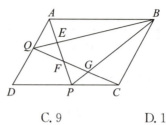

A. 7   B. 8   C. 9   D. 10   E. 11

【解析】

第一步：定考点	平行四边形对半模型
第二步：锁关键	$ABCD$ 是平行四边形，$S_{\triangle AQE}=2$，$S_{四边形QDPF}=5$，$S_{\triangle PCG}=2$
第三步：做运算	由平行四边形对半模型可知 $S_{\triangle PAB}=S_{\triangle ABQ}+S_{\triangle CDQ}$，设 $S_{\triangle ABE}=m$，$S_{\triangle PFG}=n$，四边形 $EFGB$ 的面积为 S，则 $m+S+n=m+2+5+n+2$，故四边形 $EFGB$ 的面积为 9
第四步：选答案	本题选 C
第五步：谈收获	本题其实是两个平行四边形对半模型的组合，所以考生一定要把握本质

例 37 如图所示，平行四边形 $ABCD$ 的对角线 AC 与 BD 相交于点 F，又平行四边形 $ABCD$ 内有一点 E，分别连接 AE，BE，CE，DE，若 $S_{\triangle ABF}=4$，$S_{\triangle ADE}=1$，则 $S_{\triangle BCE}=(\quad)$．

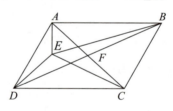

A. 4   B. 5   C. 6   D. 7   E. 8

【解析】

第一步：定考点	平行四边形对半模型
第二步：锁关键	在平行四边形内有一点 E，分别连接 AE，BE，CE，DE
第三步：做运算	平行四边形 $ABCD$ 中，$S_{\triangle ABF}=4$，则平行四边形 $ABCD$ 面积为 16，由平行四边形对半模型可知，$S_{\triangle ADE}+S_{\triangle BCE}=\frac{1}{2}S_{平行四边形ABCD}$，因为 $S_{\triangle ADE}=1$，所以 $S_{\triangle BCE}=7$
第四步：选答案	本题选 D
第五步：谈收获	平行四边形内部任意取一点，连接四个顶点，则上下两个三角形的面积之和等于左右两个三角形的面积之和

50 技 ▶ 梯形颈线模型

适用题型	题干出现梯形求颈线
技巧说明	如图所示,四边形 $ABCD$ 为梯形,连接 AC,BD,交于点 E,过 E 作 $FG \parallel AB$,则有 $$FG = \frac{2 \cdot AB \cdot CD}{AB + CD}$$

例 38 已知梯形 $ABCD$ 的上底与下底分别为 $5,7$,E 为 AC 和 BD 的交点,过点 E 作 $FG \parallel AB$,如图所示,则 $FG = (\quad)$.

A. $\dfrac{26}{5}$ B. $\dfrac{11}{2}$ C. $\dfrac{35}{6}$ D. $\dfrac{36}{7}$ E. $\dfrac{40}{7}$

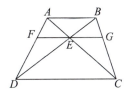

【解析】

第一步:定考点	梯形求长度
第二步:锁关键	过点 E 作 $FG \parallel AB$
第三步:做运算	由颈线模型可得 $FG = \dfrac{2 \times 5 \times 7}{5 + 7} = \dfrac{35}{6}$
第四步:选答案	本题选 C
第五步:谈收获	在梯形 $ABCD$ 中,颈线 $FG = \dfrac{2 \cdot AB \cdot CD}{AB + CD}$

51 技 ▶ 梯形蝴蝶模型

适用题型	出现梯形两条对角线把梯形分割成四个三角形
技巧说明	如图所示,在梯形 $ABCD$ 中,上底 AB 与下底 CD 的长度比为 $a:b$,则 ① $S_{\triangle ABE}$ 占 a^2 份,$S_{\triangle CDE}$ 占 b^2 份(上下两个三角形相似,相似比为 $a:b$,所以面积之比为 $a^2:b^2$); ② $S_{\triangle ADE} = S_{\triangle BCE}$,占 ab 份(由三角形底高关系可证明)

例39 如图所示，在四边形 $ABCD$ 中，$AB \parallel CD$，AB 与 CD 的边长分别为 4 和 8，若三角形 ABE 的面积为 4，则四边形 $ABCD$ 的面积为（　　）．

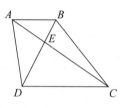

A. 24　　　　B. 30　　　　C. 32　　　　D. 36　　　　E. 40

【解析】

第一步：定考点	蝴蝶模型
第二步：锁关键	AB 与 CD 的边长分别为 4 和 8
第三步：做运算	蝴蝶模型，因为 $\dfrac{AB}{CD} = \dfrac{1}{2}$，所以 $S_{\triangle ABE}$ 是 1 份，$S_{\triangle DCE}$ 是 4 份，$S_{\triangle ADE}$ 是 2 份，$S_{\triangle BCE}$ 是 2 份，又因为三角形 ABE 的面积为 4，所以 1 份就是 4，故梯形的面积总共有 9 份，为 36
第四步：选答案	本题选 D
第五步：谈收获	蝴蝶模型得到的对应三角形的值是比例，不是对应三角形的具体面积

52 技 ▶ 圆幂相交弦模型

适用题型	题干出现两条相交弦
技巧说明	如图所示，在圆 O 中，弦 AB 和弦 CD 相交于点 P，则两条弦被交点所分成的两线段乘积相等，即 $PA \cdot PB = PC \cdot PD$

例40 如图所示，在圆 O 中，弦 AB 和弦 CD 相交于点 E，若 $CE : BE = 2 : 3$，则 $\dfrac{AE}{DE} = ($ 　　$)$．

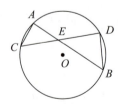

A. $\dfrac{2}{3}$　　　B. $\dfrac{1}{2}$　　　C. $\dfrac{2}{5}$　　　D. $\dfrac{3}{4}$　　　E. 1

【解析】

第一步:定考点	相交弦模型
第二步:锁关键	$CE:BE=2:3$
第三步:做运算	由相交弦模型可得 $AE \cdot BE = CE \cdot DE$,所以 $\dfrac{AE}{DE} = \dfrac{CE}{BE} = \dfrac{2}{3}$
第四步:选答案	本题选 A
第五步:谈收获	出现两条相交弦求长度可联想相交弦模型

53 技 ▶ 圆幂双割线模型

适用题型	题干出现两条割线
技巧说明	如图所示,过圆 O 外一点 P 的两条割线交圆于点 A,B,C,D,则 $PA \cdot PB = PC \cdot PD$

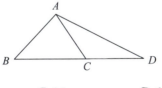

例41 如图所示,在 $\triangle ABD$ 中,C 为 BD 上一点,$AB = AC = 3$,$AD = 5$,则 $BD \cdot CD$ 的值为(   ).

A. 12　　　　B. 13　　　　C. 14　　　　D. 15　　　　E. 16

【解析】

第一步:定考点	双割线模型
第二步:锁关键	$AB = AC = 3$,$AD = 5$,求 $BD \cdot CD$
第三步:做运算	因为 $AB = AC = 3$,所以作以 A 为圆心,AC 为半径的圆交 AD 于 M,延长 DA 交圆于 N,因为半径为 3,$AD = 5$,所以 $DM = 2$,$DN = 8$,由双割线模型可得 $DC \cdot DB = DM \cdot DN = 2 \cdot 8 = 16$
第四步:选答案	本题选 E
第五步:谈收获	本题的难点在于构造圆,出现某个顶点引出2条长度相同的线段可以构造圆

第四节　本章测评

一、问题求解

1. 某工业园拟为园内一个长 100 m，宽 8 m 的花坛设置若干个定点智能洒水装置，洒水范围是半径为 5 m 的圆形，若要保证花坛各个区域都可被灌溉，最少需要（　　）个洒水装置．
   A. 16　　　　B. 17　　　　C. 18　　　　D. 19　　　　E. 23

2. 如图所示，等腰三角形 ABC 的底边上的高 $AD=18$，腰上的中线 $BE=15$，则这个等腰三角形的面积等于（　　）．

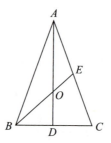

   A. 100　　　B. 120　　　C. 144　　　D. 160　　　E. 180

3. 如图所示，在 $\triangle ABC$ 中，$CE:EB=1:2$，$DE \parallel AC$，若 $\triangle ABC$ 的面积为 18，则 $\triangle ADE$ 的面积为（　　）．

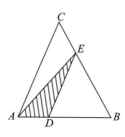

   A. 2　　　　B. 3　　　　C. 4　　　　D. 6　　　　E. 8

4. 如图所示，正方形 $MNEF$ 的四个顶点在直径为 4 的大圆上，小圆与正方形各边相切，AB 与 CD 是大圆的直径，$AB \perp CD$，$CD \perp MN$，则图中阴影部分的面积是（　　）．

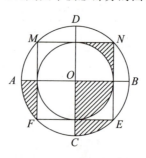

   A. 4π　　B. 3π　　C. 2π　　D. π　　E. 0.5π

5. 如图所示,在一张正方形大纸片上覆盖着 A,B 两张面积相等的小正方形纸片,已知 A 与 B 重叠的小正方形面积是 5 平方厘米,且两个空白部分的面积之和是 40 平方厘米,则大正方形的面积是(   )平方厘米.

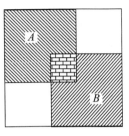

A. 115　　　　　B. 120　　　　　C. 125　　　　　D. 130　　　　　E. 135

6. 若 $\triangle ABC$ 中最长边为 9,则三角形周长 L 的取值范围是(   ).

A. $10<L<18$　　B. $18<L<27$　　C. $12<L<24$　　D. $18<L\leqslant 27$　　E. $18\leqslant L\leqslant 27$

7. 如图所示,半圆与 $\text{Rt}\triangle ABC$ 的斜边相交于一点,已知 $BC=10$,$\angle ACB=45°$,则阴影部分的面积为(   ).

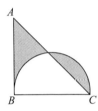

A. $25\pi-25$　　B. $25\pi-50$　　C. 25　　D. $\dfrac{25\pi}{2}-25$　　E. $50\pi-25$

8. 如图所示,在 $\triangle MBN$ 中,$BM=6$,点 A,C,D 分别在 MB,NB,MN 上,四边形 $ABCD$ 为平行四边形,$\angle NDC=\angle MDA$,则平行四边形 $ABCD$ 的周长是(   ).

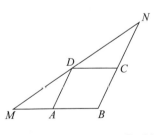

A. 24　　　　　B. 18　　　　　C. 16　　　　　D. 12　　　　　E. 8

9. 在等腰三角形 ABC 中,$BC=2$,AC,AB 的长是关于 x 的方程 $x^2-10x+m=0$ 的两个整数根,则 $m=$(   ).

A. 20　　　　　B. 25　　　　　C. 28　　　　　D. 30　　　　　E. 32

10. 如图所示,E 为平行四边形 $ABCD$ 的边 AD 上的一点,且 $AE:ED=3:2$,CE 交 BD 于 F,则

$BF:FD=($).

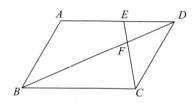

A. 3∶5　　　B. 5∶3　　　C. 2∶5　　　D. 5∶2　　　E. 3∶4

11. 如图所示,在平行四边形 $ABCD$ 中,点 E 是 BC 的中点,$DF=2FC$,若阴影部分的面积是 10,则平行四边形 $ABCD$ 的面积是( ).

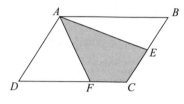

A. 36　　　B. 22　　　C. 16　　　D. 18　　　E. 24

12. 如图所示,四边形 $ABCD$ 的对角线 BD 被 E,F 两点三等分,且四边形 $AECF$ 的面积为 15,则四边形 $ABCD$ 的面积为( ).

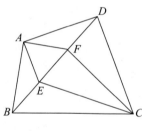

A. 42　　　B. 40　　　C. 45　　　D. 50　　　E. 48

13. 如图所示,直角梯形 $ABCD$ 的上底是 5,下底是 7,高是 4,且 $\triangle ADE$,$\triangle ABF$ 和四边形 $AECF$ 的面积相等,则 $\triangle AEF$ 的面积是( ).

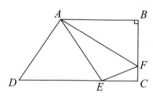

A. 5.6　　　B. 5.8　　　C. 6.8　　　D. 1.2　　　E. 6.2

14. 如图所示,等边 $\triangle ABC$ 的边长为 10,以 AB 为直径的 $\odot O$ 分别交 CA,CB 于 D,E 两点,则图中阴影部分的面积是( ).

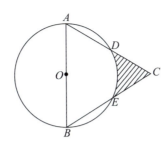

A. $25\left(\dfrac{\sqrt{3}}{2}-\dfrac{\pi}{6}\right)$ B. $25\left(\dfrac{\pi}{3}-1\right)$ C. $25\left(\dfrac{\pi}{3}-\dfrac{\sqrt{3}}{2}\right)$

D. $25\left(\sqrt{3}-\dfrac{\pi}{3}\right)$ E. $25\left(\dfrac{3\sqrt{3}}{2}-\dfrac{\pi}{6}\right)$

15. 如图所示,已知 $ABCD$ 是平行四边形,阴影部分的面积为 4,M 是 AB 边中点,CM 交 BD 于 E,则平行四边形 $ABCD$ 的面积为(   ).

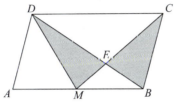

A. 12   B. 16   C. 18   D. 24   E. 28

二、条件充分性判断

16. 如图所示,正方形 $ABCD$ 的面积是 $3\ \text{cm}^2$,M 在 AD 边上,则图中阴影部分的面积是 $1\ \text{cm}^2$.

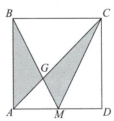

(1) $AM = MD$.

(2) $AM = 2MD$.

17. 如图所示,在 $\triangle ABC$ 中,$AB = AC = 12$,$\triangle ABC$ 的面积是 42,点 D 在 BC 上,其到 AB,AC 的距离分别是 x,y,则 $x + y = 7$.

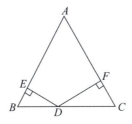

(1) D 是 BC 边上的三等分点.

(2) D 是 BC 边上任意一点.

18. 如图所示,在矩形 $ABCD$ 中,E 为 CD 上一点,则三角形 ABE 的面积等于矩形面积的一半.

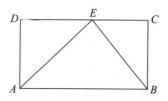

(1) 点 E 为边 CD 的中点.

(2) 点 E 为边 CD 的三等分点.

19. 某市规划建设的 4 个小区分别位于直角梯形 $ABCD$ 的 4 个顶点处(见图),$AD = 4$ 千米,现想在 CD 上选一点 S 建幼儿园,使其与 4 个小区的直线距离之和最小,则 S 与 C 的距离是 9 千米.

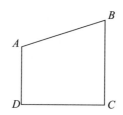

(1) $BC = 12$ 千米.

(2) $BC = CD$.

20. 三角形三边长为 a,b,c,则可确定三角形为等边三角形.

(1) $(a-b)(b-c) = 0$.

(2) $(a+b)^2 - 4c^2 = 0$.

21. 如图所示,在三角形 ABC 中,已知 $EF \parallel BC$,则三角形 AEF 的面积等于梯形 $EBCF$ 的面积.

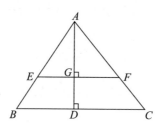

(1) $AG = 2GD$.

(2) $BD = 2EG$.

22. 已知 a,b,c 是 $\triangle ABC$ 的三边长,c 为最长的边,则方程 $cx^2 + (a+b)x + \dfrac{c}{4} = 0$ 的两实根 x_1,x_2 满足 $|x_1 - x_2| = 1$.

(1)△ABC 为等腰三角形.

(2)△ABC 为直角三角形.

23.如图所示,已知梯形 ABCD 的面积,则能确定阴影部分的面积.

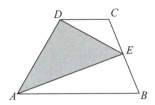

(1)E 为 BC 上任意一点.

(2)E 为 BC 的中点.

24.如图所示,矩形 ABCD 的对角线 AC,BD 相交于点 O,过点 O 的直线分别交 AD,BC 于点 E,F,则能确定阴影部分的面积.

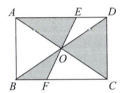

(1)已知矩形 ABCD 的面积.

(2)已知 E 为 AD 的中点.

25.抛物线 $y = x^2 - 2x - 3$ 与 x 轴两交点分别为 A,B,点 P 为抛物线上的一动点,则满足条件的 P 点有两个.

(1)$S_{\triangle ABP} = 6$.

(2)$S_{\triangle ABP} = 10$.

◀ 参考答案 ▶

答案速查表				
1～5	6～10	11～15	16～20	21～25
BCCDC	DCDBD	ECCAA	ADDCC	ECBAB

一、问题求解

1.【解析】

第一步:定考点	圆与三角形

续表

第二步:锁关键	要保证花坛各个区域都可被灌溉
第三步:做运算	如图所示,一个洒水装置最多能覆盖一个长为 6 m 的长方形,花坛总长 100 m,故至少需要 17 个洒水装置
第四步:选答案	本题选 B
第五步:谈收获	最值问题取边界点分析

2. 【解析】

第一步:定考点	特殊三角形
第二步:锁关键	等腰三角形 ABC 的底边上的高 $AD = 18$,腰上的中线 $BE = 15$
第三步:做运算	因为等腰三角形的底边上四线合一,所以 AD 为高线也为中线,又因为 BE 为中线,所以点 O 为重心,故 $AO:OD = BO:OE = 2:1$,因为 $AD = 18, BE = 15$,所以 $OD = 6, OB = 10$,由勾股定理可得 $BD = 8$,故 $BC = 16$,则 $S_{\triangle ABC} = \frac{1}{2} BC \times AD = \frac{1}{2} \times 16 \times 18 = 144$
第四步:选答案	本题选 C
第五步:谈收获	四心五线的定义和性质需要牢记

3. 【解析】

第一步:定考点	三角形底高关系
第二步:锁关键	在 $\triangle ABC$ 中,$CE:EB = 1:2, DE \parallel AC$
第三步:做运算	依题可得,在 $\triangle ABC$ 中,$CE:EB = 1:2, DE \parallel AC$,则有 $BD = 2AD$,因此 $S_{\triangle ABC} = \frac{3}{2} S_{\triangle ABE} = \frac{9}{2} S_{\triangle ADE}$,因为 $S_{\triangle ABC} = 18$,所以 $S_{\triangle ADE} = 4$
第四步:选答案	本题选 C
第五步:谈收获	平行产生相似

4. 【解析】

第一步:定考点	等面积转化法

第五章　平面几何

续表

第二步:锁关键	AB 与 CD 是大圆的直径,$AB \perp CD$,$CD \perp MN$
第三步:做运算	因为 $AB \perp CD$,$CD \perp MN$,所以阴影部分的面积恰好为正方形 $MNEF$ 外接圆面积的 $\frac{1}{4}$,因为正方形 $MNEF$ 的四个顶点在直径为 4 的大圆上,所以阴影部分面积为 $\frac{1}{4}\pi\left(\frac{4}{2}\right)^2 = \pi$
第四步:选答案	本题选 D
第五步:谈收获	与圆弧相关的面积问题的核心是不可求转可求,不规则转规则

5.【解析】

第一步:定考点	特殊四边形
第二步:锁关键	A 与 B 重叠的小正方形面积是 5 平方厘米
第三步:做运算	一个空白部分的面积为 $40 \div 2 = 20$(平方厘米),重叠部分面积为 5 平方厘米,所以空白部分正方形的边长是重叠部分正方形边长的 2 倍.所以大正方形的边长是重叠部分正方形边长的 5 倍,面积是重叠部分面积的 25 倍,所以大正方形面积为 $5 \times 25 = 125$(平方厘米)
第四步:选答案	本题选 C
第五步:谈收获	两正方形面积之比为边长之比的平方

6.【解析】

第一步:定考点	三角形边关系
第二步:锁关键	$\triangle ABC$ 中最长边为 9
第三步:做运算	设 $\triangle ABC$ 三边为 a,b,c,最长边为 $c=9$,则 a,b 必满足 $a \leqslant 9$,$b \leqslant 9$,$a+b > 9$,所以 $9+c < a+b+c \leqslant 18+c$,故 $18 < L \leqslant 27$
第四步:选答案	本题选 D
第五步:谈收获	三角形任意一边满足大于另两边之差,小于另两边之和

7.【解析】

第一步:定考点	与圆弧相关的面积
第二步:锁关键	$BC = 10$,$\angle ACB = 45°$

第三步:做运算	如图所示,连接 BD,因为 BC 是直径,所以三角形 BDC 为直角三角形,又因为 $\angle ACB = 45°$,所以三角形 BDC 和三角形 BDA 全等,所以点 D 是半圆弧的中点,故 $S_2 = S_3$,所以 $S_{阴影} = \frac{1}{2} S_{\triangle ABC} = 25$
第四步:选答案	本题选 C
第五步:谈收获	与圆弧相关的面积问题的核心是不可求转可求,不规则转规则

8. 【解析】

第一步:定考点	特殊三角形、四边形
第二步:锁关键	四边形 $ABCD$ 为平行四边形,$\angle NDC = \angle MDA$
第三步:做运算	由平行四边形可得,$\angle NDC = \angle DMA$,又 $\angle MDA = \angle NDC$,则 $\angle MDA = \angle DMA$,故 $\triangle MAD$ 为等腰三角形,$MA = AD$,同理 $DC = CN$,$MB = BN$,故所求周长为 $2 \times 6 = 12$
第四步:选答案	本题选 D
第五步:谈收获	等角对等边,等边对等角

9. 【解析】

第一步:定考点	特殊三角形
第二步:锁关键	等腰三角形
第三步:做运算	由韦达定理可得 $\begin{cases} AC + AB = 10, \\ AC \cdot AB = m \end{cases}$,因为 $BC = 2$,$\triangle ABC$ 为等腰三角形,可得 $AC = AB$(为两腰),从而 $AC = AB = 5$,则 $m = 25$
第四步:选答案	本题选 B
第五步:谈收获	当特殊三角形和方程结合在一起,一定要先判定能否构成三角形

10. 【解析】

第一步:定考点	相似
第二步:锁关键	E 为平行四边形 $ABCD$ 的边 AD 上的一点
第三步:做运算	三角形 DEF 和三角形 BCF 相似,因为 $AE : ED = 3 : 2$,所以相似比为 $2 : 5$,故 $BF : FD = 5 : 2$

第四步:选答案	本题选 D
第五步:谈收获	平行产生相似

11.【解析】

第一步:定考点	面积比例转化
第二步:锁关键	点 E 是 BC 的中点,$DF=2FC$
第三步:做运算	连接 AC,则 $S_{\triangle ACF}=\frac{1}{3}S_{\triangle ACD}=\frac{1}{6}S_{平行四边形ABCD}$,$S_{\triangle ACE}=\frac{1}{2}S_{\triangle ABC}=\frac{1}{4}S_{平行四边形ABCD}$,故阴影部分的面积占平行四边形 $ABCD$ 的面积的 $\frac{5}{12}$,由阴影部分的面积为 10,可得平行四边形 $ABCD$ 的面积是 24
第四步:选答案	本题选 E
第五步:谈收获	不规则四边形可以切割为三角形分析

12.【解析】

第一步:定考点	面积比例转化
第二步:锁关键	对角线 BD 被 E,F 两点三等分
第三步:做运算	因为 E,F 是 BD 的三等分点,故 $3S_{\triangle AEF}=S_{\triangle ABD}$,$3S_{\triangle CEF}=S_{\triangle BCD}$,因为四边形 $AECF$ 的面积为 15,故四边形 $ABCD$ 的面积为 $3\times S_{四边形AECF}=3\times 15=45$
第四步:选答案	本题选 C
第五步:谈收获	不规则四边形可以切割为三角形分析

13.【解析】

第一步:定考点	梯形
第二步:锁关键	$\triangle ADE$,$\triangle ABF$ 和四边形 $AECF$ 的面积相等
第三步:做运算	梯形 $ABCD$ 的面积为 $\frac{(5+7)\times 4}{2}=24$,所以 $S_{\triangle ABF}=S_{\triangle ADE}=8$,从而得 $BF=3.2$,$DE=4$,所以 $CF=0.8$,$CE=3$,所以有 $S_{\triangle CEF}=\frac{0.8\times 3}{2}=1.2$,$S_{\triangle AEF}=S_{四边形AECF}-S_{\triangle CEF}=8-1.2=6.8$
第四步:选答案	本题选 C
第五步:谈收获	当正面不好求时可以从反面入手,$S_{\triangle AEF}=S_{四边形AECF}-S_{\triangle CEF}$

14.【解析】

第一步:定考点	与圆弧相关的面积
第二步:锁关键	等边 $\triangle ABC$ 的边长为 10
第三步:做运算	连接 OD 和 OE,可知 $\triangle AOD$ 和 $\triangle BOE$ 是边长为 5 的等边三角形,所以 $S_{阴影} = S_{\triangle ABC} - 2S_{\triangle AOD} - \frac{1}{6}S_{圆} = \frac{\sqrt{3}}{4} \times 10^2 - 2 \times \frac{\sqrt{3}}{4} \times 5^2 - \frac{1}{6}\pi \times 5^2 = 25\left(\frac{\sqrt{3}}{2} - \frac{\pi}{6}\right)$
第四步:选答案	本题选 A
第五步:谈收获	与圆弧相关的面积问题的核心是不可求转可求,不规则转规则

15.【解析】

第一步:定考点	面积比例转化
第二步:锁关键	阴影部分的面积为 4,M 是 AB 边中点
第三步:做运算	M 是 AB 的中点,则 $S_{\triangle BMD} = \frac{1}{4}S_{平行四边形ABCD}$,且 $\frac{DE}{EB} = \frac{CD}{BM} = 2$,所以 $S_{\triangle DEM} = \frac{2}{3}S_{\triangle BDM}$,$S_{阴影} = 2S_{\triangle DEM} = 4$,所以 $S_{\triangle BDM} = 3$,$S_{平行四边形ABCD} = 12$
第四步:选答案	本题选 A
第五步:谈收获	梯形左右两个三角形的面积相等

二、条件充分性判断

16.【解析】

第一步:定考点	面积比例转化
第二步:锁关键	正方形 $ABCD$ 的面积是 3 cm^2,M 在 AD 边上
第三步:做运算	条件(1),$AM = MD$,依据蝴蝶模型可知阴影部分总共占 4 份,整个正方形为 12 份,因为正方形 $ABCD$ 的面积是 3 cm^2,故阴影部分的面积是 1 cm^2,条件(1) 充分;同理,条件(2) 不充分
第四步:选答案	本题选 A
第五步:谈收获	蝴蝶模型可以快速处理梯形被两条对角线分割而成的四个三角形的对应面积关系问题

17.【解析】

第一步:定考点	特殊三角形
第二步:锁关键	连接 AD,将大三角形拆分为两个小三角形分析

第三步：做运算	$S_{\triangle ABC} = S_{\triangle ABD} + S_{\triangle ACD} = \frac{1}{2} \times 12 \times x + \frac{1}{2} \times 12 \times y = 42$，所以 $x+y=7$，故 $x+y$ 的值和点 D 的位置无关
第四步：选答案	本题选 D
第五步：谈收获	在等腰三角形底边上任取一点作两腰的垂线段，则两条垂线段之和等于腰上的高

18.【解析】

第一步：定考点	平行四边形对半模型
第二步：锁关键	在矩形 $ABCD$ 中，E 为 CD 上一点
第三步：做运算	由平行四边形对半模型可知，只要点 E 在 CD 上，则三角形 ABE 的面积始终等于矩形面积的一半，所以两条件都充分
第四步：选答案	本题选 D
第五步：谈收获	熟记常见的平行四边形对半模型图

19.【解析】

第一步：定考点	相似
第二步：锁关键	使其与 4 个小区的直线距离之和最小
第三步：做运算	如图所示，两条件单独显然均不充分，联合分析. S 在 CD 上，则 $SC+SD=CD=12$（千米），只需让 $SA+SB$ 最小即可. 作 A 点关于 CD 的对称点 A'，则 $A'B$ 即为 $SA+SB$ 的最小值，因为 $\triangle A'DS$ 和 $\triangle BCS$ 相似，且相似比为 $4:12=1:3$，故 $SC = 12 \times \frac{3}{4} = 9$（千米），充分 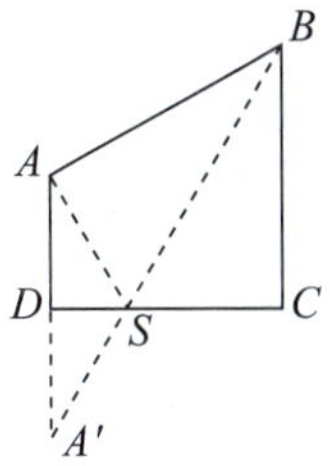
第四步：选答案	本题选 C
第五步：谈收获	平行产生相似

20.【解析】

第一步：定考点	三角形形状判定
第二步：锁关键	三边相等

第三步:做运算	条件(1),$(a-b)(b-c)=0 \Rightarrow a=b$ 或 $b=c$,三角形为等腰三角形,不一定为等边三角形,故条件(1)不充分;条件(2),$(a+b)^2-4c^2=(a+b+2c)(a+b-2c)=0 \Rightarrow a+b=2c$,故条件(2)也不充分.联合分析,有 $\begin{cases} a+b=2c \\ a=b \end{cases}$ 或 $\begin{cases} a+b=2c \\ b=c \end{cases}$,则 $a=b=c$,充分
第四步:选答案	本题选 C
第五步:谈收获	判定三角形的形状有两大角度:角关系和边关系

21.【解析】

第一步:定考点	相似
第二步:锁关键	利用相似求面积
第三步:做运算	因为 $EF \parallel BC$,所以 △AEF 和 △ABC 相似,所以要证明三角形 AEF 的面积等于梯形 EBCF 的面积等价于证明三角形 AEF 的面积与三角形 ABC 的面积之比为 $1:2$,即相似比为 $1:\sqrt{2}$,由条件(1)可得相似比为 $2:3$,所以条件(1)不充分;由条件(2)可得相似比为 $1:2$,所以条件(2)不充分,两条件无法联合
第四步:选答案	本题选 E
第五步:谈收获	两三角形相似,对应高、边长之比均等于相似比,对应面积之比等于相似比的平方

22.【解析】

第一步:定考点	特殊三角形
第二步:锁关键	c 为最长的边
第三步:做运算	$\|x_1-x_2\|=1 \Rightarrow \dfrac{(a+b)^2-c^2}{c^2}=1$,即 $(a+b)^2=2c^2$,显然条件(1)和条件(2)单独都不充分,两条件联合得 $b=a,c=\sqrt{2}a$,则 $(a+b)^2=4a^2=2c^2$,充分
第四步:选答案	本题选 C
第五步:谈收获	$ax^2+bx+c=0$ 的两根为 x_1,x_2,由韦达定理可得 $\|x_1-x_2\|=\dfrac{\sqrt{\Delta}}{\|a\|}$

23.【解析】

第一步:定考点	三角形与梯形
第二步:锁关键	能确定阴影部分的面积

第三步：做运算	延长 DE,AB 交于 F 点,条件(1), E 位置不定,无法确定阴影部分的面积；条件(2), E 为 BC 的中点,所以三角形 DCE 和三角形 FBE 全等,所以 $S_{梯形ABCD} = S_{\triangle ADF}$, $S_{阴影} = \frac{1}{2}S_{\triangle ADF}$,故条件(2) 充分
第四步：选答案	本题选 B
第五步：谈收获	此结论也可以当性质记下来

24.【解析】

第一步：定考点	三角形与矩形
第二步：锁关键	能确定阴影部分的面积
第三步：做运算	条件(1),因为四边形 $ABCD$ 是矩形,所以 $OA = OC$, $\angle EO = \angle CFO$, $\angle AOE = \angle COF$,故 $\triangle AOE \cong \triangle COF$,所以 $S_{\triangle AOE} = S_{\triangle COF}$,则图中阴影部分的面积等于矩形 $ABCD$ 的面积的一半,充分；条件(2) 无具体值,不充分
第四步：选答案	本题选 A
第五步：谈收获	矩形对角线相互平分

25.【解析】

第一步：定考点	三角形与抛物线
第二步：锁关键	抛物线 $y = x^2 - 2x - 3$ 与 x 轴两交点分别为 A,B
第三步：做运算	抛物线 $y = x^2 - 2x - 3$ 与 x 轴两交点分别为 $A(-1,0), B(3,0)$,顶点为 $C(1,-4)$,则 $S_{\triangle ABC} = \frac{1}{2}AB \cdot |y_C| = 8$. 条件(1), $S_{\triangle ABP} < S_{\triangle ABC}$,满足条件的 P 点有四个,不充分；条件(2), $S_{\triangle ABP} > S_{\triangle ABC}$,满足条件的 P 点有两个,充分
第四步：选答案	本题选 B
第五步：谈收获	$\begin{cases} S_{\triangle ABP} = 8, P \text{ 点有 } 3 \text{ 个}, \\ S_{\triangle ABP} < 8, P \text{ 点有 } 4 \text{ 个}, \\ S_{\triangle ABP} > 8, P \text{ 点有 } 2 \text{ 个} \end{cases}$

第五节　本章小结

考点01：三角形的角边关系　　① 边关系；② 正余弦定理

续表

考点 02：三角形的面积公式	① 基本公式；② 应用场景
考点 03：特殊三角形	① 边关系；② 面积公式
考点 04：四心五线	① 内心；② 外心；③ 重心；④ 垂心
考点 05：全等与相似	① 证明方法；② 结论
考点 06：平行四边形与矩形	① 定义；② 性质
考点 07：菱形与正方形	① 定义；② 性质
考点 08：梯形	① 定义；② 性质
考点 09：圆与扇形	① 弧长公式；② 面积公式；③ 圆周角和圆心角的关系
43 技：特殊位置模型	题干出现某点为某边上任意一点
44 技：等面积转化模型	等面积转化模型的核心在于转化后将不可求变为可求，不规则变为规则，转换的方法有基本公式、基本定理、割补法等
45 技：角平分线模型	注意线段比值相等
46 技：三角形燕尾模型	注意模型图
47 技：三角形鸟头模型	注意模型图
48 技：射影定理模型	注意模型图及线段关系
49 技：平行四边形对半模型	注意模型图
50 技：梯形颈线模型	颈线 $= \dfrac{2 \cdot AB \cdot CD}{AB + CD}$
51 技：梯形蝴蝶模型	适用于梯形
52 技：圆幂相交弦模型	注意对应模型图及结论
53 技：圆幂双割线模型	注意对应模型图及结论

第六章 解析几何与立体几何

第一节 考情解读

本章解读

本章是平面几何的进阶内容,所谓解析几何,就是将平面几何放在直角坐标系中进行定量化研究,所以本章呈现的特点是公式多、运算量大、题目较为灵活.考题以直线和圆为载体,重点考查解析几何四大位置关系和最值问题,其中四大位置关系中需重点学习直线与圆的位置关系,最值问题会涉及相关动点问题,难度较大.除此以外,对称问题中需重点记忆关于直线对称的公式.所谓立体几何,就是将平面几何作旋转折叠进行立体化研究,立体几何相对较为容易,考试中以长方体、柱体、球体为载体,考查常规立体图形的表面积、体积或相关长度.除此以外,内切球和外接球的相关变形问题的考查频率较高.

本章概览

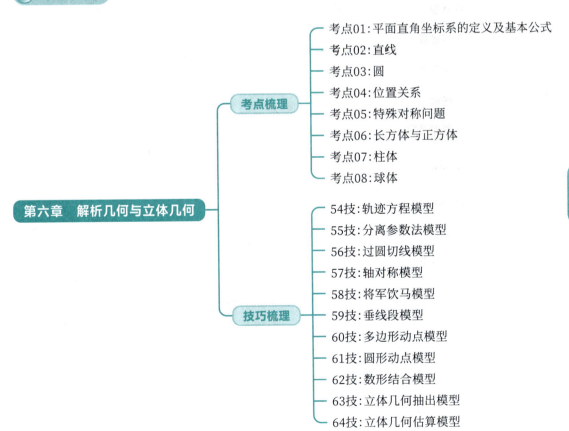

第二节　考点梳理

考点 01　平面直角坐标系的定义及基本公式

一、考点精析

1. 定义

在同一个平面上互相垂直且有公共原点的两条数轴即可构成平面直角坐标系,简称直角坐标系.通常,如图所示,两条数轴分别置于水平位置与垂直位置,取向右与向上的方向分别为两条数轴的正方向.水平的数轴叫作 x 轴或横轴,垂直的数轴叫作 y 轴或纵轴,它们的公共原点 O 称为直角坐标系的原点,以点 O 为原点的平面直角坐标系通常记作平面直角坐标系 xOy.

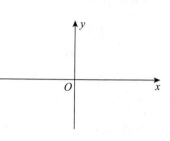

2. 象限

两条坐标轴可以将平面分为四个象限,右上方为第一象限,左上方为第二象限,左下方为第三象限,右下方为第四象限.每个象限内点的横、纵坐标正负会有所不同,坐标轴上的点不属于任何象限.

3. 定比分点坐标

如图所示,A,B 是两个不同点,设 $A(x_1,y_1),B(x_2,y_2),P$ 是线段 AB 上的一个动点,$AP=\lambda PB$,则 P 的坐标为 $\left(\dfrac{x_1+\lambda x_2}{1+\lambda},\dfrac{y_1+\lambda y_2}{1+\lambda}\right)$,若 P 是线段 AB 的中点,则 $\lambda=1$,此时 P 的坐标为 $\left(\dfrac{x_1+x_2}{2},\dfrac{y_1+y_2}{2}\right)$.

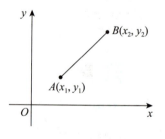

4. 两点间的距离公式

设 $A(x_1,y_1),B(x_2,y_2)$,则 A,B 两点间的距离为 $d=\sqrt{(x_1-x_2)^2+(y_1-y_2)^2}$.

二、例题解读

例 1　在平行四边形 $ABCD$ 中,$A(-3,3),B(-2,1),C(3,1)$,则点 D 的坐标为(　　).

　　A.(1,3)　　B.(2,3)　　C.(3,4)　　D.(4,3)　　E.(5,6)

【解析】

第一步:定考点	中点坐标公式
第二步:锁关键	A,B,C,D 是平行四边形的四个顶点

续表

第三步:做运算	平行四边形对角线互相平分,假设对角线 AC,BD 相交于点 E,因为 $A(-3,3)$,$C(3,1)$,所以由中点坐标公式可求出点 E 的坐标为 $(0,2)$,又因为点 B 的坐标为 $(-2,1)$,所以点 D 的坐标为 $(2,3)$
第四步:选答案	本题选 B
第五步:谈收获	平行四边形 $ABCD$,一定要注意字母的顺序

例 2 已知点 $A(-1,2),B(2,\sqrt{7})$,若在 x 轴上有一点 P,使得 $PA=PB$,则 PA 为(　　).

A. 1　　　　B. $\sqrt{2}$　　　　C. $\sqrt{3}$　　　　D. $2\sqrt{2}$　　　　E. $3\sqrt{3}$

【解析】

第一步:定考点	两点间的距离公式
第二步:锁关键	$PA=PB$
第三步:做运算	设点 P 的坐标为 $(x,0)$,$PA=\sqrt{(x+1)^2+(0-2)^2}=\sqrt{x^2+2x+5}$,$PB=\sqrt{(x-2)^2+(0-\sqrt{7})^2}=\sqrt{x^2-4x+11}$,又因为 $PA=PB$,所以有 $x^2+2x+5=x^2-4x+11$,解得 $x=1$,所以点 P 的坐标为 $(1,0)$,因此 $PA=2\sqrt{2}$
第四步:选答案	本题选 D
第五步:谈收获	$A(x_1,y_1),B(x_2,y_2)$ 两点间的距离为 $d=\sqrt{(x_1-x_2)^2+(y_1-y_2)^2}$

考点02　直线

一、考点精析

1. 直线的核心参数

   (1) 倾斜角:直线与 x 轴正方向所成的夹角,称为倾斜角,记为 θ,其中 $\theta\in[0,\pi)$.

   (2) 斜率:倾斜角的正切值为斜率,记为 $k=\tan\theta\left(\theta\neq\dfrac{\pi}{2}\right)$.

   (3) 特殊角度的正切值(见表).

θ	30°	45°	60°	90°	120°	135°	150°
$\tan\theta$	$\dfrac{\sqrt{3}}{3}$	1	$\sqrt{3}$	∞	$-\sqrt{3}$	-1	$-\dfrac{\sqrt{3}}{3}$

   (4) 已知两点求斜率.

   设 $A(x_1,y_1),B(x_2,y_2)$,则 A,B 两点所确定的直线斜率为 $k=\dfrac{y_2-y_1}{x_2-x_1}(x_1\neq x_2)$.

(5) 斜率的正负变化.

当 $\theta = 0°$ 时, $k = 0$;

当 $0° < \theta < 90°$ 时, $k > 0$;

当 $90° < \theta < 180°$ 时, $k < 0$.

(6) 斜率大小变化(以竖直直线为分界线).

直线顺时针旋转斜率变小, 直线逆时针旋转斜率变大.

(7) 若两直线关于水平直线或竖直直线对称, 且斜率都存在, 则其斜率互为相反数.

2. 直线方程

(1) 点斜式.

过点 $P(x_0, y_0)$, 斜率为 k 的直线方程为 $y - y_0 = k(x - x_0)$.

(2) 斜截式.

斜率为 k, 在 y 轴上的截距为 b, 即过点 $(0, b)$ 的直线方程为 $y = kx + b$.

(3) 两点式.

过两个点 $P_1(x_1, y_1), P_2(x_2, y_2)$ 的直线方程为 $\dfrac{y - y_1}{y_2 - y_1} = \dfrac{x - x_1}{x_2 - x_1}(x_1 \neq x_2, y_1 \neq y_2)$.

(4) 截距式.

在 x 轴上的截距为 a, 即过点 $(a, 0)$, 在 y 轴上的截距为 b, 即过点 $(0, b)$ 的直线方程为 $\dfrac{x}{a} + \dfrac{y}{b} = 1(a \neq 0, b \neq 0)$.

(5) 一般式.

$ax + by + c = 0(a, b$ 不全为零$)$.

3. 基本公式

(1) 点到直线的距离公式.

点 $P(x_0, y_0)$ 到直线 $ax + by + c = 0$ 的距离 $d = \dfrac{|ax_0 + by_0 + c|}{\sqrt{a^2 + b^2}}$.

(2) 两平行线间的距离公式.

设直线 $l_1 : ax + by + c_1 = 0, l_2 : ax + by + c_2 = 0$, 且 $c_1 \neq c_2$, 两直线平行, 则两平行线间的距离 $d = \dfrac{|c_1 - c_2|}{\sqrt{a^2 + b^2}}$.

二、例题解读

例 3 已知 $a > 0$, 平面内 $A(1, -a), B(2, a^2), C(3, a^3)$ 三点共线, 则 $a = ($ $)$.

A. $\sqrt{2} + 1$ B. $\sqrt{2} - 1$ C. $\sqrt{2}$ D. 1   E. 2

第六章 解析几何与立体几何

【解析】

第一步:定考点	直线的核心参数
第二步:锁关键	$A(1,-a), B(2,a^2), C(3,a^3)$ 三点共线
第三步:做运算	因为三点共线,所以直线 AB 的斜率和直线 BC 的斜率相同,故有 $\dfrac{a^2+a}{2-1}=\dfrac{a^3-a^2}{3-2}$,又因为 $a>0$,所以 $a=1+\sqrt{2}$
第四步:选答案	本题选 A
第五步:谈收获	若三点共线,则任意两点的斜率相同

例4 过点 $P(0,-1)$ 作直线 l,已知 $A(1,-2), B(2,1)$,若直线 l 与线段 AB 有公共点,则直线 l 的斜率的取值范围是(   ).

A. $[-1,1]$ B. $(-\infty,-1]$ C. $[1,+\infty)$

D. $(-\infty,-1] \cup [1,+\infty)$ E. 无法确定

【解析】

第一步:定考点	直线旋转问题
第二步:锁关键	直线 l 与线段 AB 有公共点
第三步:做运算	依题可得,直线 PA 的斜率为 -1,直线 PB 的斜率为 1.因为直线 l 与线段 AB 有公共点,所以直线 PA 应逆时针旋转,直线 PB 应顺时针旋转,故直线 l 的斜率的取值范围为 $[-1,1]$
第四步:选答案	本题选 A
第五步:谈收获	直线顺时针旋转斜率变小,直线逆时针旋转斜率变大(以竖直直线为分界线)

例5 直线 l 经过点 $A(1,2)$,在 x 轴上的截距的取值范围是 $(-3,3)$,则其斜率 k 的取值范围是(   ).

A. $-1<k<\dfrac{1}{5}$ B. $k>1$ 或 $k<\dfrac{1}{2}$

C. $k>\dfrac{1}{5}$ 或 $k<-1$ D. $k>\dfrac{1}{2}$ 或 $k<-1$

E. $-1<k<\dfrac{1}{2}$

【解析】

第一步:定考点	直线方程
第二步:锁关键	直线 l 在 x 轴上的截距的取值范围是 $(-3,3)$

续表

第三步:做运算	设直线的斜率为 k,则直线方程为 $y-2=k(x-1)$,直线在 x 轴上的截距为 $x=1-\dfrac{2}{k}$,令 $-3<1-\dfrac{2}{k}<3$,解不等式得 $k>\dfrac{1}{2}$ 或 $k<-1$
第四步:选答案	本题选 D
第五步:谈收获	求直线在 x 轴上的截距令 $y=0$,求直线在 y 轴上的截距令 $x=0$

考点03 圆

一、考点精析

1. 圆的定义

平面内到定点距离等于定长的点的集合叫作圆,其中定点叫圆心,定长叫半径.

2. 圆的标准方程

设圆心为 (x_0,y_0),半径为 r,圆的标准方程为 $(x-x_0)^2+(y-y_0)^2=r^2$. 特别地,当圆心在原点 $(0,0)$ 时,圆的标准方程为 $x^2+y^2=r^2$.

3. 圆的一般方程

$$x^2+y^2+ax+by+c=0.$$

配方后得到 $\left(x+\dfrac{a}{2}\right)^2+\left(y+\dfrac{b}{2}\right)^2=\dfrac{a^2+b^2-4c}{4}$,要求 $a^2+b^2-4c>0$.

圆心坐标 $\left(-\dfrac{a}{2},-\dfrac{b}{2}\right)$,半径 $r=\dfrac{\sqrt{a^2+b^2-4c}}{2}>0$.

二、例题解读

例6 已知两点 $A(2,3),B(-4,5)$,则以 AB 为直径的圆的面积为( ).

A. 10π B. 11π C. 12π D. 13π E. 14π

【解析】

第一步:定考点	两点间的距离公式
第二步:锁关键	以 AB 为直径
第三步:做运算	求圆的面积的关键是求圆的半径,由距离公式可知 $d_{AB}=\sqrt{6^2+(-2)^2}=2\sqrt{10}$,所以圆的半径为 $\sqrt{10}$,故圆的面积为 10π
第四步:选答案	本题选 A
第五步:谈收获	$A(x_1,y_1),B(x_2,y_2)$ 两点间的距离为 $d=\sqrt{(x_1-x_2)^2+(y_1-y_2)^2}$

第六章　解析几何与立体几何

例7 若圆的圆心在直线 $y=-4x$ 上,且与直线 $l:x+y-1=0$ 相切于点 $P(3,-2)$,则该圆的面积为(　　).

A. 2π　　　　B. 4π　　　　C. 6π　　　　D. 8π　　　　E. 12π

【解析】

第一步:定考点	圆的方程
第二步:锁关键	圆的圆心在直线 $y=-4x$ 上,且与直线 $l:x+y-1=0$ 相切于点 $P(3,-2)$
第三步:做运算	设圆心的坐标为 $(a,-4a)$,半径为 r,则 $d=\dfrac{\|a+(-4a)-1\|}{\sqrt{1^2+1^2}}=\sqrt{(a-3)^2+(-4a+2)^2}=r$,又 $\dfrac{-4a+2}{a-3}=1$,解得 $a=1,r=2\sqrt{2}$,则圆的面积为 8π
第四步:选答案	本题选 D
第五步:谈收获	若直线与圆相切,则圆心到直线的距离等于半径

例8 一个圆经过坐标原点,又经过抛物线 $y=\dfrac{x^2}{4}-2x+4$ 与坐标轴的交点,则该圆的半径为(　　).

A. $\sqrt{2}$　　　　B. $2\sqrt{2}$　　　　C. $3\sqrt{2}$　　　　D. $\dfrac{\sqrt{2}}{2}$　　　　E. $4\sqrt{2}$

【解析】

第一步:定考点	圆的方程
第二步:锁关键	一个圆经过坐标原点,又经过抛物线 $y=\dfrac{x^2}{4}-2x+4$ 与坐标轴的交点
第三步:做运算	$y=\dfrac{x^2}{4}-2x+4=\dfrac{1}{4}(x^2-8x+16)=\dfrac{1}{4}(x-4)^2$,所以抛物线与 x 轴交点为 $(4,0)$,与 y 轴交点为 $(0,4)$.设圆的方程为 $x^2+y^2+Dx+Ey+F=0$,又圆经过 $(0,0)$ 点,则 $F=0$,将 $(4,0)$ 与 $(0,4)$ 代入可得 $16+4D=0,D=-4;16+4E=0,E=-4$,所以圆的方程为 $x^2-4x+y^2-4y=0$,即 $(x-2)^2+(y-2)^2=8,r=2\sqrt{2}$
第四步:选答案	本题选 B
第五步:谈收获	圆的一般方程中有 3 个参数,所有已知三点在圆上的题,都可将点代入,构造方程组求解参数

考点 04　位置关系

一、考点精析

1. 点与直线的位置关系

   （1）判定两点在直线同侧或异侧.

   设两点 $M(x_1,y_1),N(x_2,y_2)$，直线为 $ax+by+c=0(a,b$ 不全为零$)$.

   ① 同侧：$(ax_1+by_1+c)(ax_2+by_2+c)>0$.

   ② 异侧：$(ax_1+by_1+c)(ax_2+by_2+c)<0$.

   （2）判定某点在直线上方或下方.

   设点 $P(x_0,y_0)$，直线为 $ax+by+c=0(b>0)$.

   ① 上方：$ax_0+by_0+c>0$.

   ② 下方：$ax_0+by_0+c<0$.

2. 直线与直线的位置关系（见表）

直线与直线的位置关系	斜截式 $l_1:y=k_1x+b_1,$ $l_2:y=k_2x+b_2$	一般式 $l_1:a_1x+b_1y+c_1=0,$ $l_2:a_2x+b_2y+c_2=0$
重合	$k_1=k_2,b_1=b_2$	$\dfrac{a_1}{a_2}=\dfrac{b_1}{b_2}=\dfrac{c_1}{c_2}$
平行	$k_1=k_2,b_1\neq b_2$	$\dfrac{a_1}{a_2}=\dfrac{b_1}{b_2}\neq\dfrac{c_1}{c_2}$
相交	$k_1\neq k_2$	$\dfrac{a_1}{a_2}\neq\dfrac{b_1}{b_2}$
垂直	$k_1k_2=-1$	$\dfrac{a_1}{b_1}\cdot\dfrac{a_2}{b_2}=-1\Leftrightarrow a_1a_2+b_1b_2=0$

3. 直线与圆的位置关系（见表）

   直线 $l:y=kx+b$；圆 $O:(x-x_0)^2+(y-y_0)^2=r^2$，$d$ 为圆心 (x_0,y_0) 到直线 l 的距离.

直线与圆的位置关系	图形	判定方法（几何法）	判定方法（代数法）
相离		$d>r$	方程组 $\begin{cases}y=kx+b,\\(x-x_0)^2+(y-y_0)^2=r^2\end{cases}$ 无实根，即 $\Delta<0$

续表

直线与圆的位置关系	图形	判定方法（几何法）	判定方法（代数法）
相切		$d=r$	方程组 $\begin{cases} y=kx+b, \\ (x-x_0)^2+(y-y_0)^2=r^2 \end{cases}$ 有两个相等的实根,即 $\Delta=0$
相交		$d<r$	方程组 $\begin{cases} y=kx+b, \\ (x-x_0)^2+(y-y_0)^2=r^2 \end{cases}$ 有两个不等的实根,即 $\Delta>0$

4. 圆与圆的位置关系（见表）

圆 $O_1:(x-x_1)^2+(y-y_1)^2=r_1^2$；圆 $O_2:(x-x_2)^2+(y-y_2)^2=r_2^2$，$d$ 为圆心 (x_1,y_1) 与 (x_2,y_2) 的距离．

两圆的位置关系	图形	判定方法（几何法）	公切线条数
外离		$d>r_1+r_2$	4
外切		$d=r_1+r_2$	3
相交		$|r_1-r_2|<d<r_1+r_2$	2
内切		$d=|r_1-r_2|$	1

两圆的位置关系	图形	判定方法（几何法）	公切线条数
内含		$d < |r_1 - r_2|$	0

二、例题解读

例 9 点 $A(3,1)$ 和 $B(-4,6)$ 在直线 $3x - 2y + a = 0$ 的两侧.

(1) $-8 < a < 23$.

(2) $-6 < a < 25$.

【解析】

第一步：定考点	点与直线的位置关系
第二步：锁关键	点 $A(3,1)$ 和 $B(-4,6)$ 在直线 $3x - 2y + a = 0$ 的两侧
第三步：做运算	依题可得 $(9 - 2 + a)(-12 - 12 + a) < 0$，化简得 $(a + 7)(a - 24) < 0$，解得 $-7 < a < 24$，所以两条件单独均不充分，联合可得 $-6 < a < 23$，在 $-7 < a < 24$ 的范围内，所以联合充分
第四步：选答案	本题选 C
第五步：谈收获	① 同侧：$(ax_1 + by_1 + c)(ax_2 + by_2 + c) > 0$. ② 异侧：$(ax_1 + by_1 + c)(ax_2 + by_2 + c) < 0$

例 10 若直线 $x - 2y = 0, x + y - 3 = 0, 2x - y = 0$ 两两相交构成三角形 ABC，则以下各点中，位于三角形 ABC 内的点是（　　）.

A. $(1,1)$　　　B. $(1,3)$　　　C. $(2,2)$　　　D. $(3,2)$　　　E. $(4,0)$

【解析】

第一步：定考点	点与直线的位置关系
第二步：锁关键	点在三角形 ABC 内
第三步：做运算	在平面直角坐标系中，画出所给三条直线，以此判断选项中各点是否在三条直线围成的三角形内部，依题可得 $(1,1)$ 满足要求
第四步：选答案	本题选 A
第五步：谈收获	本题由于直线较多，直接画图解题更快

例 11 若直线 $(m+2)x + 3my + 1 = 0$ 与直线 $(m-2)x + (m+2)y - 3 = 0$ 相互垂直，则 m 的

值为( ).

A. $m = \dfrac{1}{2}$ B. $m = -2$ C. $m = 2$

D. $m = \dfrac{1}{2}$ 或 $m = -2$ E. $m = \dfrac{1}{2}$ 或 $m = 2$

【解析】

第一步:定考点	直线与直线的位置关系
第二步:锁关键	两直线垂直
第三步:做运算	直线$(m+2)x+3my+1=0$与$(m-2)x+(m+2)y-3=0$互相垂直,则$(m+2)(m-2)+3m(m+2)=0$,即$2m^2+3m-2=0$,解得$m=\dfrac{1}{2}$或$m=-2$
第四步:选答案	本题选 D
第五步:谈收获	若直线$a_1x+b_1y+c_1=0$与$a_2x+b_2y+c_2=0$垂直,则$a_1a_2+b_1b_2=0$

例12 直线$l_1:(k-3)x+(4-k)y+1=0$与$l_2:2(k-3)x-2y+3=0$平行.

(1) $k=3$ 或 $k=5$.

(2) $k=1$ 或 $k=3$.

【解析】

第一步:定考点	直线与直线的位置关系
第二步:锁关键	两直线平行
第三步:做运算	当$k=3$时,$l_1:y+1=0$与$l_2:-2y+3=0$平行;当$k\neq 3$时,由两直线平行,则$\dfrac{k-3}{2(k-3)}=\dfrac{4-k}{-2}\neq\dfrac{1}{3}$,解得$k=5$.综上所述,$l_1$与$l_2$平行的充要条件为$k=3$或$k=5$
第四步:选答案	本题选 A
第五步:谈收获	若直线$a_1x+b_1y+c_1=0$与$a_2x+b_2y+c_2=0$平行,则$\dfrac{a_1}{a_2}=\dfrac{b_1}{b_2}\neq\dfrac{c_1}{c_2}$

例13 设a,b为实数,则圆$x^2+y^2=2y$与直线$x+ay=b$不相交.

(1) $|a-b| > \sqrt{1+a^2}$.

(2) $|a+b| > \sqrt{1+a^2}$.

【解析】

第一步:定考点	直线与圆的位置关系
第二步:锁关键	直线与圆不相交

续表

第三步:做运算	要使圆 $x^2+y^2=2y$ 与直线 $x+ay=b$ 不相交,则圆心 $(0,1)$ 到直线 $x+ay=b$ 的距离大于等于半径 1,即 $\dfrac{\lvert a-b \rvert}{\sqrt{1+a^2}} \geqslant 1$,所以条件(1)充分,条件(2)不充分
第四步:选答案	本题选 A
第五步:谈收获	题干出现绝对值和根号,用点到直线的距离公式判定

例 14 圆 $x^2+y^2-ax-by+c=0$ 与 x 轴相切,则能确定 c 的值.

(1) 已知 a 的值.

(2) 已知 b 的值.

【解析】

第一步:定考点	直线与圆的位置关系
第二步:锁关键	直线与圆相切
第三步:做运算	联立方程: $\begin{cases} x^2+y^2-ax-by+c=0 \\ y=0 \end{cases}$,可得 $x^2-ax+c=0$,由圆与直线相切, $\Delta=a^2-4c=0$,即 $a^2=4c$,条件(1)充分,条件(2)不充分
第四步:选答案	本题选 A
第五步:谈收获	当直线方程较为简单时可联立方程,利用判别式判定

例 15 圆 $C_1:x^2+y^2+4x-4y+7=0$ 和圆 $C_2:x^2+y^2-4x-10y+13=0$ 的公切线的条数为( ).

A. 4　　　　B. 3　　　　C. 2　　　　D. 1　　　　E. 0

【解析】

第一步:定考点	圆与圆的位置关系
第二步:锁关键	判定位置关系
第三步:做运算	$C_1:(x+2)^2+(y-2)^2=1$ 的圆心为 $(-2,2)$,半径为 $r_1=1$;$C_2:(x-2)^2+(y-5)^2=16$ 的圆心为 $(2,5)$,半径为 $r_2=4$,所以圆心距 $d=\sqrt{(-2-2)^2+(2-5)^2}=5$,又 $r_1+r_2=5$,故两圆外切,因此两圆有 3 条公切线
第四步:选答案	本题选 B
第五步:谈收获	两圆的公切线条数和位置关系一一对应

例 16 圆 $x^2+y^2=r^2$ 与圆 $x^2+y^2+2x-4y+4=0$ 有两条外公切线.

(1) $0<r<\sqrt{5}+1$.

(2) $\sqrt{5}-1 < r < \sqrt{5}+1$.

【解析】

第一步:定考点	圆与圆的位置关系
第二步:锁关键	两圆有两条外公切线
第三步:做运算	$x^2+y^2+2x-4y+4=0 \Rightarrow (x+1)^2+(y-2)^2=1$,圆心为$(-1,2)$,半径为1;圆 $x^2+y^2=r^2$ 的圆心为$(0,0)$,半径为r,故两圆的圆心距为 $d=\sqrt{(-1)^2+2^2}=\sqrt{5}$,已知两圆有两条外公切线,故两圆相交、外切或外离,即 $d > \mid r_1 - r_2 \mid = \mid r-1 \mid$,故 $\mid r-1 \mid < \sqrt{5} \Rightarrow -\sqrt{5}+1 < r < \sqrt{5}+1$,又 $r>0$,所以 $0 < r < \sqrt{5}+1$,所以条件(1)充分,条件(2)也充分
第四步:选答案	本题选 D
第五步:谈收获	若两圆有两条外公切线,则两圆可能相交、外切或外离

考点 05 特殊对称问题

一、考点精析

求解图像关于 x 轴、y 轴、原点等特殊对称问题,如表所示.

对称方式	点 $P(x_0,y_0)$	直线 $l:ax+by+c=0$
关于 x 轴对称	$P'(x_0,-y_0)$	$l':ax-by+c=0$
关于 y 轴对称	$P'(-x_0,y_0)$	$l':-ax+by+c=0$
关于原点对称	$P'(-x_0,-y_0)$	$l':ax+by-c=0$
关于 $y=x$ 对称	$P'(y_0,x_0)$	$l':ay+bx+c=0$
关于 $y=-x$ 对称	$P'(-y_0,-x_0)$	$l':ay+bx-c=0$

二、例题解读

例17 在平面直角坐标系中,直线 $x-2y+1=0$ 关于直线 $x+y=0$ 对称的直线方程为( ).

A. $2x-y+1=0$ B. $2x+y-1=0$

C. $x-2y-1=0$ D. $3x-y+1=0$

E. $x-3y+2=0$

【解析】

第一步:定考点	特殊对称问题

续表

第二步:锁关键	关于直线 $x+y=0$ 对称
第三步:做运算	设 (x,y) 为所求对称直线上任意一点,则它关于直线 $x+y=0$ 对称的点 $(-y,-x)$ 一定在直线 $x-2y+1=0$ 上,所以有 $-y-2(-x)+1=0$,即 $2x-y+1=0$
第四步:选答案	本题选 A
第五步:谈收获	直线 $l:ax+by+c=0$ 关于 $y=-x$ 对称的直线为 $l':ay+bx-c=0$

例 18 光线从点 $A(3,3)$ 射到 y 轴以后,再反射到点 $B(1,0)$,则这条光线从 A 到 B 经过的路线长度为(　　).

A. 3　　　　B. 4　　　　C. 5　　　　D. 6　　　　E. 7

【解析】

第一步:定考点	特殊对称问题
第二步:锁关键	光线从点 $A(3,3)$ 射到 y 轴以后,再反射到点 $B(1,0)$
第三步:做运算	作 $A(3,3)$ 关于 y 轴对称的点 $A'(-3,3)$,则 $A'B$ 的长度为 5
第四步:选答案	本题选 C
第五步:谈收获	点 $P(x_0,y_0)$ 关于 y 轴对称的点为 $P'(-x_0,y_0)$

考点 06　长方体与正方体

一、考点精析

1. 长方体基本公式

   设长方体一个顶点引出的三条棱长分别为 a,b,c(见图).

   (1) 表面积:$F=2(ab+bc+ac)$.

   (2) 体积:$V=abc$.

   (3) 所有棱长之和:$l=4(a+b+c)$.

   (4) 体对角线长:$d=\sqrt{a^2+b^2+c^2}$(长方体体对角线即为外接球的直径).

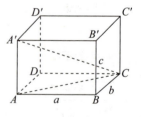

2. 正方体基本公式

   设正方体的棱长为 a(见图).

   (1) 表面积:$F=6a^2$.

   (2) 体积:$V=a^3$.

   (3) 所有棱长之和:$l=12a$.

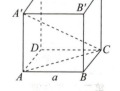

(4) 体对角线长:$d = \sqrt{3}a$(正方体体对角线即为外接球的直径).

二、例题解读

例 19 有一块长为 35,宽为 25 的长方形铁皮,现从四个角各剪去边长为 5 的正方形后,正好可以折成一个无盖的长方体铁盒,则这个铁盒的容积为( ).

A. 1 360　　　B. 1 455　　　C. 1 650　　　D. 1 725　　　E. 1 875

【解析】

第一步:定考点	长方体
第二步:锁关键	现从四个角各剪去边长为 5 的正方形后,正好可以折成一个无盖的长方体铁盒
第三步:做运算	四个角各剪去一个正方形后,该长方体的长为 25,宽为 15,高为 5,故其体积为 $25 \times 15 \times 5 = 1\ 875$
第四步:选答案	本题选 E
第五步:谈收获	长方体的体积 $V = abc$

例 20 三个完全相同的正方体拼成一个长方体后,表面积减少了 196 平方厘米,则该长方体的体积为( )立方厘米.

A. 960　　　B. 996　　　C. 1 020　　　D. 1 029　　　E. 1 049

【解析】

第一步:定考点	长方体与正方体
第二步:锁关键	三个完全相同的正方体拼成一个长方体后,表面积减少了 196 平方厘米
第三步:做运算	三个完全相同的正方体拼成一个长方体后,表面积就减少了 4 个正方形的面积,设正方体的棱长为 a 厘米,则 $4a^2 = 196$,解得 $a = 7$,所以长方体的体积为 $7 \times 7 \times 7 \times 3 = 1\ 029$(立方厘米)
第四步:选答案	本题选 D
第五步:谈收获	每拼接一次会减少两个拼接面的面积

例 21 一个长方体的底是面积为 3 的正方形,它的侧面展开图恰好也是一个正方形,则该长方体的表面积为( ).

A. 48　　　B. 51　　　C. 54　　　D. 60　　　E. 72

【解析】

第一步:定考点	长方体
第二步:锁关键	一个长方体的底是面积为 3 的正方形,它的侧面展开图恰好是一个正方形

续表

第三步:做运算	长方体底面积为3,所以底面正方形的边长为$\sqrt{3}$,因为侧面展开图恰好也是一个正方形,所以长方体的高为$4\sqrt{3}$,因此长方体的表面积为$4\times\sqrt{3}\times4\sqrt{3}+3\times2=54$
第四步:选答案	本题选 C
第五步:谈收获	侧面展开图为正方形说明底面周长和高相等

例22 在长方体中,能确定长方体的体对角线长度.

(1) 已知长方体一个顶点的三个面的面积.

(2) 已知长方体一个顶点的三个面的面对角线长度.

【解析】

第一步:定考点	长方体
第二步:锁关键	确定长方体的体对角线长度
第三步:做运算	设长方体的长、宽、高分别为$a,b,c(a,b,c>0)$.条件(1),设这三个面的面积分别为k,m,n,则 $\begin{cases} ab=k, \\ ac=m, \\ bc=n, \end{cases}$ 该方程组有且只有一组解,所以条件(1) 充分;条件(2),设这三条面对角线长分别为k,m,n,则 $\begin{cases} \sqrt{a^2+b^2}=k, \\ \sqrt{a^2+c^2}=m, \\ \sqrt{b^2+c^2}=n, \end{cases}$ 该方程组有且只有一组解,所以条件(2) 充分
第四步:选答案	本题选 D
第五步:谈收获	设长方体的长、宽、高分别为a,b,c,则体对角线的长度为$\sqrt{a^2+b^2+c^2}$

考点 07　柱体

一、考点精析

1. 柱体的分类

　　圆柱:底面为圆的柱体称为圆柱.

　　棱柱:底面为多边形的柱体称为棱柱,底面为n边形的柱体称为n棱柱.

2. 圆柱体的基本公式

　　设底面半径为r,高为h.

　　(1) 侧面积:$S_{侧}=2\pi rh$(其侧面展开图为一个长为$2\pi r$,宽为h的

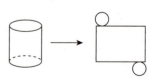

长方形,如图所示).

(2) 表面积:$F = S_{侧} + 2S_{底} = 2\pi rh + 2\pi r^2$.

(3) 体积:$V = \pi r^2 h$.

(4) 体对角线长:$d = \sqrt{(2r)^2 + h^2}$(柱体体对角线即为外接球的直径).

二、例题解读

例 23 如图所示,在半径为 10 厘米的球体上开一个底面半径是 6 厘米的圆柱形洞,则洞的内壁面积(单位:平方厘米)为(   ).

A. 48π B. 288π C. 96π D. 576π E. 192π

【解析】

第一步:定考点	柱体
第二步:锁关键	求侧面积
第三步:做运算	设球的半径为 R 厘米,圆柱的底面半径为 r 厘米,圆柱的高为 h 厘米,则 $\sqrt{\left(\frac{h}{2}\right)^2 + r^2} = R$,已知 $R = 10, r = 6$,得 $h = 16$,因此洞的内壁面积为 $2\pi rh = 192\pi$(平方厘米)
第四步:选答案	本题选 E
第五步:谈收获	在立体几何中求长度,可构造直角三角形用勾股定理求解

例 24 设甲、乙两个圆柱的底面积分别为 S_1, S_2,体积分别为 V_1, V_2,若它们的侧面积相等,且 $\dfrac{S_1}{S_2} = \dfrac{9}{4}$,则 $\dfrac{V_1}{V_2}$ 的值是(   ).

A. $\dfrac{2}{3}$ B. 1   C. $\dfrac{3}{2}$ D. $\dfrac{1}{2}$ E. 2

【解析】

第一步:定考点	柱体
第二步:锁关键	它们的侧面积相等,且 $\dfrac{S_1}{S_2} = \dfrac{9}{4}$

续表

第三步:做运算	体积之比为 $\dfrac{V_1}{V_2} = \dfrac{\pi r_1^2 h_1}{\pi r_2^2 h_2}$,它们的侧面积相等,则 $2\pi r_1 h_1 = 2\pi r_2 h_2$,代入得 $$\dfrac{V_1}{V_2} = \dfrac{r_1}{r_2} = \sqrt{\dfrac{S_1}{S_2}} = \dfrac{3}{2}$$
第四步:选答案	本题选 C
第五步:谈收获	圆柱体侧面积: $S_{侧} = 2\pi rh$;体积: $V = \pi r^2 h$

例 25 将边长分别为最小的质数和最小的合数的矩形卷成圆柱体,则圆柱体的体积最大为( ).

A. $\dfrac{1}{\pi}$ B. $\dfrac{2}{\pi}$ C. $\dfrac{4}{\pi}$ D. $\dfrac{6}{\pi}$ E. $\dfrac{8}{\pi}$

【解析】

第一步:定考点	柱体
第二步:锁关键	圆柱体的体积最大
第三步:做运算	最小的质数为 2,最小的合数为 4,则有两种卷法,当以 2 为高时,圆柱体体积为 $\dfrac{8}{\pi}$;当以 4 为高时,圆柱体体积为 $\dfrac{4}{\pi}$.故圆柱体的体积最大为 $\dfrac{8}{\pi}$
第四步:选答案	本题选 E
第五步:谈收获	情况不唯一时需分类讨论

考点 08 球体

一、考点精析

1. 球体的基本公式

   设球体的半径为 R.

   (1) 表面积: $S = 4\pi R^2$,两球体的表面积之比即为半径的平方比.

   (2) 体积: $V = \dfrac{4}{3}\pi R^3$,两球体的体积之比即为半径的立方比.

2. 内切球与外接球

   设圆柱底面半径为 r,球体的半径为 R,圆柱的高为 h,有以下关系式成立(见表).

类别	内切球	外接球
长方体	无	$\sqrt{a^2+b^2+c^2}=2R$
正方体	$a=2R$	$\sqrt{3}a=2R$
圆柱体	无	$\sqrt{h^2+(2r)^2}=2R$
等边柱体	$2r=h=2R$	$\sqrt{h^2+(2r)^2}=2R$

二、例题解读

例26 长方体的长、宽、高分别为3,2,1,其顶点都在球O的球面上,则该球体的表面积为( ).

A. 12π　　　B. 13π　　　C. 14π　　　D. 15π　　　E. 16π

【解析】

第一步:定考点	球体
第二步:锁关键	长方体顶点都在球O的球面上
第三步:做运算	长方体外接球的直径为$\sqrt{3^2+2^2+1^2}=\sqrt{14}$,所以球体的表面积为$S=4\pi R^2=4\pi\times\dfrac{7}{2}=14\pi$
第四步:选答案	本题选 C
第五步:谈收获	长方体外接球的直径为其体对角线的长度

例27 若正方体的体积为8,则其外接球的表面积与内切球的表面积之差为( ).

A. 4π　　　B. 5π　　　C. 6π　　　D. 7π　　　E. 8π

【解析】

第一步:定考点	球体
第二步:锁关键	其外接球的表面积与内切球的表面积之差
第三步:做运算	正方体的体积为8,所以棱长为2,因此内切球的直径为2,外接球的直径为$2\sqrt{3}$,故外接球的表面积为$4\pi\times(\sqrt{3})^2=12\pi$,内切球的表面积为$4\pi\times1^2=4\pi$,所以差值为$8\pi$
第四步:选答案	本题选 E
第五步:谈收获	正方体内切球的直径为棱长,外接球的直径为体对角线

例28 一个圆柱的底面直径和高都等于一个球的直径,则这个圆柱的体积与球的体积之比为( ).

A. 3∶2　　　B. 2∶3　　　C. 7∶4　　　D. 4∶3　　　E. 3∶4

【解析】

第一步:定考点	球体
第二步:锁关键	一个圆柱的底面直径和高都等于一个球的直径
第三步:做运算	设球的直径为 $2r$,圆柱的底面直径为 $2r$,高也为 $2r$,则圆柱的体积为 $V_1 = \pi r^2 \cdot 2r = 2\pi r^3$,球的体积为 $V_2 = \frac{4}{3}\pi r^3$,所以有 $\frac{V_1}{V_2} = \frac{2\pi r^3}{\frac{4}{3}\pi r^3} = \frac{3}{2}$
第四步:选答案	本题选 A
第五步:谈收获	圆柱的体积为 $V = \pi r^2 h$,球的体积为 $V = \frac{4}{3}\pi r^3$

第三节　技巧梳理

54 技 ▶ 轨迹方程模型

适用题型	动点 P 在某区域运动,求点 P 的轨迹方程
技巧说明	第一步:设出动点 P 的坐标;第二步:找动点 P 满足的等量关系;第三步:代入曲线方程

例 29 已知点 $A(1,0)$,直线 $l: y = 2x - 4$,点 R 是直线 l 上的一个动点,若 P 是 RA 的中点,则点 P 的轨迹方程为(　　).

A. $y = -2x$　　　　　　　B. $y = 2x - 6$　　　　　　　C. $y = 2x - 3$
D. $y = 2x + 4$　　　　　　E. $y = -2x + 5$

【解析】

第一步:定考点	动点轨迹方程问题
第二步:锁关键	点 R 是直线 l 上的一个动点,P 是 RA 的中点
第三步:做运算	设 $P(x,y)$, $R(x_1, y_1)$,已知 $A(1,0)$,由 P 是 RA 的中点,所以有 $\begin{cases} x = \frac{x_1+1}{2}, \\ y = \frac{y_1}{2}, \end{cases}$ 化简得 $\begin{cases} x_1 = 2x-1, \\ y_1 = 2y. \end{cases}$ 因为点 R 是直线 l 上的一个动点,所以 $y_1 = 2x_1 - 4$,以上联立得 $2y = 2(2x-1) - 4$,整理可得 $y = 2x - 3$
第四步:选答案	本题选 C

| 第五步:谈收获 | 动点轨迹方程问题,先设动点再找等量关系,最后代入曲线方程 |

例30 动点 P 在圆 $x^2+y^2=1$ 上移动,它与定点 $B(3,0)$ 连线的中点的轨迹方程是( ).

A. $(x+3)^2+2y^2=4$　　　　　B. $(x-3)^2+4y^2=1$

C. $(2x-3)^2+4y^2=1$　　　　D. $\left(x+\dfrac{3}{2}\right)^2+2y^2=\dfrac{1}{2}$

E. $\left(x-\dfrac{3}{2}\right)^2+4y^2=1$

【解析】

第一步:定考点	动点轨迹方程问题
第二步:锁关键	动点 P 在圆 $x^2+y^2=1$ 上移动
第三步:做运算	设中点为 $M(x,y)$,则动点为 $P(2x-3,2y)$,又因为点 P 在圆 $x^2+y^2=1$ 上,所以 $(2x-3)^2+(2y)^2=1$,整理得 $(2x-3)^2+4y^2=1$
第四步:选答案	本题选 C
第五步:谈收获	动点轨迹方程问题,先设动点再找等量关系,最后代入曲线方程

55 技 ▶ 分离参数法模型

适用题型	曲线方程或直线方程除 x,y 以外还存在其他参数
技巧说明	将含参数的放一起,不含参数的放一起,然后分别令其为 0 即可

例31 直线 $l:3mx-y-6m-3=0$ 和圆 $C:(x-3)^2+(y+6)^2=25$ 相交.

(1) $m=\dfrac{11}{2}\sqrt{7}$.

(2) $m<3$.

【解析】

第一步:定考点	直线与圆的位置关系
第二步:锁关键	$3mx-y-6m-3=0$ 除 x,y 以外还存在另一个参数
第三步:做运算	直线方程可化为 $(3x-6)m-(y+3)=0$,令 $\begin{cases}3x-6=0,\\ y+3=0,\end{cases}$ 则直线恒过点 $(2,-3)$,将该点代入圆的方程可得 $(2-3)^2+(-3+6)^2=10<25$,所以直线恒过的点在圆内,故无论 m 取何值,直线始终与圆相交,因此两条件都充分

续表

第四步:选答案	本题选 D
第五步:谈收获	当直线方程除 x,y 以外还存在其他参数,可以用分离参数法转化为恒过定点分析

56 技 ▶ 过圆切线模型

适用题型	过圆上某点求切线方程
技巧说明	① 过圆 $x^2+y^2=r^2$ 上一点 $P(a,b)$ 的切线方程为 $ax+by=r^2$; ② 过圆 $(x-x_0)^2+(y-y_0)^2=r^2$ 上一点 $P(a,b)$ 的切线方程为 $(a-x_0)(x-x_0)+(b-y_0)(y-y_0)=r^2$

例 32 已知直线 l 是圆 $x^2+y^2=5$ 在点 $(1,2)$ 处的切线,则直线 l 在 y 轴上的截距为(   ).

A. $\dfrac{2}{5}$ B. $\dfrac{2}{3}$ C. $\dfrac{3}{2}$ D. $\dfrac{5}{2}$ E. 5

【解析】

第一步:定考点	过圆上某点求切线问题
第二步:锁关键	直线 l 是圆 $x^2+y^2=5$ 在点 $(1,2)$ 处的切线
第三步:做运算	过圆 $x^2+y^2=5$ 上的点 $(1,2)$ 的切线方程为 $x+2y=5$,令 $x=0$,则 $y=\dfrac{5}{2}$
第四步:选答案	本题选 D
第五步:谈收获	过圆 $x^2+y^2=r^2$ 上一点 $P(a,b)$ 的切线方程为 $ax+by=r^2$

57 技 ▶ 轴对称模型

适用题型	点关于直线、直线关于直线、圆关于直线的对称问题
技巧说明	设点 $P(x_0,y_0)$ 关于直线 $ax+by+c=0$ 的对称点为 P',则 ① 当对称轴斜率为 ± 1 时,可采用代入法求解; ② 当对称轴斜率不为 ± 1 时,可采用公式法求解,即 $$P'\left(x_0-\dfrac{2a(ax_0+by_0+c)}{a^2+b^2},y_0-\dfrac{2b(ax_0+by_0+c)}{a^2+b^2}\right)$$

例 33 点 $(0,4)$ 关于直线 $2x+y+1=0$ 的对称点为(   ).

A. $(2,0)$ B. $(-3,0)$ C. $(-6,1)$ D. $(4,2)$ E. $(-4,2)$

【解析】

第一步：定考点	轴对称问题
第二步：锁关键	对称轴 $2x+y+1=0$ 的斜率不是 ± 1
第三步：做运算	套对称公式可得 $P'\left(0-\dfrac{4\times 5}{5},4-\dfrac{2\times 5}{5}\right)$，化简得 $P'(-4,2)$
第四步：选答案	本题选 E
第五步：谈收获	当对称轴斜率不为 ± 1 时，可采用公式法求解，即 $$P'\left(x_0-\dfrac{2a(ax_0+by_0+c)}{a^2+b^2},\ y_0-\dfrac{2b(ax_0+by_0+c)}{a^2+b^2}\right)$$

例 34 点 $(1,4)$ 关于直线 $x+y+1=0$ 的对称点为（   ）.

A. $(2,0)$ B. $(-3,0)$ C. $(-5,-2)$ D. $(4,2)$ E. $(-4,-1)$

【解析】

第一步：定考点	轴对称问题
第二步：锁关键	对称轴 $x+y+1=0$ 的斜率是 -1
第三步：做运算	将 $x=1$ 代入 $x+y+1=0$ 得 $y=-2$，同理，将 $y=4$ 代入 $x+y+1=0$ 得 $x=-5$，故对称点坐标为 $(-5,-2)$
第四步：选答案	本题选 C
第五步：谈收获	当对称轴斜率为 ± 1 时，可采用代入法求解

58 技 ▶ 将军饮马模型

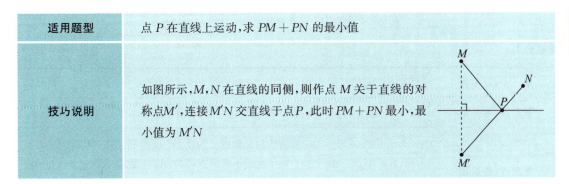

适用题型	点 P 在直线上运动，求 $PM+PN$ 的最小值
技巧说明	如图所示，M,N 在直线的同侧，则作点 M 关于直线的对称点 M'，连接 $M'N$ 交直线于点 P，此时 $PM+PN$ 最小，最小值为 $M'N$

例 35 如图所示，在三角形 ABC 中，$AC=BC=2$，$\angle ACB=90°$，D 是 BC 的中点，E 是 AB 边上的一个动点，则 $EC+ED$ 的最小值是（   ）.

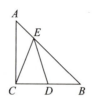

A. 1　　　　　B. 2　　　　　C. 3　　　　　D. $\sqrt{5}$　　　　　E. $\sqrt{3}$

【解析】

第一步:定考点	求 $EC+ED$ 的最小值
第二步:锁关键	$AC=BC=2, \angle ACB=90°$
第三步:做运算	E 是 AB 边上的一个动点,作点 C 关于直线 AB 的对称点 M,连接 MD,MD 与 AB 的交点即为取到最小值的点 E,最小值为 MD,依题可得,三角形 BDM 为直角三角形,由勾股定理可得 $MD=\sqrt{2^2+1^2}=\sqrt{5}$
第四步:选答案	本题选 D
第五步:谈收获	若 M,N 在直线的同侧,则作点 M 关于直线的对称点 M',连接 $M'N$ 交直线于点 P,此时 $PM+PN$ 最小,最小值为 $M'N$

59 技 ▶ 垂线段模型

适用题型	点 P 在直线上运动,求某点到 P 距离的最值
技巧说明	因为垂线段最短,所以过该点作关于直线的垂线段即为最小值

例 36　已知 x,y 满足 $3x+4y-9=0$,那么 $x^2+y^2-6x-10y+24$ 的最小值是(　　).

A. -6　　　　B. 4　　　　C. 6　　　　D. 10　　　　E. 16

【解析】

第一步:定考点	求到某点距离的最值
第二步:锁关键	$x^2+y^2-6x-10y+24 \Leftrightarrow (x-3)^2+(y-5)^2-10$
第三步:做运算	$(x-3)^2+(y-5)^2-10$ 所表达的几何意义为动点 (x,y) 到 $(3,5)$ 距离的平方减 10,所以 $x^2+y^2-6x-10y+24$ 的最小值即点 $(3,5)$ 到直线 $3x+4y-9=0$ 的距离的平方减 10,所以最小值为 $\left(\dfrac{\lvert 9+20-9 \rvert}{\sqrt{3^2+4^2}}\right)^2-10=6$
第四步:选答案	本题选 C
第五步:谈收获	$(x-a)^2+(y-b)^2+k$ 所表达的几何意义为点 (x,y) 到 (a,b) 距离的平方 $+k$

60 技 ▶ 多边形动点模型

适用题型	动点 P 在多边形上运动,求 $ax \pm by$ 或 $(x-a)^2+(y-b)^2$ 的最值
技巧说明	① 求 $ax \pm by$ 的最值:边界点处取最值,逐一验证多边形顶点即可. ② 求 $(x-a)^2+(y-b)^2$ 的最值:画图,结合图像分析

例 37 如图所示,点 A,B,O 的坐标分别为 $(4,0),(0,3),(0,0)$,若 (x,y) 是 $\triangle ABO$ 中的点,则 $2x+3y$ 的最大值为( ).

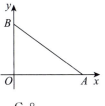

A. 6　　　　B. 7　　　　C. 8　　　　D. 9　　　　E. 12

【解析】

第一步:定考点	解析几何最值问题
第二步:锁关键	(x,y) 是 $\triangle ABO$ 中的点
第三步:做运算	观察图形可知,$2x+3y$ 的最值在 $\triangle ABO$ 的三个顶点处取到,代入三个顶点逐一验证可得,最大值在 B 点取到,最大值为 $2\times 0+3\times 3=9$
第四步:选答案	本题选 D
第五步:谈收获	当动点 $P(x,y)$ 在多边形上运动时,求解 $ax \pm by$ 的最值,则最值一定会在多边形顶点处取到

61 技 ▶ 圆形动点模型

适用题型	动点 P 在圆上运动,求 $ax+by$ 或 $(x-a)^2+(y-b)^2$ 的最值
技巧说明	① 求 $ax \pm by$ 的最值:第一步,设 k;第二步,将直线与圆的方程化为标准式;第三步,令圆心到直线的距离等于半径,构建方程求 k. ② 求 $(x-a)^2+(y-b)^2$ 的最值:画图,结合图像分析

例 38 若实数 x,y 满足 $x^2+y^2-2x+4y=0$,则 $x-2y$ 的最大值与最小值之差为( ).

A. 6　　　　B. 7　　　　C. 8　　　　D. 9　　　　E. 10

【解析】

第一步:定考点	求 $ax \pm by$ 的最值
第二步:锁关键	实数 x,y 满足 $x^2+y^2-2x+4y=0$
第三步:做运算	第一步:设 $x-2y=k$;第二步:直线方程为 $x-2y-k=0$,圆的方程为 $(x-1)^2+(y+2)^2=5$;第三步:圆心为 $(1,-2)$,半径为 $\sqrt{5}$, $\dfrac{\|5-k\|}{\sqrt{5}}=\sqrt{5}$,解得 $k=0$ 或 10
第四步:选答案	本题选 E
第五步:谈收获	动点 P 在圆上运动,求 $ax \pm by$ 的最值可以利用三步法分析

62 技 ▶ 数形结合模型

适用题型	数形结合问题
技巧说明	当题干所给的条件或所证明的结论可以用图形表示时,可以"以形助数"

例 39 已知 x,y 为实数,则 $x^2+y^2 \geqslant 1$.

(1) $4y-3x \geqslant 5$.

(2) $(x-1)^2+(y-1)^2 \geqslant 5$.

【解析】

第一步:定考点	数形结合问题
第二步:锁关键	证明 $x^2+y^2 \geqslant 1$
第三步:做运算	如图所示,分别在平面直角坐标系中画出题目中三个表达式的图形,由条件(1)可得直线与圆相切,所以条件(1)表示的区域在切点上有 $x^2+y^2=1$,在其他点上有 $x^2+y^2>1$,故条件(1)充分;由条件(2)可得两圆相交,所以圆 $(x-1)^2+(y-1)^2=5$ 外的区域有一部分在圆 $x^2+y^2=1$ 内,不充分
第四步:选答案	本题选 A

第五步:谈收获	数形结合是数学中非常重要的思想,本题题干和条件均为常见的几何图形:直线和圆,所以可以通过画图法快速判定条件是否充分,若条件的范围完全落在结论范围之内则充分,若超出结论范围则不充分

63 技 ▶ 立体几何抽出模型

适用题型	在立体几何中求某平面图形的长度或面积等问题
技巧说明	① 直接将截面抽出,转化为平面几何分析; ② 立体几何求长度可以构建直角三角形,利用勾股定理求解

例 40 如图所示,在棱长为 2 的正方体中,A,B 是顶点,C,D 是所在棱的中点,则四边形 $ABCD$ 的面积为(   ).

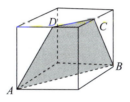

A. $\dfrac{9}{2}$ B. $\dfrac{7}{2}$ C. $\dfrac{3\sqrt{2}}{2}$ D. $2\sqrt{5}$ E. $3\sqrt{2}$

【解析】

第一步:定考点	四边形截面问题
第二步:锁关键	A,B 是顶点,C,D 是所在棱的中点
第三步:做运算	由题图可得,该梯形 $ABCD$ 为等腰梯形,上底为 $\sqrt{2}$,下底为 $2\sqrt{2}$,由勾股定理可求出梯形的高为 $\sqrt{(\sqrt{5})^2-\left(\dfrac{\sqrt{2}}{2}\right)^2}=\sqrt{\dfrac{9}{2}}$,根据梯形的面积公式可得 $$S_{梯形}=\dfrac{(\sqrt{2}+2\sqrt{2})\times\sqrt{\dfrac{9}{2}}}{2}=\dfrac{9}{2}$$
第四步:选答案	本题选 A
第五步:谈收获	① 将截面抽出,转化为平面几何分析. ② 立体几何求长度可以构建直角三角形,利用勾股定理求解

64 技 ▶ 立体几何估算模型

适用题型	立体几何求表面积、体积等问题
技巧说明	在立体几何中出现运算量大或不易计算的题目可以采用"估算法"

例 41 某工厂在半径为 5 cm 的球形工艺品上镀一层装饰金属,厚度为 0.01 cm,已知装饰金属的原材料是棱长为 20 cm 的正方体锭子,则加工 10 000 个该工艺品需要的锭子数最少为(不考虑加工损耗,$\pi \approx 3.14$)( ).

A. 2   B. 3   C. 4   D. 5   E. 20

【解析】

第一步:定考点	球的体积问题
第二步:锁关键	某工厂在半径为 5 cm 的球形工艺品上镀一层装饰金属,厚度为 0.01 cm
第三步:做运算	设需要锭子数最少为 n,$10\,000\left[\dfrac{4}{3}\pi(5+0.01)^3 - \dfrac{4}{3}\pi \times 5^3\right] = 20^3 n$,解得 $n = \dfrac{10\,000 \times \dfrac{4}{3}\pi(5.01^3 - 5^3)}{8\,000} \approx 3.9$,所以 $n = 4$
第四步:选答案	本题选 C
第五步:谈收获	当厚度特别小时,可用表面积乘以厚度估算体积,所以加工 10 000 个该工艺品需要的锭子数最少为 $\dfrac{4\pi \times 5^2 \times 0.01 \times 10\,000}{20 \times 20 \times 20} \approx 3.9$

第四节　本章测评

一、问题求解

1. 已知直线 $l_1 : ax + 4y + 5 = 0$ 与直线 $l_2 : x - y = 0$ 平行,则 a 等于( ).

   A. -1 B. -2 C. -3 D. -4 E. 0

2. 已知圆 $(x-a)^2 + (y-2)^2 = 4(a>0)$ 及直线 $x - y + 3 = 0$,当直线被圆截得的弦长为 $2\sqrt{3}$ 时,$a = ($).

   A. $\sqrt{2}$ B. $2-\sqrt{2}$ C. $\sqrt{2}-1$ D. $\sqrt{2}+1$ E. $2+\sqrt{2}$

3. 已知直线 l_1 的方程为 $2x - y + 1 = 0$,直线 l_2 与 l_1 关于原点对称,直线 l_3 与 l_2 关于 $y = x$ 对称,直线 l_4 与 l_3 关于 y 轴对称,则 l_4 必过点( ).

   A. $(-3, 1)$ B. $(-3, -1)$ C. $(-1, 3)$ D. $(3, -1)$ E. $(4, -1)$

4. 若直线 $\dfrac{x}{a} + \dfrac{y}{b} = 1$ 与圆 $x^2 + y^2 = 1$ 有公共点,则( ).

   A. $a^2 + b^2 \leqslant 1$ B. $a^2 + b^2 \geqslant 1$ C. $\dfrac{1}{a^2} + \dfrac{1}{b^2} \leqslant 1$

   D. $\dfrac{1}{a^2} + \dfrac{1}{b^2} \geqslant 1$ E. 以上均不正确

5. 已知直线 $ax + by + c = 0(abc \neq 0)$ 与圆 $x^2 + y^2 = 1$ 相切,则三条边长分别为 $|a|,|b|,|c|$ 的三角形为( ).

   A. 锐角三角形   B. 钝角三角形   C. 直角三角形   D. 不存在   E. 无法确定

6. 若点 $P(x,y)$ 到 $A(0,4)$ 和 $B(-2,0)$ 的距离相等,则 $2^x + 4^y$ 的最小值为( ).

   A. 2   B. 4   C. $8\sqrt{2}$ D. $4\sqrt{2}$ E. $2\sqrt{2}$

7. 方程 $x^2 + y^2 + 4mx - 2y + 5m = 0$ 表示圆的充分必要条件是( ).

   A. $\dfrac{1}{4} < m < 1$ B. $m < \dfrac{1}{4}$ 或 $m > 1$ C. $m < \dfrac{1}{4}$

   D. $m > 1$ E. $1 < m < 4$

8. 已知圆 $x^2 + y^2 = 5$ 在 M,N 两点处的切线均与直线 $2x - y + 3 = 0$ 平行,则直线 MN 的方程为( ).

   A. $2x + y = 0$ B. $x + 2y = 0$ C. $2x - y = 0$ D. $x - 2y = 0$ E. 不能确定

9. 一个圆柱的底面周长和高相等,如果高缩短 4 厘米,那么圆柱的表面积就减少 48 平方厘米,则这个圆柱原来的表面积是( )平方厘米.$(\pi = 3)$

   A. 148   B. 156   C. 168   D. 170   E. 172

10. 平面 α 截球 O 所得的圆的半径为 1,球心 O 到平面 α 的距离为 $\sqrt{2}$,则此球的体积为( ).

    A. $\sqrt{6}\pi$ B. $4\sqrt{3}\pi$ C. $4\sqrt{6}\pi$

    D. $6\sqrt{3}\pi$ E. 以上均不正确

11. 某村民要在屋顶建造一个长方体无盖储水池,池底造价为 150 元/平方米,池壁造价为 120 元/平方米,现要造一个深 3 米,容积为 48 立方米的无盖储水池,则最低造价为( )元.

    A. 6 460   B. 7 200   C. 8 160   D. 8 864   E. 9 600

12. 点 $P(-3,-1)$ 关于直线 $3x + 4y - 12 = 0$ 的对称点是( ).

    A. $(2,8)$ B. $(1,3)$ C. $(8,2)$ D. $(3,7)$ E. $(7,3)$

13. 已知点 $P(x,y)$ 是平行四边形 $ABCD$ 上一动点,A,B,C,D 四点的坐标分别为 $A(-3,3)$,$B(-2,1)$,$C(3,1)$,$D(2,3)$,则 $2x + 3y$ 的最大值与最小值之差是( ).

    A. 3   B. 9   C. 11   D. 12   E. 14

14. 已知 $A(2,0), B(3,3), C(-1,1)$，则 $\triangle ABC$ 的外接圆的一般方程为（　　）.

　　A. $x^2 + y^2 + 2x - 4y = 0$　　　　B. $x^2 + y^2 - 2x + 4y = 0$

　　C. $x^2 + y^2 - 2x - 4y = 0$　　　　D. $x^2 + y^2 + 2x - 4y + 1 = 0$

　　E. $x^2 + y^2 + 2x - 4y - 1 = 0$

15. 在直角坐标系中，若平面区域 D 中所有点的坐标 (x,y) 满足 $0 \leqslant x \leqslant 6, 0 \leqslant y \leqslant 6, |y-x| \leqslant 3, x^2 + y^2 \geqslant 9$，则 D 的面积是（　　）.

　　A. $\dfrac{9}{4}(1+4\pi)$　　B. $9\left(4-\dfrac{\pi}{4}\right)$　　C. $9\left(3-\dfrac{\pi}{4}\right)$　　D. $\dfrac{9}{4}(2+\pi)$　　E. $\dfrac{9}{4}(1+\pi)$

二、条件充分性判断

16. $m, n \in \mathbf{R}$，则 $m + n = 1$.

　　(1) 直线 $(2+m)x - y + 5 - n = 0$ 平行于 x 轴，且与 x 轴的距离为 2.

　　(2) $k \in \mathbf{R}$，直线 $(2k+1)x + (2-k)y - 4 + 7k = 0$ 恒过点 (m, n).

17. 圆 $C: x^2 + (y-2)^2 = 5$ 与直线 $l: mx - y + 1 = 0$ 有两个交点.

　　(1) $m = \sqrt{2}$.

　　(2) $m = -\sqrt{5}$.

18. x 轴上点 A 的横坐标为 -9，动点 B 在 y 轴上运动，那么 A 点与 B 点的距离不超过 10.

　　(1) B 点的纵坐标范围为 $-7 < y < 5$.

　　(2) B 点的纵坐标范围为 $-9 \leqslant y \leqslant 12$.

19. 圆的方程为 $x^2 + y^2 - 4x - 6 = 0$.

　　(1) 圆心在 x 轴上.

　　(2) 圆过点 $M(-1,1), N(1,3)$.

20. 已知三点 $A(-1,-1), B(1,x), C(2,5)$，则 A, B, C 三点可以构成三角形.

　　(1) $x = 3$.

　　(2) $x = 1$.

21. 一个长、宽、高分别为 a cm, b cm, c cm 的长方体的体积是 8 cm³，它的表面积是 32 cm²，那么这个长方体棱长的和是 32 cm.

　　(1) $b^2 = ac$.

　　(2) $b = 2$.

22. 设圆柱的底面半径为 r，高为 h，则可以确定 $\dfrac{1}{r} + \dfrac{1}{h}$ 的值.

　　(1) 该圆柱体的体积为 2.

(2) 该圆柱体的表面积为 24.

23. 小圆在大圆内滚动,且始终与大圆相切,若大圆与小圆的周长相差 16π cm,则小圆能扫过的最大面积为 32π cm^2.

(1) 小圆的半径是 1 cm.

(2) 大圆的半径是 9 cm.

24. 动点 (x, y) 的轨迹是圆.

(1) $|x-1|+|y|=4$.

(2) $3(x^2+y^2)+6x-9y+1=0$.

25. 直线 $ax+by+3=0$ 被圆 $(x-2)^2+(y-1)^2=4$ 截得的线段长度为 $2\sqrt{3}$.

(1) $a=0, b=-1$.

(2) $a=-1, b=0$.

参考答案

答案速查表

1～5	6～10	11～15	16～20	21～25
DCDDC	DBBCB	CDECC	BDECB	DCDBR

一、问题求解

1.【解析】

第一步:定考点	直线与直线的位置关系
第二步:锁关键	直线 $l_1: ax+4y+5=0$ 与直线 $l_2: x-y=0$ 平行
第三步:做运算	因为两直线平行,所以 $\dfrac{a}{1}=\dfrac{4}{-1}$,解得 $a=-4$
第四步:选答案	本题选 D
第五步:谈收获	判定两直线平行时,要注意特殊情况(重合)

2.【解析】

第一步:定考点	直线与圆的位置关系
第二步:锁关键	直线被圆截得的弦长为 $2\sqrt{3}$

续表

第三步:做运算	圆心到直线的距离 $d = \sqrt{r^2 - \left(\dfrac{l}{2}\right)^2} = 1$,又 $d = \dfrac{|a-2+3|}{\sqrt{2}} = 1$,得 $a+1 = \sqrt{2}$,故 $a = \sqrt{2} - 1$.
第四步:选答案	本题选 C
第五步:谈收获	弦长 $l = 2\sqrt{r^2 - d^2}$

3.【解析】

第一步:定考点	特殊对称问题
第二步:锁关键	关于原点,$y = x$,y 轴对称
第三步:做运算	直线 l_1 的方程为 $2x - y + 1 = 0$. 直线 l_2 与 l_1 关于原点对称,故直线 l_2 的方程为 $-2x + y + 1 = 0$; 直线 l_3 与 l_2 关于 $y = x$ 对称,故直线 l_3 的方程为 $-2y + x + 1 = 0$; 直线 l_4 与 l_3 关于 y 轴对称,故直线 l_4 的方程为 $-2y - x + 1 = 0$. 将选项中的点的坐标分别代入直线 l_4 的方程,验证只有 D 选项符合
第四步:选答案	本题选 D
第五步:谈收获	牢记特殊对称问题

4.【解析】

第一步:定考点	直线与圆的位置关系
第二步:锁关键	直线 $\dfrac{x}{a} + \dfrac{y}{b} = 1$ 与圆 $x^2 + y^2 = 1$ 有公共点
第三步:做运算	要使直线 $\dfrac{x}{a} + \dfrac{y}{b} = 1$ 与圆 $x^2 + y^2 = 1$ 有公共点,则圆心到该直线的距离小于等于半径,即 $\dfrac{|ab|}{\sqrt{a^2+b^2}} \leqslant 1$,于是 $\dfrac{1}{a^2} + \dfrac{1}{b^2} \geqslant 1$
第四步:选答案	本题选 D
第五步:谈收获	先把直线和圆化为标准式,再利用距离与半径的大小关系判定

5.【解析】

第一步:定考点	直线与圆的位置关系
第二步:锁关键	判定三角形形状

第六章 解析几何与立体几何

续表

第三步:做运算	圆心$(0,0)$到直线$ax+by+c=0(abc\neq 0)$的距离为$\dfrac{|c|}{\sqrt{a^2+b^2}}=1$,即有$a^2+b^2=c^2$,所以由$|a|,|b|,|c|$构成的三角形为直角三角形
第四步:选答案	本题选 C
第五步:谈收获	①$a^2+b^2=c^2$,$\triangle ABC$ 为直角三角形. ②$a^2+b^2<c^2$,$\triangle ABC$ 为钝角三角形. ③$a^2+b^2>c^2$,$\triangle ABC$ 为锐角三角形

6.【解析】

第一步:定考点	特殊直线的定义
第二步:锁关键	$2^x,2^{2y}$ 默认大于 0
第三步:做运算	由题意得,点 P 在线段 AB 的中垂线上,则有 $x+2y=3$,根据均值定理,则 $2^x+4^y=2^x+2^{2y}\geq 2\sqrt{2^{x+2y}}=4\sqrt{2}$
第四步:选答案	本题选 D
第五步:谈收获	点 P 到 A,B 两点的距离相等,说明点 P 在线段 AB 的中垂线上

7.【解析】

第一步:定考点	圆
第二步:锁关键	$x^2+y^2+4mx-2y+5m=0$ 表示圆
第三步:做运算	$x^2+y^2+4mx-2y+5m=0\Rightarrow(x+2m)^2+(y-1)^2=4m^2+1-5m$,只要 $4m^2+1-5m>0$ 即可,解得 $m<\dfrac{1}{4}$ 或 $m>1$
第四步:选答案	本题选 B
第五步:谈收获	$x^2+y^2+ax+by+c=0$ 表示圆的充要条件是 $a^2+b^2-4c>0$

8.【解析】

第一步:定考点	直线与圆
第二步:锁关键	圆 $x^2+y^2=5$ 在 M,N 两点处的切线均与直线 $2x-y+3=0$ 平行
第三步:做运算	直线 MN 与切线垂直,所以 $k=-\dfrac{1}{2}$,直线 MN 经过圆心$(0,0)$,所以直线 MN 的方程为 $x+2y=0$

续表

第四步:选答案	本题选 B
第五步:谈收获	若两直线垂直,且斜率均存在,则斜率乘积为 -1

9.【解析】

第一步:定考点	柱体
第二步:锁关键	如果高缩短 4 厘米,那么圆柱的表面积就减少 48 平方厘米
第三步:做运算	设圆柱底面半径和高分别为 r 厘米,h 厘米,则 $2\pi r = h$,圆柱减少的表面积是 $2\pi r \times 4 = 48$(平方厘米),所以 $r = 2, h = 12$,圆柱原来的表面积为 $2\pi rh + \pi r^2 \times 2 = 168$(平方厘米)
第四步:选答案	本题选 C
第五步:谈收获	立体几何切割问题的核心就是弄清楚增加和减少的部分

10.【解析】

第一步:定考点	球体
第二步:锁关键	平面 α 截球 O 所得的圆的半径为 1,球心 O 到平面 α 的距离为 $\sqrt{2}$
第三步:做运算	设平面 α 截球 O 所得的圆的圆心为 O_1,A 为圆上一点,则 $|OO_1| = \sqrt{2}$,$|O_1A| = 1$,所以球的半径 $R = |OA| = \sqrt{2+1} = \sqrt{3}$,所以体积 $V = \frac{4}{3}\pi R^3 = 4\sqrt{3}\pi$
第四步:选答案	本题选 B
第五步:谈收获	立体几何求长度可以构建直角三角形,利用勾股定理求解

11.【解析】

第一步:定考点	长方体与均值定理
第二步:锁关键	求最低造价
第三步:做运算	根据题干得池底的面积为 $48 \div 3 = 16$(平方米),池底的造价为 $150 \times 16 = 2\,400$(元),设池底的一条边长为 x 米,则另一条边长为 $\frac{16}{x}$ 米,则池壁的造价为 $120 \times 2 \times \left(x + \frac{16}{x}\right) \times 3 = 720\left(x + \frac{16}{x}\right)$(元),可得到当 $x = \frac{16}{x}$,即 $x = 4$ 米时总价最低,此时池壁的造价为 5 760 元,则总造价为 8 160 元
第四步:选答案	本题选 C
第五步:谈收获	均值定理取最值的三大前提:一正二定三相等

12.【解析】

第一步:定考点	轴对称问题
第二步:锁关键	对称轴为 $3x+4y-12=0$
第三步:做运算	法一:设对称点是(m,n),有 $\begin{cases} \dfrac{n+1}{m+3}=\dfrac{4}{3}, \\ 3\times\dfrac{m-3}{2}+4\times\dfrac{n-1}{2}-12=0, \end{cases}$ 解得 $m=3,n=7$,即对称点是$(3,7)$. 法二:套公式可得 $\left(-3-\dfrac{6\times(-25)}{9+16},-1-\dfrac{8\times(-25)}{9+16}\right)$,化简得$(3,7)$
第四步:选答案	本题选 D
第五步:谈收获	当对称轴斜率不为1或-1时,可采用公式法求解

13.【解析】

第一步:定考点	最值问题
第二步:锁关键	动点P在多边形上运动,求$2x+3y$的最大值与最小值之差
第三步:做运算	逐一验证顶点可得,在$D(2,3)$处取到最大值13,在$B(-2,1)$处取到最小值-1,故最大值与最小值之差为 14
第四步:选答案	本题选 E
第五步:谈收获	动点P在多边形上运动,求$ax\pm by$的最值,逐一验证多边形顶点即可

14.【解析】

第一步:定考点	圆的方程
第二步:锁关键	$A(2,0),B(3,3),C(-1,1)$在圆上
第三步:做运算	设$\triangle ABC$的外接圆的一般方程为$x^2+y^2+dx+ey+f=0$,把A,B,C的坐标代入可得 $\begin{cases} 4+0+2d+0+f=0, \\ 9+9+3d+3e+f=0, \\ 1+1-d+e+f=0 \end{cases} \Rightarrow \begin{cases} d=-2, \\ e=-4, \\ f=0, \end{cases}$ 故$\triangle ABC$的外接圆的一般方程为 $x^2+y^2-2x-4y=0$
第四步:选答案	本题选 C
第五步:谈收获	三角形的外接圆说明三角形的三个顶点都在圆上

15.【解析】

第一步:定考点	解析几何求面积问题

续表

第二步:锁关键	$0 \leqslant x \leqslant 6, 0 \leqslant y \leqslant 6, |y-x| \leqslant 3, x^2+y^2 \geqslant 9$
第三步:做运算	$0 \leqslant x \leqslant 6, 0 \leqslant y \leqslant 6$ 所围成的区域是正方形,$|y-x| \leqslant 3$ 所围成的区域是两条平行线内部区域,$x^2+y^2 \geqslant 9$ 所围成的区域是以 $(0,0)$ 为圆心,以 3 为半径的圆外区域,所以 D 的面积为 $36-2 \times \frac{1}{2} \times 3 \times 3 - \frac{\pi}{4} \times 3^2 = 27 - \frac{9}{4}\pi = 9\left(3-\frac{\pi}{4}\right)$
第四步:选答案	本题选 C
第五步:谈收获	本题需要明确四个表达式代表的几何意义,再利用面积公式求解

二、条件充分性判断

16.【解析】

第一步:定考点	直线方程
第二步:锁关键	证明 $m+n=1$
第三步:做运算	由条件(1)可得直线方程为 $y=\pm 2$,此时有 $m=-2, n=3$ 或 7,不充分; 由条件(2)可得方程可变形为 $(2x-y+7)k+x+2y-4=0$,对 $k \in \mathbf{R}$,直线恒过点 (m,n),即有 $\begin{cases} 2m-n+7=0 \\ m+2n-4=0 \end{cases}$,解得 $\begin{cases} m=-2 \\ n=3 \end{cases}$,充分
第四步:选答案	本题选 B
第五步:谈收获	恒过定点用分离参数法分析

17.【解析】

第一步:定考点	直线与圆的位置关系
第二步:锁关键	证明圆 $C: x^2+(y-2)^2=5$ 与直线 $l: mx-y+1=0$ 有两个交点
第三步:做运算	直线 $l: mx-y+1=0$ 恒过定点 $(0,1)$,此点位于圆内,故不论 m 取何值,直线 l 与圆 C 均有两个交点
第四步:选答案	本题选 D
第五步:谈收获	恒过定点用分离参数法分析

18.【解析】

第一步:定考点	两点间的距离公式
第二步:锁关键	A 点与 B 点的距离不超过 10

续表

第三步:做运算	设点B的坐标为$(0,y)$,故$\sqrt{9^2+y^2}\leqslant 10$,解得$-\sqrt{19}\leqslant y\leqslant\sqrt{19}$,所以两条件单独均不充分,联合也不充分
第四步:选答案	本题选 E
第五步:谈收获	$A(x_1,y_1),B(x_2,y_2)$两点间的距离为$d=\sqrt{(x_1-x_2)^2+(y_1-y_2)^2}$

19.【解析】

第一步:定考点	圆的方程
第二步:锁关键	圆心在x轴上,圆过点$M(-1,1),N(1,3)$
第三步:做运算	显然条件(1),条件(2)单独均不充分,联合分析,线段MN的垂直平分线交x轴于点$C(2,0)$,点C为圆心,半径$r=CN=\sqrt{(2-1)^2+(0-3)^2}=\sqrt{10}$,故圆的方程为$(x-2)^2+(y-0)^2=(\sqrt{10})^2$,即$x^2+y^2-4x-6=0$
第四步:选答案	本题选 C
第五步:谈收获	圆的两大核心参数:圆心和半径

20.【解析】

第一步:定考点	斜率公式
第二步:锁关键	三点能构成三角形
第三步:做运算	依题可得$k_{AB}\neq k_{AC}$,即有$\dfrac{x+1}{2}\neq\dfrac{6}{3}$,即$x\neq 3$,故条件(1)不充分,条件(2)充分
第四步:选答案	本题选 B
第五步:谈收获	三点构成三角形的充要条件是三点不共线

21.【解析】

第一步:定考点	长方体
第二步:锁关键	一个长、宽、高分别为a cm,b cm,c cm的长方体的体积是 8 cm³,它的表面积是 32 cm²
第三步:做运算	长、宽、高分别为a cm,b cm,c cm的长方体的体积是8 cm³,所以$abc=8$,又表面积是32 cm²,故$2(ab+ac+bc)=32$.条件(1),$b^2=ac$,可得$b=2,ac=4,a+c=6$,这个长方体所有棱长之和为$4(a+b+c)=32$(cm),充分.同理,条件(2)也充分
第四步:选答案	本题选 D
第五步:谈收获	两条件等价时只需要证明其中一个条件即可

22.【解析】

第一步:定考点	柱体
第二步:锁关键	可以确定 $\dfrac{1}{r}+\dfrac{1}{h}$ 的值
第三步:做运算	两条件显然单独均不充分,考虑联合.由条件(1)可知圆柱体的体积为 $V=\pi r^2 h = 2$,由条件(2)可知圆柱体的表面积为 $S = 2\pi rh + 2\pi r^2 = 2\pi r(h+r) = 24$,两式作比可得 $\dfrac{S}{V} = \dfrac{2\pi r(h+r)}{\pi r^2 h} = \dfrac{24}{2}$,即 $\dfrac{h+r}{rh} = \dfrac{1}{r} + \dfrac{1}{h} = 6$,故条件(1)和条件(2)联合充分
第四步:选答案	本题选 C
第五步:谈收获	$\dfrac{1}{r} + \dfrac{1}{h} = \dfrac{r+h}{rh}$,两者可以相互转化

23.【解析】

第一步:定考点	圆与圆的位置关系
第二步:锁关键	大圆与小圆的周长相差 16π cm
第三步:做运算	大圆与小圆的周长相差 16π cm,可知大圆与小圆的半径相差 8 cm,由条件(1)可得大圆的半径为 9 cm,故与条件(2)等价,小圆能扫过的最大环形区域的面积为 $\pi \times 9^2 - \pi \times (9 - 2\times 1)^2 = 32\pi (\text{cm}^2)$
第四步:选答案	本题选 D
第五步:谈收获	两条件等价时只要验证其中一个条件即可

24.【解析】

第一步:定考点	圆
第二步:锁关键	动点 (x, y) 的轨迹是圆
第三步:做运算	条件(1),动点轨迹为正方形,不充分;条件(2),动点轨迹方程为 $(x+1)^2 + \left(y - \dfrac{3}{2}\right)^2 = \dfrac{35}{12}$,动点轨迹为圆,充分
第四步:选答案	本题选 B
第五步:谈收获	形如 $\lvert ax \pm b \rvert + \lvert cy \pm d \rvert = e$,若 $a = c$,则为正方形,若 $a \neq c$,则为菱形;形如 $(x \pm a)^2 + (y \pm b)^2 = c$,若 $c > 0$,则为圆

25.【解析】

第一步:定考点	直线与圆的位置关系

续表

第二步:锁关键	直线 $ax+by+3=0$ 被圆 $(x-2)^2+(y-1)^2=4$ 截得的线段长度为 $2\sqrt{3}$
第三步:做运算	条件(1),将 $a=0,b=-1$ 代入直线方程,得 $-y+3=0$,圆心到直线距离为 $d=\dfrac{2}{\sqrt{1^2}}=2=r$,直线与圆相切,不充分;条件(2),将 $a=-1,b=0$ 代入直线方程,得 $-x+3=0$,圆心到直线距离为 $d=\dfrac{1}{\sqrt{1^2}}=1$,所截线段长度为 $2\sqrt{2^2-1^2}=2\sqrt{3}$,充分
第四步:选答案	本题选 B
第五步:谈收获	直线与圆相交,弦长 $l=2\sqrt{r^2-d^2}$

第五节　本章小结

考点01:平面直角坐标系的定义及基本公式	① 中点坐标公式;② 两点间的距离公式
考点02:直线	① 直线的核心参数;② 直线方程
考点03:圆	① 圆的定义;② 圆的方程
考点04:位置关系	① 点与直线;② 直线与直线;③ 直线与圆;④ 圆与圆
考点05:特殊对称问题	牢记变号规则
考点06:长方体与正方体	牢记基本公式
考点07:柱体	牢记基本公式
考点08:球体	① 牢记基本公式;② 内切球与外接球
54 技:轨迹方程模型	第一步:设出动点 P 的坐标;第二步:找动点 P 满足的等量关系;第三步:代入曲线方程
55 技:分离参数法模型	将含参数的放一起,不含参数的放一起,然后分别令其为 0 即可
56 技:过圆切线模型	①过圆 $x^2+y^2=r^2$ 上一点 $P(a,b)$ 的切线方程为 $ax+by=r^2$; ②过圆 $(x-x_0)^2+(y-y_0)^2=r^2$ 上一点 $P(a,b)$ 的切线方程为 $(a-x_0)(x-x_0)+(b-y_0)(y-y_0)=r^2$

续表

57技：轴对称模型	① 当对称轴斜率为 ± 1 时，可采用代入法求解； ② 当对称轴斜率不为 ± 1 时，可采用公式法求解
58技：将军饮马模型	点 P 在直线上运动，求 $PM+PN$ 的最小值
59技：垂线段模型	点 P 在直线上运动，求某点到 P 距离的最值
60技：多边形动点模型	① 求 $ax \pm by$ 的最值：边界点处取最值，逐一验证多边形顶点即可； ② 求 $(x-a)^2+(y-b)^2$ 的最值：画图，结合图像分析
61技：圆形动点模型	① 求 $ax \pm by$ 的最值：第一步，设 k；第二步，将直线与圆的方程化为标准式；第三步，令圆心到直线的距离等于半径，构建方程求 k； ② 求 $(x-a)^2+(y-b)^2$ 的最值：画图，结合图像分析
62技：数形结合模型	当题干所给的条件或所证明的结论，可以用图形表示时，可以"以形助数"
63技：立体几何抽出模型	① 直接将截面抽出，转化为平面几何分析； ② 立体几何求长度可以构建直角三角形，利用勾股定理求解
64技：立体几何估算模型	在立体几何中出现运算量大或不易计算的题目可以采用"估算法"

第七章　计数原理

第一节　考情解读

本章解读

本章题型较多,对考生的思维能力要求极强,排列组合也是数据分析部分的重点.由于很多考生之前没有学过此部分内容,因此学习起来困难较大,但管理类综合能力考试数学关于排列组合部分的考查较为基础,所以考生只需掌握常考题型的基本做题方法即可.其中穷举法、分类原理和分步原理的基本应用和错排问题是学习的重点,需要多练习相关题目,提升做题准确度,其他题型只需掌握基本方法就可以了.学习排列组合时一定要先搞清两大基本原理和两大基本符号,切勿直接练习题目.从近五年的命题趋势来看,本章题目整体难度适中.

本章概览

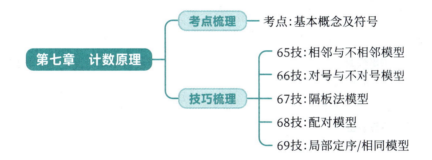

第二节　考点梳理

考点　基本概念及符号

一、考点精析

1. 分类原理(加法原理)

(1) 定义:若完成一件事有 n 类办法,其中第一类办法中有 m_1 种不同的方法,第二类办法中有 m_2 种不同的方法 …… 第 n 类办法中有 m_n 种不同的方法,那么完成此事共有 $N = m_1 + m_2 + \cdots + m_n$ 种不同的方法.

(2) 本质:每类办法中的每一种方法都可以独立完成此事.

(3) 注意事项:分类时务必保证不重不漏.

2. 分步原理(乘法原理)

(1) 定义:若完成一件事需要连续的 n 个步骤,其中第一步有 m_1 种不同的方法,第二步有 m_2 种不同的方法……第 n 步有 m_n 种不同的方法,那么完成此事共有 $N = m_1 \cdot m_2 \cdot \cdots \cdot m_n$ 种不同的方法.

(2) 本质:缺少任何一步都无法完成此事.

(3) 注意事项:分步时一般按照题干先后顺序进行分步.

3. 分类原理与分步原理的区别及联系

(1) 区别:若事情已完成则用加法,若事情未完成则用乘法.

(2) 联系:若两大原理同时出现,则必须先分类再分步.

4. 减法原理

(1) 出现正面的情况数较多、出现否定词、出现"至少"或"至多",可以从反面分析.

正面的情况数 = 总的情况数 − 反面的情况数.

(2) 出现不合题意的情况.

正面的情况数 = 总的情况数 − 不合题意的情况数.

(3) 出现有重复的情况.

正面的情况数 = 总的情况数 − 重复的情况数.

5. 消序原理(除法原理)

(1) 等数量分堆问题要用除法消序.

(2) 局部定序问题要用除法消序.

(3) 局部相同问题要用除法消序.

6. 组合

(1) 组合的定义:从 n 个不同元素中,任意取出 $m(m \leqslant n)$ 个元素并为一组,叫作组合,记为 C_n^m.

> **注意**
> ① 不同元素;② 任意取;③ 无序性.

(2) 组合数的计算: $C_n^m = \dfrac{n \cdot (n-1) \cdot \cdots \cdot (n-m+1)}{m!}(m \leqslant n), m! = m \cdot (m-1) \cdot \cdots \cdot 2 \cdot 1$.

(3) 组合数的性质: $C_n^m = C_n^{n-m}(m \leqslant n)$.

> **注意**
> ① 当 $m > \dfrac{n}{2}$ 时,计算 C_n^m 可转化为计算 C_n^{n-m},能够简化运算.
> ② $C_n^x = C_n^y \Rightarrow x = y$ 或 $x + y = n$.

(4) 特殊的组合数: $C_n^0 = C_n^n = 1, C_n^1 = C_n^{n-1} = n$.

7. 排列

(1) 排列的定义：从 n 个不同元素中，任意取出 $m(m\leqslant n)$ 个元素，按照一定的顺序排成一列，叫作排列，记为 A_n^m. 特别地，当 $m=n$ 时，这个排列被称作全排列.

> **注意**
> ① 不同元素；② 任意取；③ 有序性.

(2) 排列数的计算：$A_n^m = C_n^m \cdot m! = n \cdot (n-1) \cdot (n-2) \cdot \cdots \cdot (n-m+1)(m\leqslant n)$.

(3) 特殊的排列数：$0! = 1! = 1$.

8. 排列与组合的区别及联系

(1) 区别：需要选取用组合，组合只取不排(无序性)；需要排序用排列，排列先取再排(有序性).

(2) 联系：排列的本质是组合的递进. 只选取叫组合，先选取再排序叫排列.

9. 解题策略

(1) 先分类再分步：当出现不确定情况或完成该事情的情况不唯一时，需要分类，当该事情一步做不完时，需要分步.

(2) 先组合再排列：需要选取元素(位置)用"C"，需要给元素(位置)排序用"A".

(3) 先特殊再一般：题干对元素(位置)有特殊要求，先处理有特殊要求的，再处理其他的.

(4) 确定元素(位置)不参选不参排：某元素确定在某位置可不予考虑.

二、例题解读

例1 从大同到三亚有三种不同的出行方式，第一种是飞机，每天有 15 个不同的航班，第二种是高铁，每天有 10 个不同的班次，第三种是大巴，每天有 2 个不同的班次，则小明从大同到三亚总共有(　　)种不同的方法.

A. 2　　　　B. 10　　　　C. 15　　　　D. 27　　　　E. 300

【解析】

第一步：定考点	分类原理
第二步：锁关键	每种方法都可以独立完成此事
第三步：做运算	小明完成从大同到三亚这件事总共可分为三类：飞机、高铁、大巴，完成这件事总共有 $15+10+2=27$(种) 不同的方法
第四步：选答案	本题选 D
第五步：谈收获	分类用加法，分成几类则有几项相加

例2 从大同到三亚没有直达的交通出行方式，必须要在北京中转，假设从大同到北京有 2 种不同方法，从北京到三亚有 3 种不同方法，则小明从大同到三亚总共有(　　)种不同的方法.

A. 2　　　　B. 3　　　　C. 6　　　　D. 8　　　　E. 10

【解析】

第一步:定考点	分步原理
第二步:锁关键	缺少任何一步无法完成此事
第三步:做运算	小明完成从大同到三亚这件事总共需要2步;第一步有2种不同方法,第二步有3种不同方法,所以完成此事共有 $2 \times 3 = 6$(种) 不同的方法
第四步:选答案	本题选 C
第五步:谈收获	分步用乘法,分成几步则有几项相乘

例3 已知 $a \in \{3,4,6\}, b \in \{1,2,7,8\}, r \in \{5,9\}$,则方程 $(x-a)^2 + (y-b)^2 = r^2$ 可以表示( )个不同的圆.

A. 9　　　B. 11　　　C. 12　　　D. 21　　　E. 24

【解析】

第一步:定考点	分步原理
第二步:锁关键	缺少任何一步无法完成此事
第三步:做运算	第一步:给 a 赋值,有3种;第二步:给 b 赋值,有4种;第三步:给 r 赋值,有2种,所以总共可以表示 $3 \times 4 \times 2 = 24$(个) 不同的圆
第四步:选答案	本题选 E
第五步:谈收获	分步用乘法,分成几步则有几项相乘

例4 某通信信道可以传输的信号由1,2,3,4四个数字组成,每组信号包含4个数字,数字可重复,且前两个数字必须是奇数,则最多有( )组不同的信号可供传输.

A. 32　　　B. 48　　　C. 64　　　D. 72　　　E. 81

【解析】

第一步:定考点	分步原理
第二步:锁关键	缺少任何一步无法完成此事
第三步:做运算	第一步:前两个数字必须是奇数,所以只能是1或3,共有 $2 \times 2 = 4$(种);第二步:后两个数字没有要求,所以可以是1,2,3,4中任意一个数字,共有 $4 \times 4 = 16$(种),故不同的信号最多有 $4 \times 16 = 64$(组)
第四步:选答案	本题选 C
第五步:谈收获	分步用乘法,分成几步则有几项相乘

例5 6辆汽车排成一列纵队,要求甲车和乙车均不在队头或队尾,且正好间隔两辆车,则共有( )种不同的排法.

A. 24　　　B. 36　　　C. 48　　　D. 64　　　E. 96

【解析】

第一步:定考点	分步原理
第二步:锁关键	缺少任何一步无法完成此事
第三步:做运算	假设 6 辆车的位置为 $A—B—C—D—E—F$,按照题干的说法,甲、乙均不在队头或队尾,即不能放在 A 或 F,同时中间还需要间隔两辆车,所以甲、乙的位置只能选择 B 或 E,即题目转化为"4 辆汽车放入 A,C,D,F 位置,甲、乙两车放入 B,E 位置",前 4 辆汽车一共有 $4! = 24$(种)不同的排法,甲、乙两车一共有 $2! = 2$(种)不同的排法,二者相乘,一共有 48 种不同的排法
第四步:选答案	本题选 C
第五步:谈收获	分步用乘法,分成几步则有几项相乘

例6 圆上有 6 个不同的点,则可以组成( )个三角形.

A. 6　　　B. 13　　　C. 15　　　D. 20　　　E. 24

【解析】

第一步:定考点	组合
第二步:锁关键	不共线的三点即可组成一个三角形
第三步:做运算	从圆上 6 个不同的点中任取 3 个点都可以组成 1 个三角形,所以共可组成 $C_6^3 = \dfrac{6\times 5\times 4}{3\times 2\times 1} = 20$(个)三角形
第四步:选答案	本题选 D
第五步:谈收获	圆上任意 3 个不同的点均不共线

例7 若要求厨师从 7 种主料中挑选出 2 种、从 10 种配料中挑选出 3 种来烹饪一道菜肴,烹饪的方式共有 6 种,那么该厨师最多可以做出( )道不一样的菜肴.

A. 2 150　　　B. 2 510　　　C. 5 250　　　D. 15 020　　　E. 15 120

【解析】

第一步:定考点	组合与分步原理
第二步:锁关键	选材顺序不影响结果,故使用组合即可

第三步：做运算	7种主料中挑选出2种，不同组合为 C_7^2 种，10种配料中挑选出3种，不同组合为 C_{10}^3 种，烹饪方式有6种．再分步相乘，因此可以做出 $C_7^2 \cdot C_{10}^3 \cdot 6 = 15\ 120$（道）不一样的菜肴
第四步：选答案	本题选 E
第五步：谈收获	选取用组合，分步用乘法

例8 某次专业技能大赛有来自 A 科室的4名职工和来自 B 科室的2名职工参加．结果有3人获奖且每人的成绩均不相同．如果获奖者中最多只有1人来自 B 科室，则获奖者的名单的名次顺序有（　　）种不同的情况．

A. 48　　　　B. 72　　　　C. 84　　　　D. 96　　　　E. 120

【解析】

第一步：定考点	组合与排列
第二步：锁关键	获奖者中最多只有1人来自 B 科室
第三步：做运算	① 若 B 科室有1人获奖：先在 B 科室的2人中选1人，有 $C_2^1 = 2$（种）；再在 A 科室的4人中选2人，有 $C_4^2 = 6$（种）；最后将获奖的3人排序有 $3! = 6$（种）．根据乘法原则，共有 $2 \times 6 \times 6 = 72$（种）．② 若 B 科室没有人获奖：先在 A 科室的4人中选3人，再按成绩排序，则有 $C_4^3 \cdot 3! = 24$（种）．根据加法原则，共有 $72 + 24 = 96$（种）不同的情况
第四步：选答案	本题选 D
第五步：谈收获	选取用组合，排序用排列，分步用乘法，分类用加法

例9 某单位有两个对口扶贫地，每月需安排10人到两地参与扶贫工作，要求每个对口扶贫地区至少要有4人参与工作，则共有（　　）种不同的分配方案．

A. 210　　　　B. 252　　　　C. 420　　　　D. 672　　　　E. 924

【解析】

第一步：定考点	组合与分类原理
第二步：锁关键	每个对口扶贫地区至少要有4人参与工作
第三步：做运算	假设两个扶贫地为甲、乙，根据题意，该单位10人在两地的人数情况可分为3类： ① 甲地4人，乙地6人，共有 $C_{10}^4 \cdot C_6^6 = 210$（种）分配方案； ② 甲地5人，乙地5人，共有 $C_{10}^5 \cdot C_5^5 = 252$（种）分配方案； ③ 甲地6人，乙地4人，共有 $C_{10}^6 \cdot C_4^4 = 210$（种）分配方案． 所以总共有 $210 + 252 + 210 = 672$（种）不同的分配方案

第七章 计数原理

第四步:选答案	本题选 D
第五步:谈收获	"双至少"问题要么正面分类,要么反面求解

例 10 在某大学研一新学期的班会上,大家要从 9 名候选人中选出班干部,则不同的选法超过 300 种.

(1) 任选 3 人组成班委会.

(2) 任选 3 人分别担任财务管理、审计、微观经济学的课代表.

【解析】

第一步:定考点	组合与排列
第二步:锁关键	不同的选法超过 300 种
第三步:做运算	条件(1),只需从 9 人中任选 3 人即可,所以共有 $C_9^3 = 84$(种)不同的选法,条件(1)不充分;条件(2),先从 9 人中任选 3 人,再将选出的 3 人和 3 个科目全排列,所以共有 $C_9^3 \times 3! = 504$(种)不同的选法,条件(2)充分
第四步:选答案	本题选 B
第五步:谈收获	选取用组合,排序用排列

例 11 从甲、乙、丙、丁、戊、己、庚七人中选五人排成一排合影,要求甲不能排在最中间的位置,则共有( )种不同的排法.

A. 1 240　　　B. 1 680　　　C. 1 860　　　D. 1 980　　　E. 2 160

【解析】

第一步:定考点	分步原理
第二步:锁关键	甲不能排在最中间的位置
第三步:做运算	甲不能排在最中间的位置,则从余下的 6 人中先选 1 人站在最中间,再从剩下的 6 人中任选 4 人排在其余的 4 个位置即可,所以共有 $C_6^1 \times C_6^4 \times 4! = 2\,160$(种)不同的排法
第四步:选答案	本题选 E
第五步:谈收获	先特殊再一般:题干对元素(位置)有特殊要求,先处理有特殊要求的,再处理其他的

例 12 现有 3 名男生和 2 名女生参加面试,则面试的排序法有 24 种.

(1) 第一位面试的是女生.

(2) 第二位面试的是指定的某位男生.

253

【解析】

第一步:定考点	组合与排列
第二步:锁关键	有特殊要求
第三步:做运算	条件(1),先从 2 名女生中选 1 人放在第一位,再给剩下的 4 个人在 4 个位置全排列,所以共有 $C_2^1 \times 4! = 48$(种)排序方法,条件(1)不充分;条件(2),第二个位置已经确定好了,只需给剩下的 4 个人在 4 个位置全排列即可,所以共有 $4! = 24$(种)排序方法,条件(2)充分
第四步:选答案	本题选 B
第五步:谈收获	确定元素(位置)不参选不参排:某元素确定在某位置可不予考虑

例 13 甲、乙两组同学中,甲组有 3 名男同学,3 名女同学,乙组有 4 名男同学,2 名女同学,从甲、乙两组中各选出 2 名同学,这 4 人中恰有 1 名女同学的选法有( )种.

A. 26   B. 54   C. 70   D. 78   E. 105

【解析】

第一步:定考点	分类原理与分步原理
第二步:锁关键	从甲、乙两组中各选出 2 名同学
第三步:做运算	本题可分为两类,第一类:女同学来自甲组,则需要从甲组选 1 男 1 女,从乙组选 2 男,有 $C_3^1 C_3^1 C_4^2 = 54$(种)选法;第二类:女同学来自乙组,则需要从乙组选 1 男 1 女,从甲组选 2 男,有 $C_2^1 C_4^1 C_3^1 = 24$(种)选法,所以 4 人中恰有 1 名女同学的选法总共有 $54 + 24 = 78$(种)
第四步:选答案	本题选 D
第五步:谈收获	当完成一件事的情况不唯一时,需要分类,当完成一件事一步做不完时,需要分步,分类用加法,分步用乘法

例 14 将骰子投两次,所得点数分别为 b,c,则方程 $x^2 + bx + c = 0$ 有实数根的情况数为( ).

A. 19   B. 12   C. 11   D. 9   E. 7

【解析】

第一步:定考点	穷举法
第二步:锁关键	方程 $x^2 + bx + c = 0$ 有实数根

第三步:做运算	$x^2+bx+c=0$ 有实数根,则 $b^2-4c\geqslant 0$,即 $b^2\geqslant 4c$,固定 c 的值讨论 b.第一类:若 $c=1$,则 $b=2,3,4,5,6$;第二类:若 $c=2$,则 $b=3,4,5,6$;第三类:若 $c=3$,则 $b=4,5,6$;第四类:若 $c=4$,则 $b=4,5,6$;第五类:若 $c=5$,则 $b=5,6$;第六类:若 $c=6$,则 $b=5,6$.综上所述,共有 $5+4+3+3+2+2=19$(种)情况
第四步:选答案	本题选 A
第五步:谈收获	穷举时一定要先固定一个标准,再按顺序逐一列举

例15 某健身房近期推出甲、乙、丙、丁4项课程,每项课程的一次消费分别为200元、300元、400元、500元,会员可根据充值卡内余额自行消费.会员小李充值卡内还剩2 200元,打算在有效期内每项课程都至少消费1次,且将充值卡内余额恰好用完,则他消费这4项课程的组合有(　　)种不同的情况.

A. 3　　　　B. 4　　　　C. 5　　　　D. 6　　　　E. 7

【解析】

第一步:定考点	穷举法				
第二步:锁关键	每项课程都至少消费1次,且将充值卡内余额恰好用完				
第三步:做运算	若每项课程都先消费1次,将消费 $200+300+400+500=1\ 400$(元),此时充值卡内剩余 $2\ 200-1\ 400=800$(元).题干要求将充值卡内余额恰好用完无剩余,故消费组合的总情况较少,对情况进行穷举,具体情况如表所示.				
		200元课程	300元课程	400元课程	500元课程
	①	4	0	0	0
	②	2	0	1	0
	③	1	2	0	0
	④	0	1	0	1
	⑤	0	0	2	0
	综上可知,小李消费这4项课程的组合共有5种不同的情况				
第四步:选答案	本题选 C				
第五步:谈收获	穷举时一定要先固定一个标准,再按顺序逐一列举				

例16 口袋中有20个球,其中白球有9个,红球有5个,黑球有6个,现从中任取10个球,使得白球不少于2个但不多于8个,红球不少于2个,黑球不多于3个,则有(　　)种不同的取法.

| | A. 13 | B. 14 | C. 15 | D. 16 | E. 23 |

【解析】

第一步:定考点	穷举法
第二步:锁关键	白球不少于2个但不多于8个,红球不少于2个,黑球不多于3个
第三步:做运算	本题要求2≤白球≤8,2≤红球≤5,0≤黑球≤3,所以先固定红球的数量,再讨论其他球,红球可能是2个、3个、4个、5个.对情况进行穷举,具体情况见如表所示. 	白	8	7	6	5	7	6	5	4	6	5	4	3	5	4	3	2	 	红	2	2	2	2	3	3	3	3	4	4	4	4	5	5	5	5	 	黑	0	1	2	3	0	1	2	3	0	1	2	3	0	1	2	3	 综上所述,共有16种不同的取法
第四步:选答案	本题选 D
第五步:谈收获	穷举时一定要先固定一个标准,再按顺序逐一列举

例17 如图所示,已知相邻的圆都相切,从这6个圆中随机取2个,则这2个圆不相切的情况有( )种.

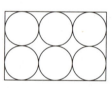

| | A. 5 | B. 6 | C. 7 | D. 8 | E. 9 |

【解析】

第一步:定考点	反面求解法
第二步:锁关键	2个圆不相切
第三步:做运算	总情况数有 $C_6^2 = 15$(种),反面情况即两圆相切的情况有7种,所以两圆不相切的情况有 $15 - 7 = 8$(种)
第四步:选答案	本题选 D
第五步:谈收获	当题干出现"至少""至多"、否定词或正面列举太烦琐时,为方便计算可以从反面分析

例18 智能停车场的泊车位置由电脑随机派位生成,现有两排车位,每排4个,有4辆不同的车需要泊车,要求至少有一车与其他车不同排,且甲、乙两车在同一排,则电脑可以生成( )种不同的派位方式.

| | A. 288 | B. 384 | C. 480 | D. 522 | E. 672 |

【解析】

第一步:定考点	分类原理与分步原理
第二步:锁关键	至少有一车与其他车不同排,且甲、乙两车在同一排
第三步:做运算	根据题干"至少有一车与其他车不同排"可分为两类. ① 其中一排停 3 辆,另一排停 1 辆:首先从两排中选一排停放甲、乙,有 C_2^1 种情况;然后从剩余 2 辆车中选 1 辆车与甲、乙同排,有 C_2^1 种情况;再把这 3 辆车停进这排的 4 个车位里,有 $C_4^3 \cdot 3!$ 种情况;最后余下 1 辆车从另一排 4 个车位中选 1 个车位停放,有 C_4^1 种情况;分步用乘法,所以共有 $C_2^1 \cdot C_2^1 \cdot C_4^3 \cdot 3! \cdot C_4^1 = 384$(种)情况. ② 两排均停 2 辆车:首先从两排中选一排停放甲、乙,有 C_2^1 种情况;然后把甲、乙停进这排的 4 个车位里,有 $C_4^2 \cdot 2!$ 种情况;最后把剩余的 2 辆车停进另一排的 4 个车位里,有 $C_4^2 \cdot 2!$ 种情况;分步用乘法,共有 $C_2^1 \cdot C_4^2 \cdot 2! \cdot C_4^2 \cdot 2! = 288$(种)情况. 综上所述,电脑可生成的派位方式共有 $384 + 288 = 672$(种)情况
第四步:选答案	本题选 E
第五步:谈收获	分类用加法,分步用乘法,事情完成用加法,事情未完成用乘法

例 19 某单位拟开展 3 场文化交流活动,安排给 3 个部门进行策划.若每个部门最多承担 2 场活动的策划,每场活动只安排给 1 个部门,则不同的安排方法共有(　　)种.

A. 6　　　　B. 12　　　　C. 18　　　　D. 24　　　　E. 32

【解析】

第一步:定考点	分类原理与分步原理
第二步:锁关键	每个部门最多承担 2 场活动的策划,每场活动只安排给 1 个部门
第三步:做运算	因为每个部门最多承担 2 场活动的策划,所以可以分为两类: ①3 个部门各承担 1 场活动,共有 $3! = 6$(种)安排方法; ② 从 3 个部门中选出 1 个部门承担 2 场活动,有 C_3^1 种,再从 3 场活动中选取 2 场活动,有 C_3^2 种,最后一场活动由剩余的 2 个部门中的 1 个承担,有 C_2^1 种,共有 $C_3^1 \cdot C_3^2 \cdot C_2^1 = 18$(种)安排方法. 所以共有 $6 + 18 = 24$(种)安排方法
第四步:选答案	本题选 D
第五步:谈收获	分类用加法,分步用乘法,事情完成用加法,事情未完成用乘法

例 20 某单位购买了 10 台新电脑,计划分配给甲、乙、丙 3 个部门使用.已知每个部门都需要新电脑,且每个部门最多得到 5 台,则不同的电脑分配方法共有(　　)种.

A. 9　　　　B. 12　　　　C. 18　　　　D. 21　　　　E. 27

【解析】

第一步：定考点	分类原理与分步原理
第二步：锁关键	每个部门都需要新电脑，且每个部门最多得到 5 台
第三步：做运算	本题可以通过穷举法求解，因为每个部门都需要新电脑，且每个部门最多得到 5 台，所以可以分 (1,4,5)、(2,3,5)、(2,4,4)、(3,3,4) 四种情况，因此电脑分配方法共有 $3! + 3! + C_3^2 + C_3^2 = 18$（种）
第四步：选答案	本题选 C
第五步：谈收获	分类用加法，分步用乘法，事情完成用加法，事情未完成用乘法

第三节　技巧梳理

65 技 ▶ 相邻与不相邻模型

适用题型	相邻与不相邻问题
技巧说明	(1) 相邻问题：第一步，将相邻元素"打包"(注意"包"内顺序)；第二步，将"包"与其余元素排序． (2) 不相邻问题：第一步，将不相邻元素扔出；第二步，给剩余元素排序；第三步，选空插空(注意插空顺序)． (3) 相邻与不相邻同时出现：第一步，将不相邻元素扔出；第二步，处理相邻问题；第三步，选空插空． (4) 相间分布问题：① n 男 n 女相间分布，共有 $n! \cdot n! \cdot 2$ 种；② n 男 $n-1$ 女相间分布，共有 $n! \cdot (n-1)!$ 种

例 21 某场科技论坛有 5G、人工智能、区块链、大数据和云计算 5 个主题，每个主题有 2 位发言嘉宾，如果要求每个主题的发言嘉宾必须相邻，则共有(　　)种不同的发言次序．

A. 120　　B. 260　　C. 720　　D. 1 200　　E. 3 840

【解析】

第一步：定考点	相邻问题
第二步：锁关键	要求每个主题的发言嘉宾必须相邻
第三步：做运算	因为每个主题的发言嘉宾必须相邻，所以共有 $2! \cdot 2! \cdot 2! \cdot 2! \cdot 2! \cdot 5! = 3\,840$（种）不同的发言次序
第四步：选答案	本题选 E

第五步:谈收获	出现相邻,用"打包"法

例22 有两个三口之家一起出行去旅游,他们被安排坐在两排相对的座位上,其中一排有3个座位,另一排有4个座位.如果同一个家庭的成员只能被安排在同一排座位相邻而坐,那么共有( )种不同的安排方法.

A. 36 　　　　B. 72 　　　　C. 144 　　　　D. 156 　　　　E. 288

【解析】

第一步:定考点	相邻问题
第二步:锁关键	同一个家庭的成员只能被安排在同一排座位相邻而坐
第三步:做运算	有4个座位的那排会有一个空位,空位有两种情况,如图所示. （a）　　　　（b） 每个座位图有两排座位,每个家庭有3口人,因此每个图中所显示的坐法都有 $3! \cdot 3! \cdot 2 = 72$(种),所以两个图一共有 $72 \times 2 = 144$(种)不同的安排方法
第四步:选答案	本题选 C
第五步:谈收获	出现相邻,用"打包"法

例23 不同的5种商品在货架上排成一排,其中丙、丁不能排在一起,则共有( )种不同的排法.

A. 12 　　　　B. 20 　　　　C. 24 　　　　D. 48 　　　　E. 72

【解析】

第一步:定考点	不相邻问题
第二步:锁关键	丙、丁不能排在一起
第三步:做运算	第一步,将丙、丁扔出;第二步,给剩余商品排序,有 $3!$ 种排法;第三步,选空插空,剩余3种商品有4个空,所以有 $C_4^2 \times 2! = 12$(种)插法,故共有 $3! \times C_4^2 \times 2! = 72$(种)不同的排法
第四步:选答案	本题选 E
第五步:谈收获	出现不相邻,用"插空"法

例24 用 $1 \sim 8$ 组成无重复的八位数,要求1和2相邻,2和4相邻,5和6相邻,7和8不相邻,则一共可以组成( )个不同的八位数.

A. 122　　　　B. 148　　　　C. 182　　　　D. 288　　　　E. 325

【解析】

第一步:定考点	相邻与不相邻同时出现
第二步:锁关键	要求1和2相邻,2和4相邻,5和6相邻,7和8不相邻
第三步:做运算	1和2相邻,2和4相邻,说明2一定在中间,1和4在2的两边,有2!种排法,5和6相邻有2!种排法.先将1,2,4和5,6这两个"包"和3进行全排列,有3!种排法,再选空插空,共有4个空,选2个空把7和8插进去,有$C_4^2 \times 2!$种插法,所以可以组成$2! \times 2! \times 3! \times C_4^2 \times 2! = 288$(个)不同的八位数
第四步:选答案	本题选 D
第五步:谈收获	相邻不相邻同时出现,先处理相邻,再处理不相邻

例 25　3男3女站成一排,要求男生、女生均不相邻,则共有(　　)种不同的排法.

A. 12　　　　B. 20　　　　C. 24　　　　D. 36　　　　E. 72

【解析】

第一步:定考点	相间分布问题
第二步:锁关键	要求男生、女生均不相邻
第三步:做运算	3个男生排序有3!种排法,3个女生排序有3!种排法,因为有"男女男女男女"和"女男女男女男"两种排法,所以共有$3! \times 3! \times 2 = 72$(种)不同的排法
第四步:选答案	本题选 E
第五步:谈收获	n男n女相间分布,共有$n! \cdot n! \cdot 2$种排法

66 技 ▶ 对号与不对号模型

适用题型	错排问题
技巧说明	所有元素对号入座只有1种,2个不对号有1种,3个不对号有2种,4个不对号有9种,5个不对号有44种,只需记住即可. n个不对号有$D(n) = n! \left[\frac{1}{0!} - \frac{1}{1!} + \frac{1}{2!} - \frac{1}{3!} + \cdots + \frac{(-1)^n}{n!} \right]$种

例 26　2023年春节放假,两个三口之家结伴乘火车外出,每人均实名购票,上车后随意坐所购票的6个座位,则恰好有3人是对号入座(座位号与自己车票相符)的坐法有(　　)种.

A. 130　　　　B. 110　　　　C. 60　　　　D. 45　　　　E. 40

【解析】

第一步:定考点	错排问题
第二步:锁关键	恰好有 3 人是对号入座
第三步:做运算	6 人中恰好有 3 人是对号入座,有 $C_6^3 = 20$(种)坐法,另外的 3 人不是对号入座,共 2 种坐法,故 6 人中恰好有 3 人是对号入座的坐法有 $20 \times 2 = 40$(种)
第四步:选答案	本题选 E
第五步:谈收获	所有元素对号入座只有 1 种,2 个不对号 1 种,3 个不对号有 2 种,4 个不对号有 9 种,5 个不对号有 44 种

例27 2024 龙年新春来临之际,小韩、小超、小好、小帅四个人每人写一张贺年卡,则自己收不到自己的贺年卡的情况有( )种.

A. 7   B. 9   C. 10   D. 12   E. 13

【解析】

第一步:定考点	错排问题
第二步:锁关键	自己收不到自己的贺年卡
第三步:做运算	自己收不到自己的贺年卡可以看成 4 个不对号,共有 9 种不同的情况
第四步:选答案	本题选 B
第五步:谈收获	所有元素对号入座只有 1 种,2 个不对号有 1 种,3 个不对号有 2 种,4 个不对号有 9 种,5 个不对号有 44 种

67 技 ▶ 隔板法模型

适用题型	n 个相同元素分给 m 个不同对象且所有元素全部分完
技巧说明	① 非空分配(每个对象至少分 1 个)问题:共有 C_{n-1}^{m-1} 种; ② 可空分配(容许有对象没分到)问题:共有 C_{n+m-1}^{m-1} 种

例28 若 a, b, c, d 均为正整数,且 $a + b + c + d = 8$,则方程的解共有( )组.

A. 28   B. 35   C. 48   D. 72   E. 96

【解析】

第一步:定考点	隔板法的运用
第二步:锁关键	a, b, c, d 均为正整数

续表

第三步：做运算	此题可以理解为8个相同的"1"分给4个不同对象，每个对象至少分1个，根据隔板法可知共有 $C_{8-1}^{4-1} = C_7^3 = 35$（组）解
第四步：选答案	本题选 B
第五步：谈收获	非空分配（每个对象至少分1个），共有 C_{n-1}^{m-1} 种

例29 10个相同的小球放入3个不同的箱子，第一个箱子至少放1个，第二个箱子至少放2个，第三个箱子至少放3个，则不同的放法共有（　　）种．

A. 20　　　　B. 18　　　　C. 15　　　　D. 13　　　　E. 9

【解析】

第一步：定考点	可空分配问题
第二步：锁关键	10个相同的小球放入3个不同的箱子中
第三步：做运算	本题可以先给第一个箱子放1个，再给第二个箱子放2个，再给第三个箱子放3个，剩下的4个小球再可空地分给3个箱子，共有 $C_{4+3-1}^{3-1} = C_6^2 = 15$（种）放法
第四步：选答案	本题选 C
第五步：谈收获	可空分配（容许有对象没分到），共有 C_{n+m-1}^{m-1} 种

68 技 ▶ 配对模型

适用题型	常见的配对问题有取鞋问题、取手套问题等
技巧说明	这类问题若取双直接用组合选取即可，若取单只则先取双，再从每双里取单只即可

例30 5双不同的手套任取2只，则恰好不能配套的情况有（　　）种．

A. 36　　　　B. 40　　　　C. 42　　　　D. 56　　　　E. 72

【解析】

第一步：定考点	配对问题
第二步：锁关键	任取2只恰好不能配套
第三步：做运算	先从5双手套任取2双有 C_5^2 种取法，再从每双中各取一只有 $C_2^1 \cdot C_2^1$ 种取法，所以共有 $C_5^2 \cdot C_2^1 \cdot C_2^1 = 40$（种）取法
第四步：选答案	本题选 B

第五步:谈收获	若取双直接用组合选取即可,若取单只则先取双,再从每双里取单只即可

例 31 5双不同的手套任取4只,则恰好只能配成1双的情况有(　　)种.

　　A. 72　　　　B. 84　　　　C. 96　　　　D. 120　　　　E. 142

【解析】

第一步:定考点	配对问题
第二步:锁关键	任取4只恰好只能配成1双
第三步:做运算	先从5双手套中任取1双有 C_5^1 种取法,再从余下的4双中取2双,然后每双再各取一只有 $C_4^2 \cdot C_2^1 \cdot C_2^1$ 种取法,所以共有 $C_5^1 \cdot C_4^2 \cdot C_2^1 \cdot C_2^1 = 120$(种)取法
第四步:选答案	本题选 D
第五步:谈收获	若取双直接用组合选取即可,若取单只则先取双,再从每双里取单只即可

69 技 ▶ 局部定序／相同模型

适用题型	局部定序／相同问题
技巧说明	n 个元素排序,其中 m 个元素定序或 m 个元素相同,则 **法一**:共有 $\dfrac{n!}{m!}$ 种排法; **法二**:共有 $C_n^m \cdot (n-m)!$ 种排法

例 32 五个人站成一排,要求 A,B,C 三人顺序一定,则共有(　　)种不同的排法.

　　A. 18　　　　B. 20　　　　C. 25　　　　D. 32　　　　E. 40

【解析】

第一步:定考点	局部定序问题
第二步:锁关键	A,B,C 三人顺序一定
第三步:做运算	**法一**:共有 $\dfrac{5!}{3!} = 20$(种) 排法. **法二**:先从5个位置选3个位置放 A,B,C,因为三人顺序一定,所以只有1种排法,最后再给剩余2人和剩余的2个位置全排即可,所以共有 $C_5^3 \cdot 2! = 20$(种) 排法
第四步:选答案	本题选 B

续表

第五步:谈收获	n 个元素排序,其中 m 个元素定序或 m 个元素相同,则 法一:共有 $\dfrac{n!}{m!}$ 种排法; 法二:共有 $C_n^m \cdot (n-m)!$ 种排法

例 33 小韩老师来西安上课,助教老师购买了 3 瓶红牛、2 瓶怡宝、1 瓶味全果汁排成一排供小韩老师饮用,则共有( )种不同的排法.

A. 60　　　　B. 78　　　　C. 82　　　　D. 86　　　　E. 96

【解析】

第一步:定考点	局部相同问题
第二步:锁关键	3 瓶红牛、2 瓶怡宝、1 瓶味全果汁排成一排
第三步:做运算	法一:共有 $\dfrac{6!}{3! \times 2! \times 1!} = 60$(种)不同的排法. 法二:共有 $C_6^3 \cdot C_3^2 \cdot C_1^1 = 60$(种)不同的排法
第四步:选答案	本题选 A
第五步:谈收获	n 个元素排序,其中 m 个元素定序或 m 个元素相同,则 法一:共有 $\dfrac{n!}{m!}$ 种排法; 法二:共有 $C_n^m \cdot (n-m)!$ 种排法

第四节　本章测评

一、问题求解

1. 某市从儿童公园到科技馆有 6 种不同的路线,从科技馆到少年宫有 5 种不同的路线,从儿童公园到少年宫有 4 种不同的路线,其中有 1 种因修路临时关闭,则从儿童公园到少年宫有( )种不同的路线.

A. 24　　　　B. 33　　　　C. 34　　　　D. 36　　　　E. 38

2. 17 件相同的产品交给甲、乙、丙三人生产,已知甲、乙、丙三人生产一件产品所需时间相同,每个人至少分到 4 件产品的生产任务,三人同时开始生产且完成各自的任务之前不休息,则完成所有工作所需时长有( )种不同的情况.

A. 3　　　　B. 4　　　　C. 8　　　　D. 9　　　　E. 11

3. 某农科院准备挑选 2 男 2 女共 4 名科技人员分别去市郊的甲、乙、丙、丁 4 个乡参加科技支农工作,在报名的人员中有 3 男 4 女符合要求,在 4 名女性中有 1 位是农科院的副院长,考虑到工作的具体需要,这名副院长不去甲乡,且去丁乡的是女性,则符合条件的选法有( )种.

A. 432　　　　B. 378　　　　C. 216　　　　D. 198　　　　E. 96

4. 某大学计划举办篮球比赛,6支报名参赛的队伍将平均分为上午组和下午组进行小组赛.其中甲队与乙队来自同部门,不能分在同一组,则分组情况共有( )种可能.

A. 6　　　　B. 12　　　　C. 15　　　　D. 18　　　　E. 24

5. 甲、乙、丙3个单位订阅同一款报刊,已知3个单位共订阅了12份,其中每个单位的订阅数量不少于3份,但不超过5份,则这3个单位的报刊订阅数量有( )种不同情况.

A. 2　　　　B. 3　　　　C. 7　　　　D. 9　　　　E. 32

6. 一次会议某单位邀请了10名专家,该单位预订了10个房间,其中一层5间、二层5间.已知邀请的专家中4人要求住二层,3人要求住一层,其余3人住任一层均可,那么要满足他们的住房要求且每人1间,则有( )种不同的安排方案.

A. 94　　　　B. 320　　　　C. 540　　　　D. 6 600　　　　E. 43 200

7. 要在8个选手中选出冠军、亚军、季军各一人,则共有( )种不同的选法.

A. 56　　　　B. 64　　　　C. 113　　　　D. 221　　　　E. 336

8. 书架上有4本不同的数学书、3本不同的逻辑书、2本不同的写作书,若从中任取2本不同科目的书,共有( )种不同的取法.

A. 25　　　　B. 26　　　　C. 27　　　　D. 28　　　　E. 29

9. 有四盏颜色不同的灯,每次使用一盏、两盏、三盏或四盏,并按一定的次序挂在灯杆上表示信号,则共可表示( )种不同的信号.

A. 15　　　　B. 32　　　　C. 64　　　　D. 72　　　　E. 81

10. 三行三列间距相等共有九盏灯,任意亮起其中的三盏组成一个三角形,持续5秒后换另一个三角形,那么如此持续亮,则亮完所有的三角形组合至少需要( )秒.

A. 380　　　　B. 390　　　　C. 410　　　　D. 420　　　　E. 440

11. 在一排10个花盆中种植3种不同的花,要求每3个相邻的花盆中花的种类各不相同,则有( )种不同的种植方法.

A. 6　　　　B. 7　　　　C. 12　　　　D. 15　　　　E. 18

12. 有8人要在某学术报告会上做报告,其中张和李希望被安排在前三个做报告,王希望最后一个做报告,赵不希望在前三个做报告,其余4人没有要求.如果安排做报告顺序时要满足所有人的要求,则共有( )种不同的报告序列.

A. 224　　　　B. 441　　　　C. 486　　　　D. 529　　　　E. 576

13. 安排 4 名护士护理 3 个病房,每个病房至少有 1 名护士,其中护士甲不去 A 病房,则共有( )种不同的安排方法.

    A. 12   B. 18   C. 24   D. 32   E. 36

14. 将 5 名北京冬奥会志愿者分配到花样滑冰、短道速滑、冰球和冰壶 4 个项目进行培训,每名志愿者只分配到 1 个项目,每个项目至少分配 1 名志愿者,若短道速滑需要分配 2 人,则不同的分配方案有( )种.

    A. 48   B. 52   C. 60   D. 66   E. 72

15. 某学习平台的学习内容由观看视频、阅读文章、收藏分享、论坛交流、考试答题五个部分组成.某学员要先后学完这五个部分,若观看视频和阅读文章不能连续进行,则该学员学习顺序的选择有( )种.

    A. 24   B. 36   C. 48   D. 72   E. 84

二、条件充分性判断

16. 公路 AB 上各站之间共有 90 种不同的车票.

    (1) 公路 AB 上有 10 个车站,每两站之间都有往返车票.

    (2) 公路 AB 上有 9 个车站,每两站之间都有往返车票.

17. 某领导要把 20 项相同的任务分配给 3 个下属,则共有 78 种不同的分配方案.

    (1) 每个下属至少分得 3 项任务.

    (2) 每个下属至少分得 2 项任务.

18. 甲组有 5 名男同学,3 名女同学;乙组有 6 名男同学,2 名女同学,若从甲、乙两组中各选出 2 名同学,则不同的选法共有 345 种.

    (1) 选出的 4 人中恰有 1 名男同学.

    (2) 选出的 4 人中恰有 1 名女同学.

19. 如果在一周内(周一至周日)安排三所学校的学生参观某展览馆,每天最多只安排一所学校,那么不同的安排方法有 120 种.

    (1) 甲学校连续参观两天,其余学校均只参观一天.

    (2) 恰有一所学校连续参观两天,其余学校均只参观一天.

20. 现有 3 男 3 女排成一排,则不同的排法数有 72 种.

    (1) 男女均不相邻.

    (2) 男生相邻且女生相邻.

21. 四个不同科目各有 2 名老师,从中任选 2 人,则不同的选法有 24 种.

    (1) 2 人来自相同科目.

(2)2人来自不同科目.

22. 现有男、女学生共8人,从男生中挑选2人,女生中挑选1人分别参加数学、物理、化学三科竞赛,能确定共有90种不同的选送方法.

(1)男生3人,女生5人.

(2)男生5人,女生3人.

23. 从10名选调生中选3人担任村主任助理,则共有49种不同的选法.

(1)甲、乙两人至少有1人入选.

(2)丙没有入选.

24. 要排出某班一天中语文、数学、政治、英语、体育、艺术6门课各一节的课程表,则有288种不同的排法.

(1)数学课排在前3节.

(2)英语课不排在第6节.

25. 从4台甲型和5台乙型电视机中任取3台,则不同的取法共有70种.

(1)至少要有甲型电视机一台.

(2)至少要有乙型电视机一台.

参考答案

答案速查表				
1~5	6~10	11~15	16~20	21~25
BBDBC	EEBCA	AECCD	AABAD	BACCC

一、问题求解

1.【解析】

第一步:定考点	分类原理与分步原理
第二步:锁关键	其中有1种因修路临时关闭
第三步:做运算	完成此事共有两类,第一类从儿童公园到科技馆再到少年宫,共有 $6 \times 5 = 30$(种)不同的路线;第二类从儿童公园到少年宫有 $4-1=3$(种)不同的路线,所以完成此事共有 $30+3=33$(种)不同的路线
第四步:选答案	本题选B
第五步:谈收获	当出现完成一件事的情况不唯一、不确定时,可进行分类分析

2.【解析】

第一步:定考点	分类原理与分步原理
第二步:锁关键	每个人至少分到4件产品的生产任务
第三步:做运算	根据题意可知,甲、乙、丙三人效率相同,即完成所有工作所需时长取决于工作量最大者所需时长.每人先分配4件产品,所需时间相同,总时长取决于剩下 $17-3\times4=5$(件) 产品的分配情况.将最大工作量分类讨论如下:①分到2件产品(分配方案(2,2,1));②分到3件产品(分配方案(3,2,0)或(3,1,1));③分到4件产品(分配方案(4,1,0));④分到5件产品(分配方案(5,0,0)).故完成所有工作所需时长共有4种不同情况
第四步:选答案	本题选 B
第五步:谈收获	当出现完成一件事的情况不唯一、不确定时,可进行分类分析

3.【解析】

第一步:定考点	分类原理与分步原理
第二步:锁关键	副院长不去甲乡,且去丁乡的是女性
第三步:做运算	①假设去甲乡的为男性,同时去丁乡的必须为女性,乙、丙无要求,则有 $C_3^1 \cdot C_4^1 \cdot C_2^1 \cdot C_3^1 \cdot 2! = 144$(种) 选法;②假设去甲乡的为女性且不能为副院长,去丁乡的必须为女性,乙、丙无要求,则有 $C_3^1 \cdot C_3^1 \cdot C_3^2 \cdot 2! = 54$(种) 选法,所以符合条件的选法有 $144+54=198$(种)
第四步:选答案	本题选 D
第五步:谈收获	当出现完成一件事的情况不唯一、不确定时,可进行分类分析

4.【解析】

第一步:定考点	分类原理与分步原理
第二步:锁关键	甲队与乙队来自同部门,不能分在同一组
第三步:做运算	除了甲、乙两队外,还剩余4支队伍.从中选出2支队伍与甲队组成一组,其余2支队伍与乙队组成一组,共有 $C_4^2 \cdot C_2^2 = 6$(种) 情况,因为比赛分上午组和下午组,所以总情况共有 $6 \times 2 = 12$(种)
第四步:选答案	本题选 B
第五步:谈收获	当出现完成一件事需要连续 n 个步骤时,可进行分步分析

5.【解析】

| 第一步:定考点 | 分类原理与分步原理 |

第七章　计数原理

续表

第二步:锁关键	每个单位的订阅数量不少于 3 份,但不超过 5 份
第三步:做运算	根据题意,3 份≤每个单位的订阅数量≤5 份,且 3 个单位共订阅了 12 份,所以这 3 个单位的报刊订阅数量可以为(3,4,5),单位不同需考虑顺序,有 3! = 6(种) 情况;或者(4,4,4),此时有 1 种情况,因此满足题意的情况共有 6＋1 = 7(种)
第四步:选答案	本题选 C
第五步:谈收获	当出现完成一件事的情况不唯一、不确定时,可进行分类分析

6.【解析】

第一步:定考点	分类原理与分步原理
第二步:锁关键	已知邀请的专家中 4 人要求住二层,3 人要求住一层
第三步:做运算	先安排有要求的专家,再安排没有要求的专家,即分步进行安排即可.首先安排需要住二层的人,从 5 间二层房间中选出 4 间,安排 4 名专家的方法有 $C_5^4 \cdot 4! =$ 120(种);再安排需要住一层的人,从 5 间一层房间中选出 3 间,安排 3 名专家的方法有 $C_5^3 \cdot 3! = 60$(种);最后安排剩下的 3 人,无任何要求的安排方法有 3! = 6(种).分步用乘法,所以不同的安排方法总共有 $120 \times 60 \times 6 = 43\,200$(种)
第四步:选答案	本题选 E
第五步:谈收获	当出现完成一件事需要连续 n 个步骤时,可进行分步分析

7.【解析】

第一步:定考点	分类原理与分步原理
第二步:锁关键	8 个选手中选出冠军、亚军、季军各一人
第三步:做运算	完成此事需要三步:第一步,选冠军,共有 8 种;第二步,选亚军,共有 7 种;第三步,选季军,共有 6 种,所以共有 $8 \times 7 \times 6 = 336$(种)
第四步:选答案	本题选 E
第五步:谈收获	当出现完成一件事需要连续 n 个步骤时,可进行分步分析

8.【解析】

第一步:定考点	分类原理与分步原理
第二步:锁关键	从中任取 2 本不同科目的书

续表

第三步:做运算	完成此事可分为三类:第一类取数学书和逻辑书,共有 $4\times3=12$(种);第二类取数学书和写作书,共有 $4\times2=8$(种);第三类取逻辑书和写作书,共有 $3\times2=6$(种). 故共有 $12+8+6=26$(种)
第四步:选答案	本题选 B
第五步:谈收获	当出现完成一件事的情况不唯一、不确定时,可进行分类分析

9.【解析】

第一步:定考点	分类原理与分步原理
第二步:锁关键	每次使用一盏、两盏、三盏或四盏,并按一定的次序挂在灯杆上
第三步:做运算	共分成四类:① 使用一盏灯,有 $C_4^1=4$(种)情况;② 使用两盏灯,存在顺序,有 $C_4^2 \cdot 2!=12$(种)情况;③ 使用三盏灯,存在顺序,有 $C_4^3 \cdot 3!=24$(种)情况;④ 使用四盏灯,存在顺序,有 $C_4^4 \cdot 4!=24$(种)情况. 故共有 $4+12+24+24=64$(种)情况
第四步:选答案	本题选 C
第五步:谈收获	当出现完成一件事的情况不唯一、不确定时,可进行分类分析

10.【解析】

第一步:定考点	反面求解法
第二步:锁关键	任意亮起其中的三盏组成一个三角形
第三步:做运算	此题可从反面分析,在九盏灯当中任意选出三盏灯,除构成直线外,其他均可构成一个三角形,共 8 种组合不能构成三角形,所以共 $C_9^3-8=76$(种)三角形组合,则共可以亮 $76\times5=380$(秒)
第四步:选答案	本题选 A
第五步:谈收获	正面的情况数 = 总情况数 − 不合题意的情况数

11.【解析】

第一步:定考点	有限制条件的排列问题
第二步:锁关键	每 3 个相邻的花盆中花的种类各不相同
第三步:做运算	显然前 3 个相邻的花盆中分别种 3 种不同的花,情况数为 $3!=6$. 但当前 3 盆花确定之后,第 4 盆花必然与第 1 盆相同,第 5 盆必然与第 2 盆相同. 依次类推,可知后 7 盆中种什么花是唯一确定的,因此总的种植方法共有 6 种

第七章 计数原理

续表

第四步:选答案	本题选 A
第五步:谈收获	此类题目注意约束条件

12.【解析】

第一步:定考点	有限制条件的排列问题
第二步:锁关键	张和李希望被安排在前三个做报告,王希望最后一个做报告,赵不希望在前三个做报告
第三步:做运算	王希望最后一个做报告,故可先将王固定在最后一个位置(8号位置).张和李希望在前三个做报告,可从前3号位置中抽出两个进行排列(有先后之分),有 $C_3^2 \cdot 2!$ 种排法.赵不希望在前三个做报告,可在其他位置(4,5,6,7号)中任意抽出一个进行排列,则有 C_4^1 种排法.剩余四人没有要求,则可在剩余位置进行全排列,共有4!种排法.分步计算用乘法,故全部的排法一共有 $C_3^2 \cdot 2! \cdot C_4^1 \cdot 4! = 576$(种)
第四步:选答案	本题选 E
第五步:谈收获	此类题目注意约束条件

13.【解析】

第一步:定考点	反面求解法
第二步:锁关键	护士甲不去 A 病房
第三步:做运算	本题可以从反面分析,总情况数为 $\dfrac{C_4^2 \cdot C_2^1 \cdot C_1^1}{2!} \cdot 3! = 36$.反面情况可分类分析,若 A 病房2人,则有 $3! = 6$(种);若 A 病房1人,则有 $C_3^2 \cdot C_1^1 \cdot 2! = 6$(种),所以共有 $36 - 6 - 6 = 24$(种)
第四步:选答案	本题选 C
第五步:谈收获	出现否定词可从反面分析

14.【解析】

第一步:定考点	组合与排列
第二步:锁关键	每名志愿者只分配到1个项目,每个项目至少分配1名志愿者
第三步:做运算	先从5人选出2人分配到短道速滑,再将余下3人和余下的3个项目全排列,所以共有 $C_5^2 \times 3! = 60$(种)
第四步:选答案	本题选 C
第五步:谈收获	选取用组合,排序用排列

15.【解析】

第一步:定考点	相邻与不相邻问题
第二步:锁关键	观看视频和阅读文章不能连续进行
第三步:做运算	观看视频和阅读文章不能连续进行,所以可用插空法,先安排其他三部分学习内容,顺序有 $3! = 6$(种),这三部分学习内容共形成四个空,再插入不能连续进行的观看视频和阅读文章这两部分,有 $C_4^2 \cdot 2! = 12$(种),因此总的学习顺序的选择有 $6 \times 12 = 72$(种)
第四步:选答案	本题选 D
第五步:谈收获	相邻用"打包法",不相邻用"插空法"

二、条件充分性判断

16.【解析】

第一步:定考点	组合与排列
第二步:锁关键	证明公路 AB 上各站之间共有 90 种不同的车票
第三步:做运算	条件(1),先从 10 个车站中任选 2 个车站,再给选出的 2 个车站做排序即可,所以共有 $C_{10}^2 \times 2! = 90$(种),条件(1) 充分;同理,条件(2) 不充分
第四步:选答案	本题选 A
第五步:谈收获	组合只选不排,排列先选再排

17.【解析】

第一步:定考点	隔板法的运用
第二步:锁关键	相同元素分给不同对象
第三步:做运算	条件(1),本题可以先给每个下属分 3 项任务,剩下的 11 项任务再可空地分给 3 个下属,共有 $C_{11+3-1}^{3-1} = C_{13}^2 = 78$(种),充分; 条件(2),本题可以先给每个下属分 2 项任务,剩下的 14 项任务再可空地分给 3 个下属,共有 $C_{14+3-1}^{3-1} = C_{16}^2 = 120$(种),不充分
第四步:选答案	本题选 A
第五步:谈收获	可空分配(容许有对象没分到),共有 C_{n+m-1}^{m-1} 种

18.【解析】

第一步:定考点	分类原理与分步原理
第二步:锁关键	从甲、乙两组中各选出 2 名同学

续表

第三步:做运算	由条件(1)可得,分两类:①甲组中选出一名男同学有 $C_3^1 C_3^1 C_5^2=15$(种)选法;②乙组中选出一名男同学有 $C_3^2 C_2^1 C_6^1=36$(种)选法,故共有 $15+36=51$(种)选法,不充分;由条件(2)可得,分两类:①甲组中选出一名女同学有 $C_5^1 \cdot C_3^1 \cdot C_6^2=225$(种)选法;②乙组中选出一名女同学有 $C_5^2 \cdot C_6^1 \cdot C_2^1=120$(种)选法,故共有 $225+120=345$(种)选法,充分
第四步:选答案	本题选 B
第五步:谈收获	当出现完成一件事的情况不唯一、不确定时,可进行分类分析

19.【解析】

第一步:定考点	分类原理与分步原理
第二步:锁关键	每天最多只安排一所学校
第三步:做运算	由条件(1)可得,先安排甲学校的参观时间,一周内两天连排的方法一共有 6 种:(1,2),(2,3),(3,4),(4,5),(5,6),(6,7),甲校选一种为 $C_6^1=6$(种),然后在剩下的 5 天中任选 2 天有序地安排其余两所学校参观,安排方法有 $C_5^2 \cdot 2!=20$(种),按照分步乘法计数原理可知,共有 $6 \times 20=120$(种)不同的安排方法,条件(1)充分;由条件(2)可得,共有 $C_3^1 \cdot C_5^1 \cdot C_5^2 \cdot 2!=360$(种)安排方法,条件(2)不充分
第四步:选答案	本题选 A
第五步:谈收获	当出现完成一件事需要连续的 n 个步骤时,可进行分步分析

20.【解析】

第一步:定考点	相邻与不相邻问题
第二步:锁关键	证明不同的排法数有 72 种
第三步:做运算	条件(1),男女均不相邻,共有 $3! \times 3! \times 2=72$(种)排法,充分;条件(2),男生相邻且女生相邻,共有 $3! \times 3! \times 2=72$(种)排法,充分
第四步:选答案	本题选 D
第五步:谈收获	相邻打包,相间套公式

21.【解析】

第一步:定考点	配对问题
第二步:锁关键	四个不同科目各有 2 名老师

续表

第三步:做运算	条件(1),2人来自相同科目,则共有 $C_4^1 = 4$(种)选法,不充分; 条件(2),2人来自不同科目,则共有 $C_4^2 C_2^1 C_2^1 = 24$(种)选法,充分
第四步:选答案	本题选 B
第五步:谈收获	取双直接来,取单先取双

22.【解析】

第一步:定考点	组合与排列
第二步:锁关键	从男生中挑选2人,女生中挑选1人
第三步:做运算	由条件(1)可得共有 $C_5^2 C_3^1 3! = 90$(种),故条件(1)充分;由条件(2)可得共有 $C_5^2 C_3^1 3! = 180$(种),故条件(2)不充分
第四步:选答案	本题选 A
第五步:谈收获	选取用组合,排序用排列

23.【解析】

第一步:定考点	分类原理与分步原理
第二步:锁关键	从10名选调生中选3人担任村主任助理
第三步:做运算	条件(1),分为两类:①甲、乙两人恰有1人入选,共有 $C_2^1 C_8^2 = 56$(种),②甲、乙两人都入选,共有 $C_2^2 C_8^1 = 8$(种),所以由分类原理可知共有 $56+8 = 64$(种),不充分;条件(2),丙没有入选,共有 $C_9^3 = 84$(种),不充分;联合分析可知,共有 $C_2^1 C_7^1 + C_2^2 \cdot C_7^1 = 42+7 = 49$(种),充分
第四步:选答案	本题选 C
第五步:谈收获	分类用相加,分步用相乘

24.【解析】

第一步:定考点	有约束条件的排列问题
第二步:锁关键	6门课各一节
第三步:做运算	条件(1),数学课排在前3节的排法数为 $C_3^1 \cdot 5! = 360$,条件(1)不充分;条件(2),英语课不排在第6节的排法数为 $6!-5! = 600$,条件(2)也不充分;联合分析,数学课排在前3节且英语课不排在第6节的排法数为 $C_3^1(5!-4!) = 288$,充分
第四步:选答案	本题选 C
第五步:谈收获	此类题目注意约束条件

25. 【解析】

第一步:定考点	"双至少"问题
第二步:锁关键	从 4 台甲型和 5 台乙型电视机中任取 3 台
第三步:做运算	条件(1),至少要有甲型电视机一台,则共有 $C_9^3 - C_5^3 = 74$(种) 取法,所以条件(1)不充分;条件(2),至少要有乙型电视机一台,则共有 $C_9^3 - C_4^3 = 80$(种) 取法,所以条件(2)不充分;联合分析,分成两种情况,甲型 1 台、乙型 2 台和甲型 2 台、乙型 1 台,则有 $C_4^1 C_5^2 + C_4^2 C_5^1 = 70$(种) 取法,充分
第四步:选答案	本题选 C
第五步:谈收获	"双至少"问题要么正面分类,要么反面求解

第五节　本章小结

考点:基本概念及符号	① 四大基本原理:加法原理、乘法原理、减法原理、除法原理; ② 两大基本符号:选取用组合(C),排序用排列(A)
65 技:相邻与不相邻模型	① 相邻用"打包"法;② 不相邻用"插空"法
66 技:对号与不对号模型	只需要记住常用的不对号情况数即可
67 技:隔板法模型	前提是 n 个相同元素分给 m 个不同对象且所有元素全部分完
68 技:配对模型	取双直接来,取单先取双
69 技:局部定序/相同模型	n 个元素排序,其中 m 个元素定序或 m 个元素相同,则 **法一**:共有 $\dfrac{n!}{m!}$ 种排法;**法二**:共有 $C_n^m \cdot (n-m)!$ 种排法

第八章 概率初步与数据描述

第一节 考情解读

❤ 本章解读

本章共有四类考题:古典概型、独立事件、伯努利概型以及数据描述,管理类综合能力数学关于概率初步的考查较为基础,所以考生只需掌握常考题型的基本做题方法即可,在概率的计算中,我们往往会默认所有元素各不相同,其中古典概型和独立事件是学习重点,伯努利概型简单了解即可. 务必要厘清古典概型和独立事件这两类题目的本质区别和联系,熟悉两类题目的求解公式和陷阱. 数据描述在考试中以平均值、极差和方差为主. 从近五年的命题趋势来看,题目难度在增加,本章题目整体难度适中.

❤ 本章概览

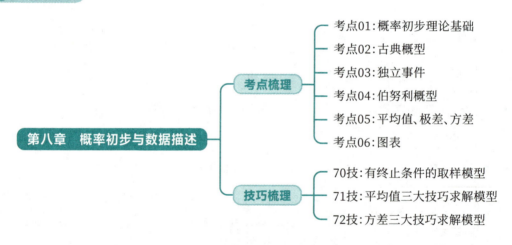

第二节 考点梳理

考点01 概率初步理论基础

一、考点精析

1. 概率的本质

   作用于事件上的函数(定义域:事件;值域:$[0,1]$;关系式:概率运算公式).

2. 事件的分类

   (1) 必然事件:在一定条件下必然发生的事件.

(2) 不可能事件：在一定条件下必然不发生的事件.

(3) 随机事件：在一定条件下可能发生也可能不发生的事件.

3. 事件的运算

(1) 和事件：记为 $A \cup B$，表示事件 A,B 至少有一个发生.

(2) 差事件：记为 $A-B$，表示事件 A 发生且事件 B 不发生.

(3) 积事件：记为 AB 或 $A \cap B$，表示事件 A,B 同时发生.

(4) 对立事件：记为 $\bar{A}$，表示事件 A 不发生.

4. 概率的性质

(1) $P(A) \in [0,1]$，其中必然事件的概率为 1，不可能事件的概率为 0.

(2) 事件 A 与事件 B 互斥时，$P(A \cup B) = P(A) + P(B)$.

(3) 事件 A 与事件 B 相互独立时，$P(AB) = P(A) \cdot P(B)$.

(4) 事件 A 与事件 B 互为对立事件时，$P(A \cup B) = P(A) + P(B) = 1$.

二、例题解读

例 1 下列事件中，为必然事件的是（　　）.

A. 任意有理数 a,b,c，若 $a=b$，则 $\dfrac{a}{c} = \dfrac{b}{c}$

B. 若 $|a|+|b|=0$，则 $a=b=0$

C. 平面内两条直线相交

D. 抛一枚硬币，正面朝上

E. 以上事件均不是

【解析】

第一步：定考点	概率初步理论基础
第二步：锁关键	为必然事件
第三步：做运算	A 选项，只有当 $c \neq 0$ 时等式才成立；B 选项，由绝对值的性质知 $|a| \geqslant 0, |b| \geqslant 0$，若 $|a|+|b|=0$，则必有 $a=b=0$；C 选项，直线与直线可能相交也可能平行；D 选项，抛一枚硬币可能正面朝上也可能反面朝上
第四步：选答案	本题选 B
第五步：谈收获	具有非负性的几个量相加为 0，则每个量都为 0

例 2 抛一枚骰子，观察向上的点数，则点数为 6 或为质数的概率是（　　）.

A. $\dfrac{1}{3}$　　B. $\dfrac{2}{3}$　　C. $\dfrac{3}{4}$　　D. $\dfrac{4}{5}$　　E. $\dfrac{1}{2}$

【解析】

第一步:定考点	概率初步理论基础
第二步:锁关键	点数为6或为质数的概率
第三步:做运算	点数为6或质数的情况有2,3,5,6,共四种,所以事件发生的概率为 $\frac{4}{6}=\frac{2}{3}$
第四步:选答案	本题选 B
第五步:谈收获	$P(A \cup B) = P(A) + (B) - P(A \cap B)$

例3 若小明考研成功的概率是 $\frac{1}{3}$,小明女朋友考研成功的概率为 $\frac{5}{6}$,且两人考研成功与否互不影响,则两人都考研成功的概率为( ).

A. $\frac{1}{3}$ B. $\frac{5}{6}$ C. $\frac{3}{4}$ D. $\frac{4}{5}$ E. $\frac{5}{18}$

【解析】

第一步:定考点	概率初步理论基础
第二步:锁关键	两人都考研成功的概率
第三步:做运算	两人都考研成功的概率等于两人分别考研成功的概率相乘,为 $\frac{1}{3} \times \frac{5}{6} = \frac{5}{18}$
第四步:选答案	本题选 E
第五步:谈收获	若事件 A,B 相互独立,则 $P(AB) = P(A) \cdot P(B)$

考点 02　古典概型

一、考点精析

1. 古典概型的条件

   (1) 样本空间有限(保证情况数可计算).

   (2) 每种情况发生的可能性相同(保证公平).

2. 计算公式

$$P(A) = \frac{\text{事件}A\text{的情况数}}{\text{总的情况数}}(\text{分子、分母均用排列组合计算}).$$

3. 古典概型之取样问题

   (1) 具体类型:取球、取正品或次品、取男生或女生、取数字等.

   (2) 取样方式 $\begin{cases} \text{逐次取样} \begin{cases} \text{有放回:样本总量不变,} \\ \text{无放回:样本总量递减,} \end{cases} \\ \text{一次取样.} \end{cases}$

二、例题解读

例 4 某老师设计了一个摸彩球游戏,在一个不透明的盒子里混放着红、黄两种颜色的小球,它们除了颜色不同,形状、大小均一致.已知随机摸取一个小球,摸到红球的概率为 $\frac{1}{3}$.如果从中先取出 3 红 7 黄共 10 个小球,再随机摸取一个小球,此时摸到红球的概率变为 $\frac{2}{5}$,那么原来盒中共有红球( )个.

A. 5　　　　　　B. 10　　　　　　C. 12　　　　　　D. 15　　　　　　E. 18

【解析】

第一步:定考点	古典概型
第二步:锁关键	取球问题
第三步:做运算	假设原来盒子中共有 x 个红球,因随机摸取一个小球,摸到红球的概率为 $\frac{1}{3}$,则原来盒子中共有 $3x$ 个小球.取出 3 红 7 黄共 10 个小球后,红球剩下 $x-3$ 个,小球总个数为 $3x-10$,此时随机摸取一个小球,摸到红球的概率为 $\frac{2}{5}$,则 $\frac{x-3}{3x-10}=\frac{2}{5}$,解得 $x=5$
第四步:选答案	本题选 A
第五步:谈收获	随机摸取一个小球,摸到红球的概率为 $\frac{1}{3}$,等价于红球的个数占总个数的 $\frac{1}{3}$

例 5 某街道对辖内 6 个社区的垃圾分类情况进行考核评估,结果显示,有 2 个社区的垃圾分类考核不通过.如果从 6 个社区中随机抽取 3 个进行现场检查,则抽取的社区中,既有考核通过的又有考核不通过的社区的概率为( ).

A. $\frac{1}{3}$　　　　　B. $\frac{2}{3}$　　　　　C. $\frac{1}{5}$　　　　　D. $\frac{2}{5}$　　　　　E. $\frac{4}{5}$

【解析】

第一步:定考点	古典概型
第二步:锁关键	取样问题
第三步:做运算	考虑反面求解,因考核不通过的社区只有 2 个,则反面情况仅有 1 种情况,即抽取社区中只有考核通过的,情况有 $C_4^3=4$(种),则所求概率为 $1-\frac{C_4^3}{C_6^3}=\frac{4}{5}$
第四步:选答案	本题选 E
第五步:谈收获	正难则反,两类都有的反面是只有其中一类

例6 从 1,2,3,4,5,6,7,8,9 中随机选择两个数,则它们的和为质数的概率为(   ).

A. $\dfrac{1}{5}$ B. $\dfrac{1}{9}$ C. $\dfrac{2}{9}$ D. $\dfrac{7}{18}$ E. $\dfrac{13}{18}$

【解析】

第一步:定考点	古典概型
第二步:锁关键	取数字问题
第三步:做运算	从 1,2,3,4,5,6,7,8,9 中随机选择两个数,总情况数为 $C_9^2 = 36$,分子通过穷举法进行计算. 和为质数 3:(1+2);和为质数 5:(1+4),(2+3);和为质数 7:(1+6),(2+5),(3+4);和为质数 11:(2+9),(3+8),(4+7),(5+6);和为质数 13:(4+9),(5+8),(6+7);和为质数 17:(8+9),共 14 种,所以概率为 $\dfrac{14}{36} = \dfrac{7}{18}$.
第四步:选答案	本题选 D
第五步:谈收获	穷举法的关键在于不重不漏,所以在穷举时可以先固定一个标准,再按照顺序逐一列举

例7 在共有 10 个座位的小会议室内随机坐 6 名与会者,则指定的 4 个座位被坐满的概率是(   ).

A. $\dfrac{1}{14}$ B. $\dfrac{1}{13}$ C. $\dfrac{1}{12}$ D. $\dfrac{1}{11}$ E. $\dfrac{1}{10}$

【解析】

第一步:定考点	古典概型
第二步:锁关键	取人(位置)问题
第三步:做运算	10 个座位随机坐 6 名与会者,共有 $C_{10}^6 \cdot 6!$ 种. 指定的 4 个座位被坐满,共有 $C_6^2 \cdot 6!$ 种,所以概率为 $\dfrac{C_6^2 \cdot 6!}{C_{10}^6 \cdot 6!} = \dfrac{1}{14}$
第四步:选答案	本题选 A
第五步:谈收获	确定元素不参选

例8 从集合 $\{0,1,3,5,7\}$ 中先任取一个数记为 a,放回集合后再任取一个数记为 b,若 $ax + by = 0$ 能表示一条直线,则该直线的斜率等于 -1 的概率是(   ).

A. $\dfrac{4}{25}$ B. $\dfrac{1}{6}$ C. $\dfrac{1}{4}$ D. $\dfrac{1}{15}$ E. $\dfrac{1}{17}$

【解析】

第一步:定考点	古典概型

第八章 概率初步与数据描述

续表

第二步:锁关键	取数字问题
第三步:做运算	因为 $ax+by=0$ 能表示一条直线,所以排除 $a=0$ 且 $b=0$ 这一情况,所以总情况数为 $C_5^1 \cdot C_5^1 - 1 = 24$,其中,$a=b\neq 0$ 时斜率为 -1,共 4 种情况,所以斜率为 -1 的概率为 $\frac{4}{24}=\frac{1}{6}$
第四步:选答案	本题选 B
第五步:谈收获	$ax+by=0$ 能表示一条直线,则 a,b 不同时为 0

例 9 一袋中有 8 个大小形状相同的球,其中 5 个黑色球,3 个白色球.

(1) 从袋中随机地一次取出两个球,求取出的两球都是黑色球的概率.

(2) 从袋中不放回取两次,每次取一个球,求取出的两球都是黑色球的概率.

(3) 从袋中有放回取两次,每次取一个球,求取出的两球中至少有一个是黑色球的概率.

【解析】

第一步:定考点	古典概型
第二步:锁关键	取球问题、取样方式
第三步:做运算	设 $A=\{$取出的两球都是黑色球$\}$,$B=\{$取出的两球都是白色球$\}$,$C=\{$取出的两球中至少有一个是黑色球$\}$,则 (1) 从 8 个球中一次取出两个,不同的取法有 C_8^2 种,所以 $P(A)=\dfrac{C_5^2}{C_8^2}=\dfrac{5}{14}$; (2) 由于是不放回取球,球的数量在减少,所以 $P(A)=\dfrac{C_5^1}{C_8^1} \cdot \dfrac{C_4^1}{C_7^1}=\dfrac{5}{14}$; (3) 从反面计算概率:$P(C)=1-P(B)=1-\dfrac{C_3^1}{C_8^1} \cdot \dfrac{C_3^1}{C_8^1}=\dfrac{55}{64}$
第四步:选答案	(1) $\dfrac{5}{14}$;(2) $\dfrac{5}{14}$;(3) $\dfrac{55}{64}$
第五步:谈收获	① 逐次取样需要注意顺序,一次取样没有顺序,逐次无放回取样的概率等于一次取样的概率. ② 出现至少至多可以从反面分析

例 10 某停车场有 7 个连成一排的空车位,现有 3 辆车随机停在这排车位中,则任意两辆车之间至少间隔一个车位的概率为( ).

A. $\dfrac{1}{5}$ B. $\dfrac{2}{7}$ C. $\dfrac{3}{7}$ D. $\dfrac{7}{15}$ E. $\dfrac{8}{15}$

【解析】

第一步:定考点	古典概型

续表

第二步:锁关键	相邻不相邻问题
第三步:做运算	根据题意,7个车位随机停3辆车,总情况数为 $C_7^3 \cdot 3! = 210$. 满足条件的情况为任意两辆车之间至少间隔一个车位,即车辆之间不能相邻,可用插空法. 剩下的 $7-3=4$(个)车位共形成5个空,停放3辆车,情况数为 $C_5^3 \cdot 3! = 60$. 因此所求概率为 $\dfrac{60}{210} = \dfrac{2}{7}$
第四步:选答案	本题选 B
第五步:谈收获	① 古典概型的分子和分母均和排列组合密切相关. ② 相邻用"打包"法,不相邻用"插空"法

例11 某市公安局从辖区2个派出所分别抽调2名警察,将他们随机安排到3个专案组工作,每个专案组至少分配1人,则来自同一派出所的警察不在同一组的概率是(　　).

A. $\dfrac{2}{3}$　　　B. $\dfrac{1}{3}$　　　C. $\dfrac{3}{4}$　　　D. $\dfrac{1}{4}$　　　E. $\dfrac{1}{2}$

【解析】

第一步:定考点	古典概型
第二步:锁关键	分堆分配问题
第三步:做运算	由题意可知,4名警察分到3个专案组,必有2人同组,其他2人各自一组. 从4人中选出2人,有 $C_4^2 = 6$(种)方法;将3堆安排到3个专案组工作有 $3! = 6$(种)方法,所以将4名警察随机安排到3个专案组总情况数为 $C_4^2 \cdot 3! = 36$. 分子从反面考虑,若有同一派出所的警察在同一组,则其中一个派出所的2名警察被安排到一个专案组,另外一个派出所的2名警察分别安排到另外2个专案组,所以共有 $C_2^1 \cdot 3! = 12$(种)情况. 因此,来自同一派出所的警察不在同一组的概率是 $1 - \dfrac{12}{36} = \dfrac{2}{3}$
第四步:选答案	本题选 A
第五步:谈收获	出现否定词,正难则反

例12 甲、乙、丙、丁四个车间生产相同的产品,生产效率之比为4:3:2:1,产品不合格率分别为2%,3%,4%,5%,质检人员从这四个车间某一小时内生产的所有产品中随机抽取1件,发现该产品不合格,该产品是乙车间生产的概率为(　　).

A. $\dfrac{2}{9}$　　　B. $\dfrac{7}{9}$　　　C. $\dfrac{3}{10}$　　　D. $\dfrac{7}{10}$　　　E. $\dfrac{2}{5}$

【解析】

第一步:定考点	古典概型

续表

第二步:锁关键	分类取样
第三步:做运算	根据四个车间生产效率之比为 4∶3∶2∶1,赋值甲、乙、丙、丁四个车间每小时分别生产 400 件、300 件、200 件、100 件产品,则 1 小时内甲生产的不合格产品为 $400×2\%=8$(件),乙生产的不合格产品为 $300×3\%=9$(件),丙生产的不合格产品为 $200×4\%=8$(件),丁生产的不合格产品为 $100×5\%=5$(件).因此不合格产品是乙车间生产的概率为 $\frac{9}{8+9+8+5}=\frac{3}{10}$
第四步:选答案	本题选 C
第五步:谈收获	题目给比例求概率,可考虑赋值法

例 13 某单位的一个科室从 10 名职工中随机挑选 2 人去听报告,要求女职工人数不得少于 1 人.已知该科室女职工比男职工多 2 人,小张和小刘都是该科室的女职工,则她们同时被选上的概率为(   ).

A. $\frac{1}{19}$　　　B. $\frac{2}{19}$　　　C. $\frac{1}{39}$　　　D. $\frac{2}{39}$　　　E. $\frac{1}{37}$

【解析】

第一步:定考点	古典概型
第二步:锁关键	取人问题
第三步:做运算	假设男职工有 x 人,则女职工是 $x+2$ 人,根据题意可得 $x+x+2=10$,解得 $x=4$,故该科室有男职工 4 人,女职工 6 人.随机选 2 人听报告,要求女职工人数不得少于 1 人,则有两种情况:① 女职工 1 人,男职工 1 人,则有 $C_6^1×C_4^1=24$(种)情况;② 女职工 2 人,则有 $C_6^2=15$(种)情况,故总情况数是 $24+15=39$.现要小张和小刘同时被选上,则概率为 $\frac{1}{39}$
第四步:选答案	本题选 C
第五步:谈收获	元素数量未知,先设未知数求元素数量,再求概率

例 14 一个口袋中有编号为 1,2,3 的 3 个白球和编号未知但皆是正整数的 3 个黑球,从中摸出 2 个球,若颜色不同,则黑球编号大于白球编号的概率不小于 $\frac{1}{3}$.

(1) 3 个黑球的编号之和为 7.

(2) 3 个黑球中编号最小的是 2.

【解析】

第一步:定考点	古典概型
第二步:锁关键	取数字问题
第三步:做运算	条件(1),3个黑球的编号之和为7,有四种情况. ①1,1,5;此时黑球编号大于白球编号的情况数为3,故概率为$\frac{3}{9}$;②2,2,3;此时黑球编号大于白球编号的情况数为4,故概率为$\frac{4}{9}$;③3,3,1;此时黑球编号大于白球编号的情况数为4,故概率为$\frac{4}{9}$;④1,2,4;此时黑球编号大于白球编号的情况数为4,故概率为$\frac{4}{9}$,所以条件(1)充分. 条件(2),3个黑球中编号最小的是2,取2,2,2分析,此时黑球编号大于白球编号的情况数为3,故概率为$\frac{3}{9}$,其余也都满足,所以条件(2)也充分
第四步:选答案	本题选D
第五步:谈收获	没有明确要求时,概率问题默认所有元素不相同

考点 03 独立事件

一、考点精析

1. 定义

事件 A 是否发生与事件 B 是否发生互不影响,互不干扰,则称两事件相互独立.

2. 计算公式

(1) 若事件 A 与事件 B 相互独立,则两事件同时发生的概率等于两事件分别发生的概率相乘,即 $P(AB) = P(A) \cdot P(B)$.

(2) 独立事件也可以扩展到 n 个事件:若 n 个事件相互独立,则这 n 个事件同时发生的概率等于 n 个事件分别发生的概率相乘,即 $P(A_1A_2\cdots A_n) = P(A_1) \cdot P(A_2) \cdot \cdots \cdot P(A_n)$.

二、例题解读

例15 甲、乙两人参加考试,已知甲通过的概率为 0.8,乙通过的概率为 0.5,两人通过与否相互独立,则

(1) 两人都通过的概率为(   ).

(2) 两人都没有通过的概率为(   ).

(3) 两人恰有1人通过的概率为(   ).

(4) 两人至少有1人通过的概率为(   ).

A. 0.1   B. 0.4   C. 0.5   D. 0.7   E. 0.9

第八章 概率初步与数据描述

【解析】

第一步:定考点	独立事件
第二步:锁关键	两人通过与否相互独立
第三步:做运算	(1) 两人都通过的概率为 $0.8 \times 0.5 = 0.4$. (2) 两人都没有通过的概率为 $(1-0.8) \times (1-0.5) = 0.1$. (3) 两人恰有1人通过的概率为 $0.8 \times (1-0.5) + (1-0.8) \times 0.5 = 0.5$. (4) 两人至少有1人通过的概率为 $1 - (1-0.8) \times (1-0.5) = 0.9$
第四步:选答案	(1)B;(2)A;(3)C;(4)E
第五步:谈收获	独立事件的运算核心就是若干事件同时发生(不发生)的概率等于若干事件分别发生(不发生)的概率相乘

例 16 某次网球比赛的四强对阵为甲对乙,丙对丁,两场比赛的胜者将争夺冠军,选手之间相互获胜的概率如表所示:

	甲	乙	丙	丁
甲获胜的概率		0.3	0.3	0.8
乙获胜的概率	0.7		0.6	0.3
丙获胜的概率	0.7	0.4		0.5
丁获胜的概率	0.2	0.7	0.5	

则甲获得冠军的概率为(   ).

A. 0.165   B. 0.245   C. 0.275   D. 0.315   E. 0.33

【解析】

第一步:定考点	独立事件
第二步:锁关键	求甲获得冠军的概率
第三步:做运算	分成两类:① 甲赢乙,丙赢丁,甲赢丙,概率为 $0.3 \times 0.5 \times 0.3$;② 甲赢乙,丁赢丙,甲赢丁,概率为 $0.3 \times 0.5 \times 0.8$,因此甲获得冠军的概率为 $0.3 \times 0.5 \times 0.3 + 0.3 \times 0.5 \times 0.8 = 0.165$
第四步:选答案	本题选 A
第五步:谈收获	若 n 个事件相互独立,则 $P(A_1 A_2 \cdots A_n) = P(A_1) \cdot P(A_2) \cdots P(A_n)$

例 17 在一次竞猜活动中,设有5关,如果连续通过2关就算闯关成功,小王通过每关的概率都是 $\dfrac{1}{2}$,则他闯关成功的概率为(   ).

A. $\dfrac{1}{8}$　　　　B. $\dfrac{1}{4}$　　　　C. $\dfrac{3}{8}$　　　　D. $\dfrac{1}{2}$　　　　E. $\dfrac{19}{32}$

【解析】

第一步：定考点	独立事件
第二步：锁关键	如果连续通过 2 关就算闯关成功
第三步：做运算	一共分为以下四类闯关成功情况，如表所示： | ✓✓	$\dfrac{1}{4}$
✗✓✓	$\dfrac{1}{8}$
✗✗✓✓ ✓✗✓✓	$\dfrac{1}{16}\times 2$
✗✗✗✓✓ ✓✗✗✓✓ ✗✓✗✓✓	$\dfrac{1}{32}\times 3$ | 4 项相加，概率为 $\dfrac{1}{4}+\dfrac{1}{8}+\dfrac{1}{16}\times 2+\dfrac{1}{32}\times 3=\dfrac{19}{32}$
第四步：选答案	本题选 E
第五步：谈收获	若 n 个事件相互独立，则 $P(A_1A_2\cdots A_n)=P(A_1)\cdot P(A_2)\cdot\cdots\cdot P(A_n)$

例 18　甲、乙两人进行围棋比赛，约定先胜 2 盘者赢得比赛，已知每盘棋甲获胜的概率是 0.6，乙获胜的概率是 0.4，则甲赢得比赛的概率为(　　).

A. 0.144　　　B. 0.288　　　C. 0.36　　　D. 0.4　　　E. 0.648

【解析】

第一步：定考点	独立事件
第二步：锁关键	约定先胜 2 盘者赢得比赛

续表

第三步:做运算	甲赢得比赛的情形可分以下三类. 第一类:甲第一盘胜、第二盘胜,概率为 $0.6 \times 0.6 = 0.36$; 第二类:甲第一盘胜、第二盘负、第三盘胜,概率为 $0.6 \times 0.4 \times 0.6 = 0.144$; 第三类:甲第一盘负、第二盘胜、第三盘胜,概率为 $0.4 \times 0.6 \times 0.6 = 0.144$, 所以甲赢得比赛的概率为 $0.36 + 0.144 + 0.144 = 0.648$
第四步:选答案	本题选 E
第五步:谈收获	若 n 个事件相互独立,$P(A_1 A_2 \cdots A_n) = P(A_1) \cdot P(A_2) \cdot \cdots \cdot P(A_n)$

例 19 档案馆在一个库房安装了 n 个烟火感应报警器,每个报警器遇到烟火成功报警的概率为 p,该库房遇烟火发出警报的概率达到 0.999.

(1)$n = 3, p = 0.9$.

(2)$n = 2, p = 0.97$.

【解析】

第一步:定考点	独立事件
第二步:锁关键	库房遇烟火发出警报的概率达到 0.999
第三步:做运算	本类问题暗含至少有 1 个发生即发生,所以从反面求解. 条件(1),$P = 1 - C_3^3 \times (1-0.9)^3 = 0.999$,充分; 条件(2),$P = 1 - C_2^2 \times (1-0.97)^2 = 0.9991 > 0.999$,也充分
第四步:选答案	本题选 D
第五步:谈收获	① 暗含至少有一个发生即发生的概型:火警器报警、炮打飞机、破译密码、中奖等,此类题目可从反面求解. ② 达到表示的是大于等于

例 20 甲、乙、丙三人独立向目标射击,击中目标的概率分别为 $\dfrac{1}{2}, \dfrac{2}{3}, \dfrac{3}{4}$. 现在他们同时开枪向目标射击一次,则恰有两发子弹击中目标的概率是(   ).

A. $\dfrac{1}{12}$ B. $\dfrac{1}{8}$ C. $\dfrac{1}{4}$ D. $\dfrac{7}{24}$ E. $\dfrac{11}{24}$

【解析】

第一步:定考点	独立事件
第二步:锁关键	求恰有两发子弹击中目标的概率

续表

第三步:做运算	设甲、乙、丙击中目标为事件 A,B,C,则 $$p = P(AB\bar{C}) + P(A\bar{B}C) + P(\bar{A}BC)$$ $$= \frac{1}{2} \times \frac{2}{3} \times \left(1 - \frac{3}{4}\right) + \frac{1}{2} \times \left(1 - \frac{2}{3}\right) \times \frac{3}{4} + \left(1 - \frac{1}{2}\right) \times \frac{2}{3} \times \frac{3}{4}$$ $$= \frac{1}{12} + \frac{1}{8} + \frac{1}{4} = \frac{2+3+6}{24} = \frac{11}{24}$$
第四步:选答案	本题选 E
第五步:谈收获	分类相加,分步相乘

考点 04 伯努利概型

一、考点精析

1. 伯努利试验

在概率论中,把在同样条件下重复进行试验的数学模型称为独立试验序列概型,进行 n 次试验,若任何一次试验中各结果发生的可能性都不受其他次试验结果发生情况的影响,则称这 n 次试验是相互独立的. 特别地,当每次试验只有两种可能结果时,称为 n 重伯努利试验.

2. 计算公式

n 次独立重复试验中事件 A 恰好发生 k 次的概率为 $P(A) = C_n^k p^k (1-p)^{n-k}$ (n 代表试验总次数,k 代表事件 A 发生的次数,p 代表事件 A 在每次试验发生的概率,$1-p$ 代表事件 A 在每次试验不发生的概率,$n-k$ 代表事件 A 不发生的次数).

二、例题解读

例 21 在一次抗洪抢险中,准备用射击的方法引爆从河上游漂流而下的一只巨大汽油罐,已知首次命中只能使汽油流出,再次命中才能引爆成功,每次命中与否相互独立. 则恰好射击 5 次引爆油罐的概率是 $\frac{16}{243}$.

(1) 每次射击命中的概率都是 $\frac{2}{3}$.

(2) 每次射击命中的概率都是 $\frac{1}{3}$.

【解析】

第一步:定考点	伯努利概型
第二步:锁关键	恰好射击 5 次引爆油罐

续表

第三步:做运算	依题可得,第 5 次引爆油罐,所以第 5 次命中,前 4 次有一次命中.条件(1),每次射击命中的概率都是 $\frac{2}{3}$,则恰好射击 5 次引爆油罐的概率是 $C_4^1 \cdot \frac{2}{3} \cdot \left(\frac{1}{3}\right)^3 \cdot \frac{2}{3} = \frac{16}{243}$,所以条件(1)充分;同理条件(2)不充分
第四步:选答案	本题选 A
第五步:谈收获	伯努利公式:$P(A) = C_n^k p^k (1-p)^{n-k}$

例22 在某次考试中,3 道题中答对 2 道即为及格,假设某人答对各题的概率相同,则此人及格的概率是 $\frac{20}{27}$.

(1) 答对各题的概率为 $\frac{2}{3}$.

(2) 3 道题全部答错的概率为 $\frac{1}{27}$.

【解析】

第一步:定考点	伯努利概型
第二步:锁关键	3 道题中答对 2 道即为及格
第三步:做运算	条件(1),$P = C_3^2 \times \left(\frac{2}{3}\right)^2 \times \frac{1}{3} + C_3^3 \times \left(\frac{2}{3}\right)^3 = \frac{20}{27}$,充分;条件(2),假设答对各题的概率为 p,$(1-p)^3 = \frac{1}{27} \Rightarrow p = \frac{2}{3}$,与条件(1)等价,也充分
第四步:选答案	本题选 D
第五步:谈收获	伯努利公式:$P(A) = C_n^k p^k (1-p)^{n-k}$

考点 05 平均值、极差、方差

一、考点精析

1. 平均值

(1) 算术平均值:设 n 个实数为 $x_1, x_2, \cdots, x_n$,则这 n 个数的算术平均值 $= \dfrac{x_1 + x_2 + \cdots + x_n}{n}$.

(2) 几何平均值:设 n 个正数为 $x_1, x_2, \cdots, x_n$,则这 n 个数的几何平均值 $= \sqrt[n]{x_1 \cdot x_2 \cdot \cdots \cdot x_n}$.

(3) 调和平均值:设 n 个非零实数为 $x_1, x_2, \cdots, x_n$,则这 n 个数的调和平均值 $=$

$$\frac{n}{\frac{1}{x_1}+\frac{1}{x_2}+\cdots+\frac{1}{x_n}}.$$

(4) 平方平均值：设 n 个实数为 $x_1,x_2,\cdots,x_n$，则这 n 个数的平方平均值 $=\sqrt{\frac{x_1^2+x_2^2+\cdots+x_n^2}{n}}.$

> **注意**
>
> 四大平均值中，算术平均值在实际应用中使用较多，其他平均值简单了解即可. 另外，四大平均值的大小关系满足平方平均值 $\geqslant$ 算术平均值 $\geqslant$ 几何平均值 $\geqslant$ 调和平均值.

2. 极差

(1) 计算：极差为一组数据中最大值与最小值的差值.

(2) 本质：反映分歧度大小，极差与分歧度成反比.

3. 方差与标准差

(1) 计算：设一组样本数据 $x_1,x_2,\cdots,x_n$，其平均数为 $\bar{x}$，方差为 s^2，则

$$s^2=\frac{1}{n}[(x_1-\bar{x})^2+(x_2-\bar{x})^2+\cdots+(x_n-\bar{x})^2]=\frac{1}{n}\sum_{i=1}^{n}(x_i-\bar{x})^2.$$

(2) 本质：反映数据的离散程度，方差越小，数据波动越小，越稳定.

(3) 标准差：方差的算术平方根称为这组数据的标准差，即 $s=\sqrt{\frac{1}{n}\sum_{i=1}^{n}(x_i-\bar{x})^2}.$

(4) 性质：若数据 $x_1,x_2,\cdots,x_n$ 的平均数为 a，方差为 b，则

① 数据 $x_1\pm k,x_2\pm k,\cdots,x_n\pm k$ 的平均数为 $a\pm k$，方差为 b.

② 数据 $kx_1,kx_2,\cdots,kx_n$ 的平均数为 ka，方差为 k^2b.

③ 数据 $kx_1+m,kx_2+m,\cdots,kx_n+m$ 的平均数为 $ka+m$，方差为 k^2b.

4. 其他概念

(1) 众数：一组数据中出现次数最多的数称为众数.

(2) 中位数：将一组数据由小到大排列，若有奇数个数据，则正中间的数为中位数；若有偶数个数据，则中间两个数的平均数为中位数.

二、例题解读

例 23 已知两个样本数据如表所示：

甲	9.9	10.2	9.8	10.1	9.8	10	10.2
乙	10.1	9.6	10	10.4	9.7	9.9	10.3

则下列选项正确的是（　　）.

A. $\bar{x}_甲=\bar{x}_乙,s_甲^2>s_乙^2$ 　　　　B. $\bar{x}_甲=\bar{x}_乙,s_甲^2<s_乙^2$

C. $\overline{x}_{甲} = \overline{x}_{乙}, s_{甲}^2 = s_{乙}^2$ D. $\overline{x}_{甲} \neq \overline{x}_{乙}, s_{甲}^2 = s_{乙}^2$

E. 以上答案均不对

【解析】

第一步:定考点	平均值与方差
第二步:锁关键	计算平均值与方差
第三步:做运算	两组数据的平均值均是10,此题无须计算方差的具体数值,通过观察,明显甲组数据要比乙组数据稳定,甲组方差小于乙组方差
第四步:选答案	本题选 B
第五步:谈收获	极差可以大致反映方差

例 24 某人5次上班途中所花的时间(单位:min)分别为 $x, y, 10, 11, 9$,已知这组数据的平均数为 m,方差为 n,则能确定 $|x-y|$ 的值.

(1) $m = 10$.

(2) $n = 2$.

【解析】

第一步:定考点	平均值与方差
第二步:锁关键	则能确定 $\|x-y\|$ 的值
第三步:做运算	依题可知,两条件明显单独均不充分,联合可得 $\begin{cases} \frac{1}{5}(x+y+30) = 10, \\ \frac{1}{5}[(x-10)^2 + (y-10)^2 + 0 + 1 + 1] = 2, \end{cases}$ 解得 $\|x-y\| = 4$
第四步:选答案	本题选 C
第五步:谈收获	$s^2 = \frac{1}{n}[(x_1-\overline{x})^2 + (x_2-\overline{x})^2 + \cdots + (x_n-\overline{x})^2] = \frac{1}{n}\sum_{i=1}^{n}(x_i-\overline{x})^2$

例 25 已知 $M = \{a, b, c, d, e\}$ 是一个整数集合,则能确定集合 M.

(1) a, b, c, d, e 的平均值为10.

(2) a, b, c, d, e 的方差为2.

【解析】

第一步:定考点	平均值与方差
第二步:锁关键	则能确定集合 M

续表

第三步:做运算	两条件明显单独均不充分,故联合分析,依题得 $\begin{cases} a+b+c+d+e=50, \\ (a-10)^2+(b-10)^2+(c-10)^2+(d-10)^2+(e-10)^2=10, \end{cases}$ 若5个不相同的整数的平方和为10,根据不定方程讨论得到只有 $(-2)^2+(-1)^2+0^2+1^2+2^2=10$,从而 $M=\{8,9,10,11,12\}$
第四步:选答案	本题选 C
第五步:谈收获	集合具有确定性、互异性、无序性

例26 已知 a,b,c 是三个正整数,且 $a>b>c$,若 a,b,c 的算术平均值为 $\dfrac{14}{3}$,几何平均值为4,且 b,c 之积恰为 a,则 a,b,c 的值依次为( ).

A. 6,3,2 B. 12,6,2 C. 10,5,2

D. 8,4,2 E. 以上结论均不正确

【解析】

第一步:定考点	平均值
第二步:锁关键	已知 a,b,c 是三个正整数
第三步:做运算	由题意可知,$\dfrac{a+b+c}{3}=\dfrac{14}{3}$,$\sqrt[3]{abc}=4$,$bc=a$,且 a,b,c 为三个正整数,联立可得 $a=8,b=4,c=2$
第四步:选答案	本题选 D
第五步:谈收获	求几何平均值的前提是 a,b,c 必须都为正数

例27 某人在同一观众群体中调查了对五部电影的看法,得到如下数据(见表):

电影	第一部	第二部	第三部	第四部	第五部
好评率	0.25	0.5	0.3	0.8	0.4
差评率	0.75	0.5	0.7	0.2	0.6

据此数据,观众意见分歧最大的前两部电影依次是( ).

A. 第一部,第三部 B. 第二部,第三部

C. 第二部,第五部 D. 第四部,第一部

E. 第四部,第二部

【解析】

第一步:定考点	极差
第二步:锁关键	极差与分歧度的关系
第三步:做运算	极差越小则分歧度越大,依题可得,第二部和第五部的极差最小
第四步:选答案	本题选 C
第五步:谈收获	极差与分歧度成反比,极差越小说明分歧越大,极差越大说明分歧越小

考点 06 图表

一、考点精析

1. 直方图

(1)定义:把数据分为若干个小组,每组的组距保持一致,并在直角坐标系的横轴上标出每组的位置(以组距作为底),计算每组所包含的数据个数(频数),以该组的"频率/组距"为高作矩形,这样得出若干个矩形构成的图叫作直方图.

(2)核心要素:

① 组距:每一组两个端点间的距离.

② 组数:在统计数据时,我们把数据按照不同的范围分成若干组的个数.

③ 每组的频率:频率 = 频数/总量.

④ 频率分布直方图下所有矩形面积之和为1,频率之和为1.

⑤ 在直方图中,众数是最高矩形底边中点的横坐标;中位数左边和右边的矩形的面积相等;平均数是直方图的重心,它等于每个小矩形的面积乘以小矩形底边中点横坐标之和.

2. 折线图

(1)定义:排列在工作表的列或行中的数据可以绘制到折线图中.折线图可以显示随时间或其他元素(根据常用比例设置)而变化的连续数据.

(2)核心要素:在折线图中,类别数据沿水平轴均匀分布,所有值数据沿垂直轴均匀分布.

二、例题解读

例 28 某地发生自然灾害,学校组织同学捐款,小王对捐款情况进行了抽样调查,抽取了 40 名同学的捐款数据,把数据进行分组、列频数分布表后,绘制了频数分布图.图中从左到右各长方形高度之比为 3∶4∶5∶7∶1(见图).

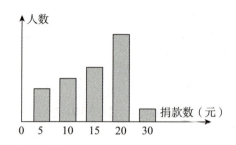

若该校捐款金额不少于 34 500 元,则该校捐款的同学至少有(　　)名.

A. 2 000　　　　B. 2 100　　　　C. 2 200　　　　D. 2 300　　　　E. 2 400

【解析】

第一步:定考点	频数分布图
第二步:锁关键	图中从左到右各长方形高度之比为 3∶4∶5∶7∶1
第三步:做运算	抽出的 40 名同学捐款的平均数 $= (6×5+8×10+10×15+14×20+2×30) ÷ 40 = 15$,设该校捐款的同学有 x 名,由题意得 $15x \geqslant 34\,500$,解得 $x \geqslant 2\,300$
第四步:选答案	本题选 D
第五步:谈收获	样本的平均数据可以估算整体的平均数据

例29 某学院为提高学生身体素质,对在校生进行体测,下图是女生 800 米跑的成绩中抽取的 10 名同学的成绩,按学校规定,女生 800 米跑成绩不超过 3′25″ 就可以得满分,现该学院有学生 1 254 人,其中男生比女生少 74 人,则估算该学院有(　　)名女生可以取得满分.

A. 360　　　　B. 368　　　　C. 380　　　　D. 388　　　　E. 398

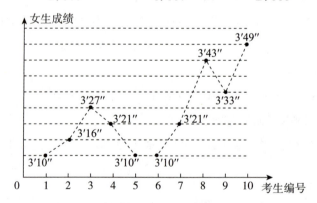

【解析】

第一步:定考点	折线图
第二步:锁关键	女生 800 米跑成绩不超过 3′25″ 就可以得满分

续表

第三步:做运算	本题所用的估算方法为以样本估计整体,根据折线图可知,成绩不超过 3′25″ 的女生所占的百分比为 6/10 = 60%,由题可知该学院女生共有 664 人,因此根据样本估计整体可得该学院有 664×60% ≈ 398(名) 女生可以取得满分
第四步:选答案	本题选 E
第五步:谈收获	样本的平均数据可以估算整体的平均数据

例 30 某工厂对一批产品进行抽样检测,下图是根据抽样检测后的产品净重(单位:克)数据绘制的频率分布直方图,其中产品净重的范围是 $[96,106]$,则可以确定该批检验产品的数量.

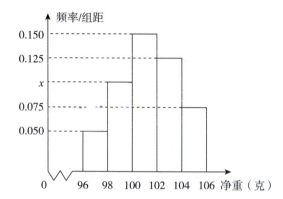

(1) 净重的范围在 $[98,100]$ 的有 20 个.

(2) $x = 0.1$.

【解析】

第一步:定考点	直方图
第二步:锁关键	可以确定该批检验产品的数量
第三步:做运算	依题可得 $2×(0.05+0.075+x+0.125+0.15) = 1$,解得 $x = 0.1$,所以净重的范围在 $[98,100]$ 的频率为 $0.1×2 = 0.2$,由总量 = 部分量/对应比例可得,总量为 $20/0.2 = 100$,所以条件(1) 充分;条件(2) 单独无法推出结论,因此不充分
第四步:选答案	本题选 A
第五步:谈收获	频率分布直方图下所有矩形面积之和为 1,频率之和为 1

第三节 技巧梳理

70 技 ▶ 有终止条件的取样模型

适用题型	有终止条件的取样问题
技巧说明	有终止条件的取样问题只需关注和终止条件相关的元素即可

例 31 一个盒子中有大小相同的 4 个红球和 2 个白球,现从中不放回地先后摸球,直到 2 个白球都摸出为止,则摸球 4 次就完成的概率为( ).

A. $\dfrac{1}{5}$ B. $\dfrac{1}{12}$ C. $\dfrac{1}{15}$ D. $\dfrac{2}{15}$ E. $\dfrac{4}{15}$

【解析】

第一步:定考点	古典概型
第二步:锁关键	取样问题
第三步:做运算	终止条件只和白球有关,故只考虑白球的位置即可,摸球 4 次就完成,说明第 4 次摸到的一定是白球,前 3 次有 1 次摸出白球,所以摸球 4 次就完成的概率为 $\dfrac{C_3^1}{C_6^2}=\dfrac{1}{5}$,其中 C_3^1 表示前 3 次有 1 次摸出白球
第四步:选答案	本题选 A
第五步:谈收获	有终止条件的取样问题只需关注和终止条件相关的元素即可

例 32 工商局检验一批产品,共有 10 件,其中 7 件正品,3 件次品,现逐一无放回地每次取一件产品检验,直到所有次品都检验出为止,则恰好第 5 次就完成的概率为( ).

A. $\dfrac{1}{5}$ B. $\dfrac{1}{12}$ C. $\dfrac{1}{15}$ D. $\dfrac{1}{20}$ E. $\dfrac{4}{25}$

【解析】

第一步:定考点	古典概型
第二步:锁关键	取样问题
第三步:做运算	终止条件只和次品有关,故只考虑次品的位置即可,恰好第 5 次完成,说明第 5 次取到的一定是次品,前 4 次有 2 次取出次品,所以恰好第 5 次就完成的概率为 $\dfrac{C_4^2}{C_{10}^3}=\dfrac{1}{20}$

第四步:选答案	本题选 D
第五步:谈收获	有终止条件的取样问题只需关注和终止条件相关的元素即可

71 技 ▶ 平均值三大技巧求解模型

适用题型	求平均值问题
技巧说明	① 平移法:将一组数据都减去同一个数,再计算剩余部分的平均值,最后再把减去的这个数加回来即可; ② 等差数列法:若数据按照一定顺序排好正好构成等差数列,则平均值即为(首项+末项)÷2; ③ 权重法:若已知每部分的平均值及数量之比可用权重法计算

例33 公司对某部门7个人进行身高统计(单位:厘米),这7个人的身高分别为171,165,173,170,181,167,156,则这7个人的平均身高为(　　)厘米.

A. 166　　　B. 168　　　C. 169　　　D. 170　　　E. 171

【解析】

第一步:定考点	平均值问题
第二步:锁关键	平移法
第三步:做运算	此题可用平移法分析:将这7个数据都减去170,所以其平均值为 $$170+\frac{1-5+3+0+11-3-14}{7}=169(厘米)$$
第四步:选答案	本题选 C
第五步:谈收获	求解平均值时为简化运算可以先平移一个数出来,最后再加回来

例34 公司对某部门7个人进行身高统计(单位:厘米),这7个人的身高分别为171,169,173,175,177,179,167,则这7个人的平均身高为(　　)厘米.

A. 166　　　B. 168　　　C. 169　　　D. 171　　　E. 173

【解析】

第一步:定考点	平均值问题
第二步:锁关键	等差数列法

续表

第三步:做运算	171,169,173,175,177,179,167 从小到大排序为 167,169,171,173,175,177,179,正好是公差为 2 的等差数列,所以由等差数列法知平均值为 $\frac{167+179}{2} = 173$(厘米)
第四步:选答案	本题选 E
第五步:谈收获	如果一组数据从小到大排序构成等差数列,可直接用等差数列法求平均值

例 35 某大学随机调查了 50 名财管专业的学生,了解了他们一周内在校体育锻炼的时间,具体情况如表所示:

时间(小时)	5	6	7	8
人数	20	10	15	5

则这 50 名学生一周的平均体育锻炼时间为(　　)小时.

A. 6.1　　　　B. 6.3　　　　C. 6.5　　　　D. 6.6　　　　E. 6.9

【解析】

第一步:定考点	平均值问题
第二步:锁关键	权重法
第三步:做运算	利用权重法可知,其平均值为 $5 \times \frac{2}{5} + 6 \times \frac{1}{5} + 7 \times \frac{3}{10} + 8 \times \frac{1}{10} = 6.1$
第四步:选答案	本题选 A
第五步:谈收获	已知每部分占总体的比例求平均值可用权重法

72 技 ▶ 方差三大技巧求解模型

适用题型	求方差问题
技巧说明	① 平移法:给一组数据加减同一个数,其方差不变; ② 极差法:极差可以大致反映方差; ③ 公式法:$s^2 = \frac{x_1^2 + x_2^2 + \cdots + x_n^2}{n} - (\bar{x})^2$

例 36 某校甲、乙两个班级各有 5 名编号为 1,2,3,4,5 的学生进行投篮练习,每人投 10 次,投中的次数如表所示:

学生	1号	2号	3号	4号	5号
甲班	6	7	7	8	7
乙班	6	7	6	7	9

则以上两组数据的方差中,方差的最小值为 $s^2 = (\quad)$.

A. $\dfrac{1}{2}$ 　　B. $\dfrac{7}{16}$ 　　C. $\dfrac{2}{3}$ 　　D. $\dfrac{4}{5}$ 　　E. $\dfrac{2}{5}$

【解析】

第一步:定考点	方差问题
第二步:锁关键	平移法
第三步:做运算	极差可以大致反映方差,甲班极差为2,乙班极差为3,故甲班方差小,由方差性质可得,给一组数据同时加减同一个数方差不变,所以给甲班数据都减7得:$-1,0,0,1,0$,此时这组数据的平均值为0,所以方差 $s^2 = \dfrac{(-1)^2 + 1^2}{5} - 0^2 = \dfrac{2}{5}$
第四步:选答案	本题选 E
第五步:谈收获	给一组数据加减同一个数,其方差不变

例37 甲、乙、丙三人每轮各投篮10次,投了3轮,投中数如表所示:

	第一轮	第二轮	第三轮
甲	2	5	8
乙	5	2	5
丙	8	4	9

记 $\sigma_1, \sigma_2, \sigma_3$ 分别为甲、乙、丙投中数的方差,则( ).

A. $\sigma_1 > \sigma_2 > \sigma_3$　　　　B. $\sigma_1 > \sigma_3 > \sigma_2$

C. $\sigma_2 > \sigma_1 > \sigma_3$　　　　D. $\sigma_2 > \sigma_3 > \sigma_1$

E. $\sigma_3 > \sigma_2 > \sigma_1$

【解析】

第一步:定考点	方差问题
第二步:锁关键	极差法
第三步:做运算	极差可以大致反映方差,依表可得甲、乙、丙的极差分别为6,3,5,故 $\sigma_1 > \sigma_3 > \sigma_2$
第四步:选答案	本题选 B
第五步:谈收获	极差可以大致反映方差

第四节 本章测评

一、问题求解

1. 甲、乙分别从正方形四个顶点中任意选择两个顶点连成直线,则所得的两条直线相互垂直的概率是( ).

   A. $\dfrac{1}{6}$　　　B. $\dfrac{2}{9}$　　　C. $\dfrac{5}{18}$　　　D. $\dfrac{5}{36}$　　　E. $\dfrac{1}{9}$

2. 某公益组织登记在册的男、女志愿者人数之比为 2∶3,男性志愿者中 20% 为教师,女性志愿者中 25% 为教师.现从该公益组织登记在册的志愿者中随机选出 1 人,恰好为教师,则该志愿者为男性的概率是( ).

   A. $\dfrac{8}{23}$　　　B. $\dfrac{15}{23}$　　　C. $\dfrac{1}{3}$　　　D. $\dfrac{2}{3}$　　　E. $\dfrac{2}{5}$

3. 学校要举行夏令营活动,由于名额有限,需要在符合条件的 5 个同学中通过抓阄的方式选择出两个同学去参加此次活动.于是班长就做了 5 个阄,其中两个阄上写有"去"字,其余三个阄空白,混合后 5 个同学依次随机抓取,则第二个同学抓到"去"字阄的概率为( ).

   A. $\dfrac{1}{5}$　　　B. $\dfrac{2}{5}$　　　C. $\dfrac{3}{5}$　　　D. $\dfrac{2}{3}$　　　E. $\dfrac{1}{4}$

4. 某公交站台附近区域停放 A 型共享单车 4 辆,B 型共享单车 5 辆,C 型共享单车 6 辆.一公交车到站后,下车的乘客随机选择其中 13 辆共享单车骑走,则 B 型和 C 型共享单车全部被骑走的概率为( ).

   A. $\dfrac{7}{15}$　　　B. $\dfrac{8}{15}$　　　C. $\dfrac{1}{35}$　　　D. $\dfrac{2}{35}$　　　E. $\dfrac{7}{35}$

5. 单位有三辆汽车参加某种事故保险,若这三辆车在一年内发生此种事故的概率分别为 $\dfrac{1}{9}$,$\dfrac{1}{10}$,$\dfrac{1}{11}$,且各车是否发生此种事故相互独立,则一年内该单位在此保险中获赔的概率是( ).

   A. $\dfrac{3}{5}$　　　B. $\dfrac{5}{9}$　　　C. $\dfrac{3}{11}$　　　D. $\dfrac{5}{11}$　　　E. $\dfrac{7}{10}$

6. 一出租车司机从饭店到火车站途中有六个交通岗,假设司机在各交通岗遇到红灯与否相互独立,并且遇到红灯的概率都是 $\dfrac{1}{3}$,则这位司机遇到红灯之前,已经通过了两个交通岗的概率是( ).

   A. $\dfrac{4}{27}$　　　B. $\dfrac{5}{27}$　　　C. $\dfrac{7}{27}$　　　D. $\dfrac{1}{9}$　　　E. $\dfrac{2}{27}$

7. 某单位组织员工参加业务培训,小王和小李所在部门员工 10 人在同一排就座,一排正好 10 个座位,假设座位是随机安排的,则小王和小李之间相隔人数小于等于 3 的概率为(　　).

A. $\dfrac{1}{3}$　　　　B. $\dfrac{2}{3}$　　　　C. $\dfrac{1}{5}$　　　　D. $\dfrac{2}{5}$　　　　E. $\dfrac{3}{5}$

8. 从正方体的 8 个顶点中随机选择 4 个顶点,则以它们作为顶点的四边形是矩形的概率等于(　　).

A. $\dfrac{1}{3}$　　　　B. $\dfrac{1}{9}$　　　　C. $\dfrac{1}{6}$　　　　D. $\dfrac{1}{7}$　　　　E. $\dfrac{6}{35}$

9. 甲、乙两队进行篮球决赛,比赛采取七场四胜制,根据前期比赛成绩,甲队的主客场安排依次为"主主客客主客主".设甲队主场取胜的概率为 0.6,客场取胜的概率为 0.5,且各场比赛结果相互独立,则甲队以 4∶1 获胜的概率是(　　).

A. 0.12　　　　B. 0.18　　　　C. 0.2　　　　D. 0.36　　　　E. 0.5

10. 将三粒均匀的分别标有 1,2,3,4,5,6 的正六面体骰子同时掷出,出现的数字分别为 a,b,c,则 a,b,c 正好是直角三角形三边长的概率是(　　).

A. $\dfrac{1}{6}$　　　　B. $\dfrac{5}{12}$　　　　C. $\dfrac{7}{12}$　　　　D. $\dfrac{1}{36}$　　　　E. $\dfrac{13}{36}$

11. 甲、乙两队进行排球决赛,现在的情况是甲队只要再赢一局就能获得冠军,乙队需要再赢两局才能获得冠军,若两队每局胜负概率相同,则甲队获得冠军的概率为(　　).

A. $\dfrac{1}{2}$　　　　B. $\dfrac{3}{5}$　　　　C. $\dfrac{2}{3}$　　　　D. $\dfrac{3}{4}$　　　　E. $\dfrac{5}{6}$

12. 有一道竞赛题,甲解出它的概率为 $\dfrac{1}{2}$,乙解出它的概率为 $\dfrac{1}{3}$,丙解出它的概率为 $\dfrac{1}{4}$,则甲、乙、丙 3 人独立解答此题,只有 1 人解出此题的概率是(　　).

A. $\dfrac{1}{24}$　　　　B. $\dfrac{7}{24}$　　　　C. $\dfrac{11}{24}$　　　　D. $\dfrac{17}{24}$　　　　E. $\dfrac{19}{24}$

13. 现有 A,B 两枚均匀的小立方体(立方体的每个面上分别标有数字 1,2,3,4,5,6).甲掷 A 立方体朝上的数字为 x,乙掷 B 立方体朝上的数字为 y,以此来确定点 $P(x,y)$,那么他们各掷一次所确定的点 P 落在抛物线 $y=-x^2+4x$ 上的概率为(　　).

A. $\dfrac{1}{18}$　　　　B. $\dfrac{1}{12}$　　　　C. $\dfrac{1}{9}$　　　　D. $\dfrac{1}{6}$　　　　E. $\dfrac{1}{5}$

14. 从标号为 1~100 的卡片中随机抽取 2 张,它们的标号之和是 3 的倍数的概率为(　　).

A. $\dfrac{1}{5}$　　　　B. $\dfrac{1}{4}$　　　　C. $\dfrac{1}{3}$　　　　D. $\dfrac{1}{2}$　　　　E. $\dfrac{2}{3}$

15. 从一个装有 3 个红球、2 个白球的盒子里逐次不放回摸球,则连续两次摸中红球的概率为(　　).

A. $\dfrac{1}{5}$ B. $\dfrac{2}{5}$ C. $\dfrac{3}{5}$ D. $\dfrac{4}{5}$ E. $\dfrac{3}{10}$

二、条件充分性判断

16. 某产品由两道独立工序加工完成,两道工序全部合格产品才合格,则该产品是合格品的概率大于 0.8.

    (1) 每道工序的合格率为 0.81.

    (2) 每道工序的合格率为 0.9.

17. 某小组共有 10 名学生,现选举 2 名代表,至少有 1 名女生当选的概率为 $\dfrac{8}{15}$.

    (1) 其中女生 3 名.

    (2) 其中男生 3 名.

18. 甲、乙两袋装有大小相同的红球和白球,甲袋装有 2 个红球,2 个白球;乙袋装有 2 个红球,n 个白球,从甲、乙两袋中各任取 2 个球,则取到的 4 个球全是红球的概率是 $\dfrac{1}{60}$.

    (1) $n = 4$.

    (2) $n = 3$.

19. 10 张奖券,有一等奖和二等奖两类,现逐个摸出,直至一等奖全部被摸出为止,则恰好 5 次完成的概率为 $\dfrac{4}{45}$.

    (1) 2 张一等奖.

    (2) 8 张二等奖.

20. 可以确定一组数 $x_1, x_2, \cdots, x_{10}$ 的方差.

    (1) 已知 $x_1, x_2, \cdots, x_{10}$ 的平均数.

    (2) 已知 $x_1^2, x_2^2, \cdots, x_{10}^2$ 的平均数.

21. 将标号为 1,2,3,4,5,6 的 6 张卡片平均放入 3 个不同的信封中,则 $p = 0.8$.

    (1) 标号为 1,2 的卡片放入不同信封的概率为 p.

    (2) 标号为 2,3 的卡片放入相同信封的概率为 p.

22. 甲、乙两人各自去破译一个密码,则密码能被破译的概率为 $\dfrac{3}{5}$.

    (1) 甲、乙两人能破译出的概率分别是 $\dfrac{1}{3}, \dfrac{1}{4}$.

    (2) 甲、乙两人能破译出的概率分别是 $\dfrac{1}{2}, \dfrac{1}{3}$.

23. 甲、乙两人每次击中目标的概率分别是 $\dfrac{1}{2}$ 和 p. 现每人各射击两次，则"甲击中目标的次数减去乙击中目标的次数不超过 1"的概率为 $\dfrac{35}{36}$.

(1) $p = \dfrac{2}{3}$.

(2) $p = \dfrac{1}{3}$.

24. 某人参加资格考试，有 A 类和 B 类可选择，A 类的合格标准是抽 3 道题至少会做 2 道题，B 类的合格标准是抽 2 道题需都会做，则此人参加 A 类合格的机会大.

(1) 此人 A 类题中有 60% 会做.

(2) 此人 B 类题中有 80% 会做.

25. 若干辆汽车通过某一段公路的时速的频率分布直方图如图所示，则时速在 $[60,75)$ 的汽车有 100 辆.

(1) 时速在 $[45,55)$ 的汽车有 50 辆.

(2) 时速在 $[45,55)$ 的汽车有 40 辆.

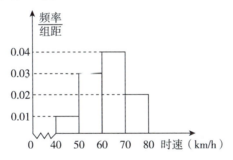

◀ 参考答案 ▶

答案速查表				
1～5	6～10	11～15	16～20	21～25
CABDC	ABEBD	DCBCE	BABDC	AEACB

一、问题求解

1.【解析】

第一步：定考点	古典概型
第二步：锁关键	所得的两条直线相互垂直

续表

第三步:做运算	依题可得,所得的两条直线相互垂直的概率是 $\dfrac{C_3^1 \cdot 2}{C_4^2 \cdot C_4^2} = \dfrac{5}{18}$
第四步:选答案	本题选 C
第五步:谈收获	不要忘记甲、乙排序

2.【解析】

第一步:定考点	古典概型
第二步:锁关键	取人问题、分类取样
第三步:做运算	根据男、女志愿者人数之比为 2∶3,为方便计算,赋值男性志愿者 40 人,女性志愿者 60 人,则男性志愿者中教师有 40×20%＝8(人),女性志愿者中教师有 60×25%＝15(人),共有教师 8+15＝23(人).因此从志愿者中随机选出 1 名教师恰好为男性的概率是 $\dfrac{8}{23}$
第四步:选答案	本题选 A
第五步:谈收获	题目给比例求概率,可考虑赋值法

3.【解析】

第一步:定考点	古典概型
第二步:锁关键	分类取样
第三步:做运算	第二个同学抓到"去"字阄共有两种情况: ① 第一个同学抓到的为"去"字阄且第二个同学抓到"去"字阄的概率为 $\dfrac{2}{5} \times \dfrac{1}{4} = \dfrac{1}{10}$; ② 第一个同学抓到的为空白阄且第二个同学抓到"去"字阄的概率为 $\dfrac{3}{5} \times \dfrac{2}{4} = \dfrac{3}{10}$. 所以第二个同学抓到"去"字阄的概率为 $\dfrac{1}{10} + \dfrac{3}{10} = \dfrac{2}{5}$
第四步:选答案	本题选 B
第五步:谈收获	分类相加,分步相乘

4.【解析】

第一步:定考点	古典概型
第二步:锁关键	分类取样

续表

第三步:做运算	A 型共享单车 4 辆,B 型共享单车 5 辆,C 型共享单车 6 辆,则总的共享单车辆数为 15.下车乘客从中选择 13 辆骑走,总的情况为从 15 辆共享单车中任意选 13 辆,情况数为 C_{15}^{13},B 型共享单车和 C 型共享单车全部被骑走,即已经骑走了 11 辆,还需要骑走 2 辆 A 型共享单车,情况为从 4 辆 A 型共享单车中任意选 2 辆,情况数为 C_4^2,故所求概率为 $\dfrac{C_4^2}{C_{15}^{13}} = \dfrac{2}{35}$
第四步:选答案	本题选 D
第五步:谈收获	没有明确要求时,概率问题默认所有元素不相同

5.【解析】

第一步:定考点	独立事件
第二步:锁关键	求一年内该单位在此保险中获赔的概率
第三步:做运算	由题意知只要有一辆发生此种事故便可以获赔,因此所求概率为 $1-\left(1-\dfrac{1}{9}\right)\left(1-\dfrac{1}{10}\right)\left(1-\dfrac{1}{11}\right) = 1-\dfrac{8}{11} = \dfrac{3}{11}$
第四步:选答案	本题选 C
第五步:谈收获	出现至少至多可从反面求解

6.【解析】

第一步:定考点	独立事件
第二步:锁关键	求这位司机遇到红灯之前,已经通过了两个交通岗的概率
第三步:做运算	由题意可知,该司机前两个交通岗未遇到红灯,第 3 个交通岗遇到了红灯,故所求概率为 $p = \left(1-\dfrac{1}{3}\right) \times \left(1-\dfrac{1}{3}\right) \times \dfrac{1}{3} = \dfrac{2}{3} \times \dfrac{2}{3} \times \dfrac{1}{3} = \dfrac{4}{27}$
第四步:选答案	本题选 A
第五步:谈收获	若 n 个事件相互独立,则 $P(A_1A_2\cdots A_n) = P(A_1) \cdot P(A_2) \cdot \cdots \cdot P(A_n)$

7.【解析】

第一步:定考点	古典概型
第二步:锁关键	小王和小李之间相隔人数小于等于 3

续表

第三步：做运算	根据题意可得,总情况为小王与小李从10个座位中选择2个,共有 $C_{10}^2 = 45$（种）情况. 小王与小李之间相隔人数小于等于3的情况,分情况讨论. ① 小王与小李相邻:10个座位中可选择座位的情况分别为(1,2),(2,3),(3,4),(4,5),(5,6),(6,7),(7,8),(8,9),(9,10),则情况数为9； ② 小王与小李相隔1人:10个座位中可选择座位的情况分别为(1,3),(2,4),(3,5),(4,6),(5,7),(6,8),(7,9),(8,10),则情况数为8； ③ 小王与小李相隔2人,10个座位中可选择座位的情况数为7； ④ 小王与小李相隔3人,10个座位中可选择座位的情况数为6. 由此可知,所求概率为 $\frac{9+8+7+6}{45} = \frac{2}{3}$
第四步：选答案	本题选 B
第五步：谈收获	穷举法关键在于不重不漏,所以在穷举时可以先固定一个标准再按照顺序逐一列举

8.【解析】

第一步：定考点	古典概型
第二步：锁关键	以它们作为顶点的四边形是矩形
第三步：做运算	从正方体的8个顶点选出4个,有 $C_8^4 = 70$（种）取法,选取正方体4个顶点能够构成的矩形共12个,则概率 $p = \frac{12}{70} = \frac{6}{35}$
第四步：选答案	本题选 E
第五步：谈收获	穷举法关键在于不重不漏,所以在穷举时可以先固定一个标准再按照顺序逐一列举

9.【解析】

第一步：定考点	独立事件
第二步：锁关键	甲队主场取胜的概率为0.6,客场取胜的概率为0.5

第八章　概率初步与数据描述

续表

	不同的获胜情况如表所示.					
第三步:做运算	第一局	第二局	第三局	第四局	第五局	概率
	甲	甲	甲	乙	甲	$0.6^3 \times 0.5^2 = 0.054$
	甲	甲	乙	甲	甲	$0.6^3 \times 0.5^2 = 0.054$
	甲	乙	甲	甲	甲	$0.6^2 \times 0.5^2 \times 0.4 = 0.036$
	乙	甲	甲	甲	甲	$0.6^2 \times 0.5^2 \times 0.4 = 0.036$
	则甲队以4∶1获胜的概率是0.18					
第四步:选答案	本题选B					
第五步:谈收获	若n个事件相互独立,则$P(A_1A_2\cdots A_n) = P(A_1) \cdot P(A_2) \cdot \cdots \cdot P(A_n)$					

10.【解析】

第一步:定考点	古典概型
第二步:锁关键	则a,b,c正好是直角三角形三边长
第三步:做运算	出现数字a,b,c共有$6 \times 6 \times 6$种结果,其中正好是直角三角形边长的只有3,4,5,即共有$3! = 6$(种)结果,因此概率为$\dfrac{6}{6 \times 6 \times 6} = \dfrac{1}{36}$
第四步:选答案	本题选D
第五步:谈收获	注意a,b,c的顺序

11.【解析】

第一步:定考点	独立事件
第二步:锁关键	现在的情况是甲队只要再赢一局就能获得冠军
第三步:做运算	完成此事可分为两类:第一类,甲直接赢一局获得冠军,概率为$\dfrac{1}{2}$;第二类,乙先赢一局,甲再赢一局,概率为$\dfrac{1}{2} \times \dfrac{1}{2} = \dfrac{1}{4}$,故甲获得冠军的概率是$\dfrac{1}{2} + \dfrac{1}{4} = \dfrac{3}{4}$
第四步:选答案	本题选D
第五步:谈收获	分类相加

12.【解析】

第一步:定考点	独立事件

续表

第二步:锁关键	甲、乙、丙3人独立解答此题,只有1人解出此题
第三步:做运算	$P = \frac{1}{2} \times \frac{2}{3} \times \frac{3}{4} + \frac{1}{2} \times \frac{1}{3} \times \frac{3}{4} + \frac{1}{2} \times \frac{2}{3} \times \frac{1}{4} = \frac{11}{24}$
第四步:选答案	本题选 C
第五步:谈收获	分类相加

13. 【解析】

第一步:定考点	古典概型
第二步:锁关键	点 P 落在抛物线 $y = -x^2 + 4x$ 上
第三步:做运算	点 P 的坐标共有 $6 \times 6 = 36$(种)情况,其中能落在抛物线 $y = -x^2 + 4x$ 上的有 $(1,3),(2,4),(3,3)$,共 3 种情况,其概率为 $\frac{3}{36} = \frac{1}{12}$
第四步:选答案	本题选 B
第五步:谈收获	此类题目分子逐一列举即可

14. 【解析】

第一步:定考点	古典概型
第二步:锁关键	标号之和是 3 的倍数
第三步:做运算	把这 100 张卡按照被 3 除的余数进行分类,整除的共有 33 张,余数为 1 的有 34 张,余数为 2 的有 33 张. 取 2 张之和是 3 的倍数的方法有两类: 从整除的卡片当中取 2 张; 从余数为 1 和余数为 2 的卡片中各取 1 张, 所以满足条件的取法有 $C_{33}^2 + 34 \times 33 = 1\ 650$(种),总共的取法有 $C_{100}^2 = 4\ 950$(种),所以 $P = \frac{1}{3}$
第四步:选答案	本题选 C
第五步:谈收获	样本空间较大时可先给样本空间分类

15. 【解析】

第一步:定考点	独立事件
第二步:锁关键	逐次不放回摸球
第三步:做运算	第一次摸中红球的概率为 $\frac{3}{5}$;第一次摸中红球后,盒子里还有 2 个红球和 2 个白球,此时摸中红球的概率为 $\frac{2}{4}$,所以连续两次摸中红球的概率为 $\frac{3}{5} \times \frac{2}{4} = \frac{3}{10}$

续表

第四步:选答案	本题选 E
第五步:谈收获	没有明确要求时,概率问题默认所有元素不相同

二、条件充分性判断

16.【解析】

第一步:定考点	独立事件
第二步:锁关键	该产品是合格品的概率大于0.8
第三步:做运算	条件(1),$P=0.81\times0.81=0.6561<0.8$,不充分;条件(2),$P=0.9\times0.9=0.81>0.8$,充分
第四步:选答案	本题选 B
第五步:谈收获	若 n 个事件相互独立,则 $P(A_1A_2\cdots A_n)=P(A_1)\cdot P(A_2)\cdot\cdots\cdot P(A_n)$

17.【解析】

第一步:定考点	古典概型
第二步:锁关键	至少有1名女生当选
第三步:做运算	条件(1),10人中7男3女,则至少有1名女生当选的概率为 $1-\dfrac{C_7^2}{C_{10}^2}=1-\dfrac{7}{15}=\dfrac{8}{15}$,充分;条件(2),10人中3男7女,则至少有1名女生当选的概率为 $1-\dfrac{C_3^2}{C_{10}^2}=1-\dfrac{3}{45}=\dfrac{14}{15}$,不充分
第四步:选答案	本题选 A
第五步:谈收获	出现至少至多可从反面分析

18.【解析】

第一步:定考点	古典概型
第二步:锁关键	取到的4个球全是红球的概率是 $\dfrac{1}{60}$
第三步:做运算	由条件(1)可得取到的4个球全是红球的概率 $=\dfrac{C_2^2}{C_4^2}\cdot\dfrac{C_2^2}{C_6^2}=\dfrac{1}{6}\times\dfrac{1}{15}=\dfrac{1}{90}$,不充分; 由条件(2)可得取到的4个球全是红球的概率 $=\dfrac{C_2^2}{C_4^2}\cdot\dfrac{C_2^2}{C_5^2}=\dfrac{1}{6}\times\dfrac{1}{10}=\dfrac{1}{60}$,充分
第四步:选答案	本题选 B

第五步:谈收获	分类取样分类选取即可

19.【解析】

第一步:定考点	有终止条件的取样问题
第二步:锁关键	恰好5次完成的概率为 $\dfrac{4}{45}$
第三步:做运算	两条件等价,共10张奖券,若有2张一等奖,则有8张二等奖,现逐个摸出,直至一等奖全部被摸出为止,恰好5次完成,所以第5次摸出了最后一个一等奖,前四次有1次摸出一等奖,则概率为 $\dfrac{C_4^1}{C_{10}^2} = \dfrac{4}{45}$
第四步:选答案	本题选 D
第五步:谈收获	有终止条件的取样问题只需考虑和终止条件相关的元素即可

20.【解析】

第一步:定考点	方差问题
第二步:锁关键	公式法
第三步:做运算	$s^2 = \dfrac{x_1^2 + x_2^2 + \cdots + x_{10}^2}{10} - (\bar{x})^2$,所以单独明显均不充分,联合充分
第四步:选答案	本题选 C
第五步:谈收获	$s^2 = \dfrac{x_1^2 + x_2^2 + \cdots + x_n^2}{n} - (\bar{x})^2$

21.【解析】

第一步:定考点	古典概型
第二步:锁关键	将标号为1,2,3,4,5,6的6张卡片平均放入3个不同的信封中
第三步:做运算	将标号为1,2,3,4,5,6的6张卡片平均放入3个不同的信封中,有 $C_6^2 C_4^2 C_2^2 = 90$(种)方法. 条件(1),标号为1,2的卡片放入不同信封,有 $C_4^1 C_3^1 3! = 72$(种)方法,故概率为 $p = \dfrac{72}{90} = 0.8$,充分;条件(2),标号为2,3的卡片放入相同信封,有 $C_3^1 \cdot C_4^2 \cdot C_2^2 = 18$(种)方法,故概率为 $p = \dfrac{18}{90} \neq 0.8$,不充分
第四步:选答案	本题选 A
第五步:谈收获	注意不同的信封需要排序

22.【解析】

第一步:定考点	独立事件
第二步:锁关键	密码能被破译的概率为 $\dfrac{3}{5}$
第三步:做运算	密码被破译,暗含至少有一人破译,从反面分析.条件(1),概率为 $1-\dfrac{2}{3}\times\dfrac{3}{4}=\dfrac{1}{2}$,不充分;条件(2),概率为 $1-\dfrac{1}{2}\times\dfrac{2}{3}=\dfrac{2}{3}$,不充分;无法联合分析
第四步:选答案	本题选 E
第五步:谈收获	出现至少至多可从反面分析

23.【解析】

第一步:定考点	独立事件
第二步:锁关键	甲击中目标的次数减去乙击中目标的次数不超过1
第三步:做运算	条件(1),$p=\dfrac{2}{3}$,因为正面分类较多,所以反面分析可得概率为 $1-\dfrac{1}{2}\times\dfrac{1}{2}\times\dfrac{1}{3}\times\dfrac{1}{3}=\dfrac{35}{36}$,充分;条件(2),$p=\dfrac{1}{3}$,同理可得概率 $1-\dfrac{1}{2}\times\dfrac{1}{2}\times\dfrac{2}{3}\times\dfrac{2}{3}=\dfrac{8}{9}\neq\dfrac{35}{36}$,不充分
第四步:选答案	本题选 A
第五步:谈收获	正难则反

24.【解析】

第一步:定考点	独立事件
第二步:锁关键	A 类的合格标准是抽3道题至少会做2道题,B 类的合格标准是抽2道题需都会做
第三步:做运算	结论要比较两者大小,所以两条件明显单独均不充分,联合分析可得参加 A 类合格的概率为 $C_3^2\times 0.6^2\times 0.4+0.6^3=0.648$,参加 B 类合格的概率为 $0.8\times 0.8=0.64$,因为 $0.648>0.64$,所以联合充分
第四步:选答案	本题选 C
第五步:谈收获	A 类的合格标准是抽3道题至少会做2道包含2种情况,不要漏解

25.【解析】

第一步:定考点	直方图
第二步:锁关键	则时速在 $[60,75)$ 的汽车有100辆

第三步:做运算	由条件(1)可得 $\frac{50}{5\times(0.01+0.03)}=250$,$250\times(10\times0.04+5\times0.02)=125$,不充分;由条件(2)可得 $\frac{40}{5\times(0.01+0.03)}=200$,$200\times(10\times0.04+5\times0.02)=100$,充分
第四步:选答案	本题选 B
第五步:谈收获	总量 = 部分量 ÷ 对应的比例

第五节 本章小结

考点 01:概率初步理论基础	① 概率的本质;② 事件的分类
考点 02:古典概型	① 计算公式;② 取样方式
考点 03:独立事件	计算公式
考点 04:伯努利概型	计算公式
考点 05:平均值、极差、方差	① 本质;② 计算公式
考点 06:图表	① 直方图;② 折线图
70 技:有终止条件的取样模型	有终止条件的取样问题只需关注和终止条件相关的元素即可
71 技:平均值三大技巧求解模型	① 平移法:数据较为集中; ② 等差数列法:数据从小到大排构成等差数列; ③ 权重法:已知每部分的平均值及其占整体的比例
72 技:方差三大技巧求解模型	① 平移法:给一组数据加减同一个数,其方差不变; ② 极差法:极差可以大致反映方差; ③ 公式法:$s^2=\frac{x_1^2+x_2^2+\cdots+x_n^2}{n}-(\bar{x})^2$